I0476779

Flugverbots-Zone – Sombrero-Nebel

Geheimakte MARS 08

Umschlagsfoto: Mit Lizenz
Paperback: ISBN: 9781511896153
Imprint: Independently published

Hardcover: ISBN: 9798365613713
Imprint: Independently published

ISBN-e-Book: ebenfalls erhältlich:

D.W. McGillen, 25.11.2022

Auch erhältlich:

Inhaltsverzeichnis

Zusammenkunft

Die Bedrohung für die große Sterneninsel war erstmals gebannt. Mit Hilfe der Unterstützung von Freunden aus der kleinen Magellanschen Wolke und einigen Völkern der Milchstraße, gelang es die Invasions-Flotte der Worgass zu zerschlagen. Dank den lantranischen Lotsen-Schiffen, die für die Öffnung von Wurmlöchern gesorgt hatten, konnten alle Beteiligten schnell wieder in ihre heimische Lebens-Hemisphäre gelangen. Erstmals nach vielen Jahrtausenden der Zurückgezogenheit war es Heran und Major Travis gelungen, eine Flotte der technisch weit entwickelten Lantraner an der Mission zu beteiligen. Die alte Rasse sagte zu, sich zukünftig wieder stärker für die Belange der Milchstraße einzusetzen.

Der Aufbau im Sol-System wurde vorangetrieben. Dank der galaktischen Händler konnten viele Produkte von Terra exportiert werden. Die neue Währungseinheit, der Terun, meldete die höchsten Kursgewinne seit seiner Einführung. Das Leben auf der Erde fluorierte. Die Arbeitslosigkeit verminderte sich weiter. Neue Industriezweige wurden aufgebaut, andere Branchen und Firmen vergrößerten ihren Produktionsbereich. Viele Bereiche der natradischen Technik konnten zwischenzeitlich nachgebaut werden. Die Welt-Wirtschaft der Erde war in Bewegung gekommen. Ihr Hunger war gewaltig. Sie hatten erkannt, dass die EWK sie teilhaben ließ und die Hinterlassenschaften des Mars allen Nationen der Erde zugänglich machte. Natrid steuerte das neuste technische Wissen bei. Unzählige Wissenschaftler arbeiteten in den Entwicklungs-Abteilungen der unterirdischen Mars-Stadt Tattarr, in den

Labors der Basis Atlantis, oder weiter entfernt auf Titan, an neuen Forschungs-Projekten. Dank den neuen problemlos arbeitenden Mini-Energie-Generatoren natradischer Entwicklung, in Verbindung mit den Masarith-Energiekristallen, stand überall eine kostengünstige, leistungsstarke Energieversorgung zur Verfügung.

General Poison hatte zu einem Gespräch in seinem Büro in Tattarr eingeladen. Hier sollten die zukünftigen Missionen der Imperiums-Flotte besprochen werden. Eingeladen waren Noel, Major Travis, Sirin, Barenseigs, Heinze, Commander Brenzby, Atlanta und Senga-Hol, Marin und Gareck, Dr. Herman Keeler, Captain Hunter, Professor Augenzell, Commander Coomes, Tarel 7, Konstalarosa, Commodore McGregor, Commander Ciacombo und Professor Talier.

General Poison stellte einen neuen Mitarbeiter vor, der nur Noel und ihm unterstellt war. Der Ingenieur Tuan Clapton sollte den mächtigen Industrie-Giganten der Erde, die neue natradische Technik schmackhaft machen und diese in Lizenz anbieten.

Der General wartete, bis sich seine Gäste gesetzt hatten.

» Ich freue mich über ihr Erscheinen«, begrüßte er die Anwesenden. » Der Sonderurlaub für sie geht zu Ende. Neue Aufgaben warten auf sie. «

Die Angesprochenen blickten erstaunt auf.

» Ich denke, ich bin ausschließlich Noel unterstellt? «, fragte Major Travis.
Der General lächelte verschmitzt.

»Ich habe mit Noel einen Vertrag geschlossen«, antwortete er. »Die Interessen von Tarid und Natrid haben das gleiche Ziel. Von daher lassen sich auch die zur Verfügung stehenden Ressourcen gleichzeitig nutzen. Eine Dezentralisierung verursacht nur zusätzliche Kosten. Wie sie alle wissen, ist die EWK angehalten kostenorientiert zu arbeiten. «

»Ich denke, die Geldspeicher sind gut gefüllt? «, erwiderte Commander Brenzby. General Poison schaute ihn grimmig an.

»Ich glaube kaum, dass ein Commander unserer Raumschiffe den Einblick in unsere internen Kosten hat«, grollte er. »Konzentrieren sie sich auf die korrekte Organisation ihres Schiffes. «

»Wir sollten doch sachlich bleiben«, mahnte Major Travis den General an.

Dr. Keeler stand auf.

»Der General wollte sagen, dass weitere immense Kosten auf uns zukommen«, erklärte er. »Der Aufbau der Flotte, die Personalkosten, die neuen technischen Frühwarn-

Stationen, das alles verschlingt eine Menge Terun. Aufgrund dessen benötigen wir weitere Geldquellen. «

»Ihr personeller Schachzug irritiert mich ein wenig«, erwiderte der Major. » Commander Brenzby hat letztendlich Recht. Die finanzielle Lage der EWK sah noch niemals so gut aus, wie derzeit. Was planen sie? «

Der General schaute ihn an.

» Ihnen kann man scheinbar nichts vormachen«, grinste er. » Wir werden den Jupiter-Mond Europa ausbauen. Er ist mit einem Durchmesser von 3.121 Kilometer der zweitinnerste und kleinste, der vier großen Monde des Jupiters und der sechstgrößte im Sol-System. Europa ist ein Eismond, wie sie alle wissen. Unser Plan sieht vor, dort eine große Basis nach dem Vorbild von Atlantis aufzubauen. Ferner bekommt er Werften, Fertigungs- und Produktionsanlagen für Raumschiff-Neubauten.

Eine moderne Aufbereitungs-Anlage für Trinkwasser gehört ebenfalls zu den Plänen. EWK-Experten haben das dortige Eis analysiert. Es ist von hochwertiger Güte und für unsere Zwecke optimal verwendbar. Zukünftig wird von dort aus die Frischwasser-Versorgung für unsere Flotte durchgeführt. Drehscheibe für die Verteilung ist das Distributions-Zentrum Titan. Zusätzlich haben wir die seltenen Erze geortet, die für die Gewinnung der Masarith-Energieträger-Kristalle notwendig sind.

Eine entsprechende Förder- und Umwandlungs-Anlage wird installiert. Das Wichtigste wird jedoch sein, Europa bekommt einen Koloniestatus. Zunächst werden wir dort Wissenschaftler, Techniker und Arbeitspersonal stationieren. Erst später können Vertreter der freien Wirtschaft zuziehen. Dieser Mond ist günstig an unserem Abwehr-Bollwerk Titan gelegen. Das bevorzugt unsere Planung. Die massive Nachfrage der Morina nach größeren Liefermengen von natradischen Energie-Kristallen lässt keine andere Entscheidung zu. «

Major Travis dachte nach.

»Wollen sie denn bereits jetzt unsere Hochleistungs-Energie-Kristalle in den freien Markt werfen? «, erkundigte er sich.

Der General schüttelte seinen Kopf.

»Hieran haben wir nicht gedacht«, erwiderte er. » Doch die alten Ausführungen stellen immer noch eine große technische Verbesserung für die Morina dar. Viele unserer neuen Freunde werden begeistert sein. Unser Ziel ist es, zweigleisig zu arbeiten. Die Hochleistungs-Kristalle bleiben weiterhin nur in der Hand des Sol-Systems. Was spricht dagegen, diese auch auf Europa zu fertigen. Durch die Produktion neuer Schiffe haben wir auch einen ständig steigenden Bedarf an diesen Kristallen. «

Atlanta hob ihren Arm. General Poison schaute sie an und nickte.

»Was ist mit der zugesagten Erweiterung meiner Abwehr-Türme auf Tarid?«, fragte sie. » Ferner sagten sie mir zu, auch auf Lorz eine von mir gesteuerte Basis mit Abwehr-Türme zu errichten? «

»Hiermit starten wir synchron«, antwortete General Poison. » Die Kolonie Europa hat derzeit Vorrang. Die Werften, Hangar und die Abwehr-Geschütze auf diesem Mond werden als vorgezogene Blockade-Station verstanden. Dort werden einfliegende Flotten bereits gestellt und überprüft. Ihre Wünsche sind bei mir gespeichert. Mit der Ausführung kann bald begonnen werden. Erwarten sie bitte nicht von mir, dass ich das Projekt vorrangig bewerte. «

Atlanta wollte etwas sagen, doch General Poison hob seine Hand, um ihr Einhalt zu bieten.

»Sie haben meine Zusage, dass wir es machen«, sagte er. » Das muss erst einmal genügen. Ich bitte sie, nicht hierauf herumzureiten. Leider bin ich nicht der Kaiser ihres ehemaligen Imperiums. «

Sie schaute entgeistert Major Travis an. Der zuckte mit seinen Schultern.

» Sie haben bereits mehr Zusagen, als wir sie haben«, beruhigte er Atlanta. » Hier auf der Erde müssen mehrere

Gremien ein solches Vorhaben genehmigen. Das kann dauern. «

»Ich möchte nicht unhöflich erscheinen, wenn ich ihre Einzelgespräche störe«, bemerkte der General. » Wenn es ihnen recht ist, dann möchte ich mit meinen Plänen fortfahren«, entgegnete er.

»Ich habe nicht gestört«, bemerkte Heinze.
Der General verzog sein Gesicht und schaute ihn an.

»Bitte fahren sie fort«, betonte Heinze. »Wer hält sie auf? «

Der General blickte wieder die Gäste an.

» Ich habe mir die Karten des alten natradischen Kaiserreiches von Noel vorlegen lassen«, ergänzte er. » Wir werden förmlich erschlagen von den vielen Planeten, auf denen die Natrader aktiv waren. Viele Daten, speziell von den Geheim-Planeten des Kaisers, stehen nicht mehr zur Verfügung. Sie scheinen im großen Krieg verloren gegangen zu sein. Hier haben wir noch viel Arbeit, um die ganzen Planeten anzufliegen, ihre Aufgaben zu sondieren und die unzähligen Hypertronic-KIs wieder zu aktivieren und an das Netzwerk von Noels Hypertronic-KI anzuschließen. Es scheinen mir hierunter noch sehr viele interessante Produktionsstätten zu sein, die wir unbedingt für uns beanspruchen sollten? «

»An welche denken sie hier speziell? «, fragte Major Travis.

»An alle, die für uns interessant sind«, grollte der General. »Nicht nur die Waffentechnik, die Elektronik- Bauteile, auch die Landehydraulik-Produktion ist interessant. Nicht zu vergessen der Erzabbau und die Umwandlung des Schwermetalls in Natridstahl. Ferner spekuliere ich noch darauf, einiges über das kaiserliche Geheimprojekt "Zeitmanipulator" zu erfahren. Marin und Gareck brüten bereits über den Karten, mögliche in Frage kommende Planeten zu sondieren. «

Noel stand auf und fiel General Poison ins Wort.

»Abgesehen von diesem zwielichtigen Zeitprojekt, sehe ich den Schwerpunkt unserer Arbeit anders«, bemerkte er. »In den meisten Fällen liegen auch Sonnen und Planeten im Umfeld, die für die Energieversorgung, oder die Schmelze des Materials gebraucht worden waren. Bei dem steigenden Bedarf an diesem hochwertigen Stahl wäre es wünschenswert, wenn wir zusätzliche Lieferungen erhalten würden. Ich weise auch darauf hin, dass es nicht viele hochverdichtete Planeten gibt, die dieses Material auf natürlichem Wege in sich tragen.

Wir können mit einer Aktivierung dieser Abbau-Planeten unseren Nachschub langfristig sichern. Hinzu kommen noch viele tausende Planeten, die früher junge Rassen getragen haben. Ich hoffe nicht, dass die Rigo-Sauroiden sie alle vernichtet und ihre Planeten zerstört haben. Wir sind es dem alten Imperium schuldig, nach dem Rechten zu sehen und diese Rassen nach Möglichkeit wieder dem Neuen-Imperiums anzuschließen. Hierdurch würde auch ein weiterer Ausbau unserer Handelsbeziehungen möglich sein. Ob jetzt direkt durch die Morina, oder indirekt durch uns, sei einmal dahingestellt. Nicht zuletzt der Gewinn neuer Freunde, die uns im Kampf gegen feindliche Mächte unterstützen könnten, das wäre bereits eine Prüfung wert. «

Die Zuhörer nickten in Gedanken.
Noel ließ eine kurze Pause verstreichen. Dann fuhr er fort.

»In jedem Fall sollten diese wichtigen Hypertronic-KIs der Zulieferer-Peripherie wieder aktiviert werden und Anschluss an unsere Natrid-Hypertonic-KI erhalten. Wie sie alle wissen, hat der Kaiser geheime Informationen in der Regel für sich behalten. Es ist möglich, dass wir auf dem einen, oder anderen Planeten noch auf unbekannte Forschungsstationen stoßen, die nicht in dem offiziellen Kartenmaterial enthalten sind. «

Der Major horchte auf.
»Es kann also sein, dass wir noch auf Experimente oder Entwicklungen des Kaisers stoßen, die der wissenschaftlichen Kaste nicht zur Verfügung standen? «, fragte er.

» Das ist durchaus wahrscheinlich«, entgegnete Noel. » Der Kaiser war sehr eigensinnig. Vermutlich wollte er sich gegen die unterschiedlichen Kasten absichern. Wir sollten alle Planeten des Imperiums anfliegen, untersuchen und gleichzeitig auch das Kartenmaterial aktualisieren. «

Major Travis dachte nach.

»Wenn der Kaiser so eigenwillig war, wer sagt uns dann, ob diese speziellen Forschungs-Stationen überhaupt jemals in dem Kartenmaterial verzeichnet waren? «, bemerkte er.

Noel schaute Major Travis mit einem humorlosen verlegenen Gesichtsausdruck an.

»Ihr Einwand kann richtig sein«, erwiderte der Klon der großen natradischen KI. »Je intensiver ich diese Angelegenheit analysiere, umso mehr scheint mir ihre Vermutung stichhaltig zu sein. «
Er drehte sich zu Atlanta um.

»Du hattest doch immer einen besonderen Kontakt zu dem Kaiser«, sagte Noel. »Bei dir hielt er sich sehr gerne auf. Verfügst du noch über irgendwelche Koordinaten von geheimen Stützpunkten, die nicht der Öffentlichkeit der Kasten zur Verfügung gestellt wurden? Es müssen doch für diese Projekte auch natradische Credits geflossen sein. Lässt sich das von deiner Mutter-KI rekonstruieren?«

Atlanta lächelte.

»Das hast du schön umschrieben, dass der Kaiser sich gerne bei mir aufhielt«, antwortete sie. »Ich werde meine

Mutter bitten, die alten Archive zu öffnen, um einen Ausgabenvergleich aller eingetragenen Basen abzufragen. Vielleicht ist durch den Fluss der Credits an geheime Daten zu gelangen. Alles hat mir der Kaiser auch nicht persönlich anvertraut. Diese geheimen Projekte waren sein Steckenpferd. Er war sich der Wichtigkeit dieser Informationen bewusst. Es gibt einige Koordinaten und Sektoren, die er mir einmal nannte. Ich stelle sie gerne zur Verfügung. So wie ich weiß, handelt es sich überwiegend um robotergesteuerte Fertigungs-Anlagen.«

»Das hört sich gut an«, antwortete der Major. » Ich informiere meine Crew, dass sie sich vorbereitet. Heran wollte sich auch noch melden, um einige Modifikationen an meinem Schiff durchzuführen. Ich weiß aber nicht, wann das sein wird. Es kann sein, dass sich meine Abreise hierdurch etwas verschiebt. «

»Was für Modifikationen werden das sein? «, fragte Noel.

Major Travis lächelte verschmitzt.

»Ich habe bereits mehrmals bei ihm nach dem Wurmloch-Antrieb gebohrt«, antwortete er. »Es wäre sehr hilfreich, wenn uns ein Schiff mit diesem Antrieb zur Verfügung stehen würde. Wir wären in der Lage, kurzfristig auch größere Flotten schnell in Krisenregionen zu verlegen. Auf meine Anfrage hin, ist er dem Gespräch ausgewichen. Als Antwort habe ich nur einen kurzen Hinweis bekommen. Er teilte mir mit, dass er prüft, was er machen kann. Ich habe ihm vermittelt, dass wir technisch natürlich nicht in der Lage sind, diese Antriebe nachzubauen. «

»Was natürlich nicht stimmt? «, fragte Noel. » Sie haben ihn angelogen. «

»Das ist nicht ganz richtig«, erwiderte der Major. »Er teilte mir mit, dass wir geistig noch nicht in der Lage wären, diesen Antrieb zu verstehen. Ich habe ihn lediglich in dem Glauben belassen. «

»Sie haben bewusst etwas verschwiegen«, antwortete Noel und schmunzelte.

»Ich habe mich an die Direktive von ihnen und General Poison gehalten, fremde Rassen nicht in alle Geheimnisse einzuweihen«, erwiderte Major Travis.

»Genug mit diesen Wortspielereien«, brummte General Poison. »Besteht die Aussicht, dass wir ein Exemplar erhalten? «

Major Travis blickte zu ihm herüber.

»Langfristig sehe ich diese Möglichkeit«, antwortete er. »Die Lantraner müssen davon überzeugt werden, dass wir Terraner diesen Antrieb besonnen einsetzen. «

»Bleiben sie dran und versuchen sie ihr Bestes«, erwiderte der General. »Das würde uns die Flüge sehr erleichtern. «

»Falls ich den Wurmloch-Antrieb tatsächlich erhalten sollte, dann wären wir endlich in der Lage das Gebiet der Evakuierungs-Flotte von Admiral Tarin anzusteuern und können Barenseigs nach Hause bringen«, bemerkte Major Travis.

Der Gildor machte ein erstauntes Gesicht.

»Wer sagt ihnen denn, dass ich nach Hause möchte? «, fragte er. » Mir gefällt es auf der Erde. Ich habe mich gerade erst an diesem schönen Planeten gewöhnt. Er ist gar nicht vergleichbar mit unseren Industrie- Planeten. Ferner ist hier die Lebensqualität besser. Ohne die vielen Vorschriften und die Einschränkungen, wie sie bei uns zu beachten sind. «

»Sieh an«, lachte Sirin. » Auf einmal ist das Sol-System für unseren Evakuierten nicht mehr die schlechteste Adresse.«

Barenseigs schaute sie verärgert an.
»Ihre spitzzüngigen Bemerkungen können sie sich sparen«, antwortete er in einem groben Ton.

Der Major lächelte ihn an.
»Wir Männer gewöhnen uns etwas langsamer an die freie Meinungsfreiheit, die auch für unsere weiblichen Bewohner gilt. «

»Das habe ich verstanden«, schmunzelte Barenseigs. »
Aber sie scheinen da ein besonderes natradisches
Exemplar abbekommen zu haben. Sie ist ganz anders als
die natradischen Frauen der alten Generation. Wie sagen
sie auf der Erde, sie verspritzt Gift mit ihrer Zunge. «

Sirin holte tief Luft und lief rot an.

» Wollen sie damit sagen, dass ich eine unausstehliche
Natraderin bin? «, kreischte sie Barenseigs an.

Major Travis hob seine rechte Hand.
»Wir wollen das Gespräch jetzt nicht ausufern lassen«,
beruhigte er die Gemüter. »Uns allen ist bekannt, dass
sich Barenseigs und Sirin akzeptieren, aber nicht
unbedingt mögen.«

Atlanta schmunzelte über ihr hageres Gesicht.

» Das stellt uns aber vor keine größeren Schwierigkeiten«,
ergänzte der Major. » Wir haben den Gildor schätzen
gelernt. Er ist zuverlässig, hilfsbereit und
vertrauenswürdig. Ich habe ihm einst versprochen, ihn
zurück in seine Heimat zu bringen. Diese Zusage werde ich
einlösen. Ich spreche das Empfinden aller hier am Tisch
sitzenden Personen aus, indem ich darauf hinweise, dass
wir ihn lieber bei uns als Freund und Berater behalten
würden.

Vielleicht kann ich seine Regierung begeistern, ihn als
ständige Vertretung, vergleichbar mit dem Status eines

Konsuls, bei uns im Sol-System zu stationieren. Das würde aber bedeuten, dass die ehemaligen Natrader zu einer Aufnahme von politischen Kontakten bereit sind und es wünschen. «

»Oh Schreck«, sagte Sirin. » Dann haben wir ihn ja ständig hier herumlaufen. «

Major Travis schaute sie streng an.

» Entschuldigung«, erwiderte sie schnell. » Ich bin ja schon ruhig. «

»Können sie sich das vorstellen? «, fragte der Major den Gildor. » Als Konsul die Belange zwischen ihrem Sternenreich und die des Neuen-Imperiums aufrecht zu halten? «

Barenseigs nickte.
» Das sind Zukunftswünsche«, antwortete er. » Ich teilte ihnen bereits mehrmals mit, dass unsere Regierung keine Kontakte zu fremden Rassen wünscht. Vermutlich wird sich auch während meiner Abwesenheit nichts hieran geändert haben. «

»Die Nachkommen, der ehemals ausgewanderten Natrader, haben kein Interesse mehr an ihrem Ursprungsplaneten, oder ihrem Heimat-System? «, fragte Commander Brenzby. » Das ist nur schwer vorstellbar. «

Barenseigs blickte traurig in die Runde der Zuhörer.

» Die Entscheidungen wurden vor vielen Jahrtausenden gefällt«, erklärte er. » Nichts hat sich seitdem geändert. Das große Auditorium ist unsere lethargische Regierung und die befehlsgebende Autorität für die Admiralität. Mit einer Änderung bestehender Anordnungen tut sie sich äußerst schwer. Sie erkennen den Zusammenhang. Die Admiralität ist immer noch eine Befehlsstruktur, die seinerzeit von Admiral Tarin installiert wurde. Sie kennen den langen Zeitraum, der seitdem vergangen ist. «

»Darum möchten wir ja mit ihrer Admiralität sprechen, ob eine Änderung möglich ist? «, antwortete Major Travis. »Ihre Regierung wird sicherlich erfreut sein, dass unser Sol-System wieder belebt wurde und sich zu den Sternen aufmacht. Sie sollen wissen, dass die natradischen Hinterlassenschaften in guten Händen sind und wir als echte Nachkommen anerkannt wurden. Es muss doch möglich sein, politische Kontakte aufzunehmen und sich gegenseitig zu helfen. So gegensätzlich sind wir doch gar nicht. Auch die Lantraner haben es geschafft, eine neue Ära in ihrer Geschichte einzuleiten. Warum soll das bei ihrem Volk nicht möglich sein? «

Barenseigs überlegte einen Augenblick.

»Das versuchte ich ihnen zu verdeutlichen«, erwiderte er. »Weil in unserer Rasse die Erinnerungen noch sehr stark wiegen. Tarid wurde nicht so stark bombardiert, wie es Natrid geschah. Bei ihnen konnten sich die Völker ihres Planeten wieder langsam erholen. Wir hingegen verloren unseren Heimat-Planeten und fast unsere ganze Zivilisation. Er war nicht mehr bewohnbar. Das Kaiser-Imperium und alle Kolonien gingen verloren. Nur mühsam gelang es meinen Vorfahren, mit den Evakuierten einen geplanten Neuanfang für unser Volk zu realisieren.

Ich glaube stark, dass unser großes Auditorium keine Öffnung unseres Systems für fremde Rassen anbieten wird. Die optimale Tarnung unseres Systems und die räumliche Abgeschiedenheit vom restlichen Universum hat uns Jahrtausende das Überleben gesichert. «

»Ich verstehe ihre Beweggründe«, sagte General Poison. »Doch den Wunsch von Major Travis kann ich ebenfalls nachvollziehen. Ein Kennenlernen unserer beiden Rassen, später vielleicht die Aufnahme von politischen Beziehungen, konnte im Krisenfall eine starke Koalition bedeuten. «

»Die Entwicklung unserer Rassen scheint nach dem großen Krieg unterschiedlich verlaufen zu sein«, erklärte Barenseigs. » Sie sind fasziniert von dem Neuen, möchten das alte kaiserliche Imperium nach neuen Richtlinien wieder aufbauen. Sie haben ihren Forschungsdrang nach dem Unbekannten nicht verloren. Wir dagegen haben uns zurückgezogen und möchten unsere vorhandene Hemisphäre erhalten und sichern. Uns ist nicht nach neuen Exkursionen im Weltall zu Mute. «

»Ihre Aussagen irritieren mich jetzt«, bemerkte Noel. »Major Travis hat sie doch auf einer Forschungs-

Expedition aufgegabelt, wo sie aufgrund eines alten Artefaktes der Aller-Ersten hingelangt waren. Von daher können sie uns doch nicht weismachen, dass sie nicht an solchen Forschungen interessiert sind und nicht nach unbekannter Technologie suchen? «

»Da haben sie mich jetzt in eine Zwickmühle getrieben«, lächelte Bahnsteigs. » Vielleicht habe ich das Gen von Tarid in mir. Bei den ganzen Wirren des Rigo-Krieges weiß man so etwas nicht genau. Die von mir durchgeführten Expeditionen nach alten Artefakten, oder nach den Überbleibseln alter Zivilisationen im All, sind ein reines Hobby von mir und wird von meinen Vorgesetzten gar nicht gerne gesehen. Es wird von ihnen geduldet, jedoch auf mein eigenes Risiko hin. Unterstützung kann ich von unserer Admiralität nicht erwarten. «

»Ich verstehe sie gut«, antwortete Major Travis. » Derzeit ist das auch noch kein Thema. Aber falls wir die Möglichkeit erhalten würden, setzen wir ihr Einverständnis für einen Flug in ihr System voraus? «

»Sie wollen mich loswerden? «, fragte Barenseigs. » Ich weise ausdrücklich darauf hin, dass ich kein Spion bin und die Statuten des Neuen-Imperiums in meinem Herzen trage. «

»Das wissen wir«, beruhigte ihn Major Travis. »Wir suchen einfach eine Kontaktaufnahme zu den Nachkommen der Natrader. Das bin ich auch Sirin schuldig. «

Barenseigs hatte sich wieder beruhigt.

»Natürlich bin ich bereit, mich von ihnen nach Hause bringen zu lassen«, entgegnete er. »Ich freue mich auch, meine Heimat wiederzusehen. Aber genauso möchte ich Tarid, Natrid und das neue Imperium nicht mehr missen. Hier lebt es sich wesentlich intensiver und einfacher als bei uns. Vor allem ist es viel spannender. «

Der Major lächelte ihn an.
»Das freut mich«, antwortete er. »Wir wollen sie nicht loswerden. Lediglich ihren Aufenthalt bei uns möchten wir legitimieren. Ihre Regierung sollte wissen, dass sie noch leben und bei Freunden in guten Händen sind. Es steht ihnen frei, auf unseren Planeten umzusiedeln. Teilen sie ihrer Regierung mit, dass sie hier um Asyl gebeten haben und in der Nähe ihres ursprünglichen Heimat-Planeten leben möchten. Falls ihre Regierung so weit entwickelt ist, wie ich sie einschätze, dann sollte sie keine Einwände dagegen haben. Sie werden zu ihrem großen Auditorium Kontakt aufnehmen und die erforderliche Zustimmung einholen müssen. «

»Major Travis, ist ihnen bewusst, dass ich unter Umständen nicht mehr fortgelassen werde? «, fragte Barenseigs. » Es ist mir verboten, Kontakte zu fremden Rassen zu unterhalten. Meine Admiralität wird nicht erfreut sein. «

Major Travis ließ die Worte des Gildoren kurz auf sich wirken.

»Wir haben sie schätzen gelernt, Gildor«, sagte Major Travis freundlich. »Sie bereichern unsere Arbeit. Nicht nur, dass wir durch sie fehlende Bruchstücke in der natradischen Geschichte vervollständigen können, sie sind auch ein kompetenter Berater fremder Rassen, falls sie über eine natradische Abstammung verfügen. Ferner haben sie uns bereits erfolgreich bei diversen Missionen unterstützt. Sie haben sich für uns eingesetzt, als ob Natrid noch ihre Heimat wäre.

Wir werden sie bestimmt nicht gegen ihren Willen auf ihrem Heimat- Planeten zurücklassen. Die Entscheidung liegt bei ihnen. Wir bieten ihnen an, im Sol-System zu leben. Sich als Forscher weiter an unseren Expeditionen zu beteiligen, oder sie auf ihren Wunsch hin bei ihrer Rasse zu belassen. Sicherlich wird sich ihre Familie hierüber freuen. «

Barenseigs schaute verlegen zu Boden.
»Es wartet keiner auf mich«, antwortete er. »Hier im Sol-System fühle ich mich wohl. Es bietet mir mehr Möglichkeiten, als ich bei der Zurückgezogenheit meiner Rasse erwarten darf. «

»Das sind ja ganz neue Töne? «, sagte Sirin. » Ich bin äußert erstaunt. «

Bevor Sirin etwas sagen konnte, ergänzte Barenseigs seine Vision.

»Sie haben Recht«, erwiderte er. »Ich habe es nicht wahrhaben wollen, aber die Lebensqualität ist auf der Erde wesentlich besser als bei uns. «

»Dann ist dieses Thema besprochen«, antwortete Major Travis. » Sie bleiben bei uns als Berater neuer Fragen, bezüglich der ausgewanderten Natrader. Später möglicherweise als Konsul zwischen unseren Planeten. «

Der Major blickte in die Runde der Zuhörer.
»Commander Stuart hatte mir mitgeteilt, dass er auf eine Gruppe Argoner gestoßen ist«, wechselte er das Thema. »Er hatte sie unterstützt, als ihre Fracht-Schiffe auf dem Weg zu den Morina waren. Sie wurden von einer Piraten-Gruppe, unter der Führung unseres Freundes Reco Kuriato, angegriffen. Commander Stuart konnte sie vertreiben. «

»Den kennen wir doch«, bemerkte Commander Brenzby. » Der Bursche ist bereits mehrmals von unseren Flotten gestellt worden. «

»Das ist richtig«, bestätigte der Major. » Umso intensiver wird sein Groll auf das neue Imperium sein. Die Befriedung der Piraten steht auch noch auf dem Kalender. Das wird eine zukunftsorientierte Aufgabe für uns sein. Zunächst denke ich, sollten wir den Argoner einen Besuch abstatten und sie als neues Mitglied ins Imperium aufnehmen. Sie haben diesen Wunsch bereits an Commander Stuart gerichtet. Was haben wir für Informationen über sie? «

Major Travis blickte Noel an. Dieser wirkte abwesend. Das täuschte jedoch. Er ließ sich von seiner Hypertronic-KI die vorhandenen Daten überspielen. Sein Blick klarte sich.

»Der Planet Argon liegt im Sternbild des Löwen, nahe des Sternenfeldes Wolf 359«, erklärte er. »Dieser rote Zwerg des Spektraltyps M6 leuchtet immer dunkelrot und war als Navigationspunkt in den natradischen Kartendaten integriert. Nicht weit hiervon lag ihr Heimat- System. Ein kleines Sternen-System mit einer Sonne, die von 4 Planeten umrundet wird. Die Argoner sind Experten für die Herstellung von Medizinprodukten.

Bereits zu Zeiten des kaiserlichen Imperiums waren sie die Spezialisten für Medizin, Medikamente und sämtliche Medizin-Produkte. Ihre besondere Auffassungsgabe machte sie zu Experten der Analyse, Entwicklung und Herstellung der benötigten Wirkstoffe. Sie dienten stets loyal und zuverlässig. Niemals gaben sie Anlass zu einer Beanstandung. Genau genommen waren sie ein Teil des kaiserlichen Imperiums, doch leider wurden sie nie entsprechend gewürdigt. Ihnen haben die Natrader ihre lange Lebenserwartung zu verdanken.

Ihr Planet war ein kultivierter Agra-Planet, mit allen möglichen Pflanzen, Sträuchern und Gewächsen, die alle einem medizinischen Hintergrund dienten. Allein die

Vielfalt der zusammengesuchten Gewächse macht diesen Planeten zu einer Rarität des Imperiums. Ich bin erstaunt, dass diese Welt noch existiert? «

»Ich höre aus ihren Worten, das sich eine Kontaktaufnahme lohnen würde? «, erklärte Major Travis. » Diese Rasse sollte wieder in unser neues Imperium aufgenommen werden. Sie stellt eine Bereicherung dar. «

Sirin nickte begeistert.

»Ich erinnere mich, dass die Argoner sich auch auf Tarid umsehen durften«, sagte sie »Eine Anzahl lohnender Pflanzen konnten sie in ihre medizinische Zucht übernehmen. «

»Das bestätige ich«, antworte Atlanta. » Die Argoner waren oft auf Tarid zu Besuch. Sie schickten ihre Wissenschaftler zu und. Diese sondierten Wochen lang alle Gebiete auf Tarid, um alle verwertbare Krauter, Pflanzen und Bäume zu identifizieren. Später entnahmen sie den Samen und integrierten alles in die Fauna ihrer Welt. «

Kunst-System Santaron

Sotarin blickte auf die holografische Darstellung des um ihn liegenden Raumes. Er wirkte schläfrig. Er und sein Team waren Gildoren. Zwar waren sie nicht für den Außeneinsatz eingeteilt, doch sie hatten alle die gleiche Ausbildung genossen. Die Admiralität konnte sie für jeden Einsatzbereich aktivieren. Ihr getarnter Spähposten lag gut 1,5 Lichtjahre vor ihrer Heimat, dem getarnten Kunst-System Santaron. Seit mehr als einem Jahr verrichteten sie ihren Dienst in dieser Späh-Station. »Irgendwelche Anzeigen? «, fragte Sotarin.

Sein Gegenüber hieß Vitero und war der 1. Offizier. Er schüttelte seinen Kopf.

»Alles ruhig, wie immer«, antwortete er. »Wer sollte sich auch in diesen äußeren Arm des Sombrero-Nebels verirren? «

Sotarin blickte ihn an.

»Du kannst nicht sagen, dass wir bisher noch keinen Schiffs-Verkehr registriert haben«, bemerkte er. »Wir haben in diesem Jahr sieben Registrierungen gemeldet. Das ist bereits mehr, als im letzten Jahr an die Admiralität durchgegeben wurde. «

Vitero lachte grob auf.

»Das ist wirklich viel«, erwiderte er. »Es sieht fast so aus, als ob wir auf dieser Späh-Station versauern werden. Ich werde eine Eingabe an die Admiralität senden. Nach meiner Meinung kann man alle Späh-Stationen auf eine maschinelle Besatzung umstellen. Die Roboter erledigen diese Aufgaben ebenso gut. Außerdem haben sie noch einen Vorteil. Sie werden nicht müde. «

Sotarin grinste.

»Im Prinzip hast du Recht«, antwortete er. »Doch was machst du, wenn die Roboter auf eine Situation stoßen, die ihnen nicht programmiert wurde? Sie führen unsere Vorgaben aus. Doch was passiert, wenn sie mit einer Situation konfrontiert werden, die sie überfordert? «

»Welche könnten das sein? «, fragte Vitero.

Sotarin überlegte kurz.

»Ein Beispiel kann sein, wenn ein fremdes Schiff einen Notruf sendet, dann haben die Roboter den Befehl diesen zu ignorieren«, erklärte er. »Falls ein fremdes Schiff von einer anderen Rasse angegriffen wird, dann darf ebenfalls keine Unterstützung gewährt werden. «

»Das ist strengstens verboten«, erwiderte Vitero. »Damit geben wir unsere Tarnung auf. «

»Der Befehl ist widersprüchlich«, antwortete Sotarin. »Die Schiffs-Kohorten von Kommandant Cartero sind doch auch offen unterwegs und befrieden fremde Rassen. Ihr Vorgehen ist genauso gefährlich und kann Spuren zu unserer Heimat hinterlassen. «

Vitero blickte ihn an.

»Die Befehle der Admiralität kommen von dem großen Auditorium. Sie sind unbedingt einzuhalten«, erklärte er.

»Das weiß ich ebenfalls«, antwortete Sotarin grob. »Ich halte sie für überholt. Es gibt nicht nur schlechte Rassen im Universum. Es sind über 100.000 Jahre nach dem großen Krieg vergangen. Ich denke, nach dieser langen Zeit sollte endlich wieder eine Öffnung unseres Heimat-Systems stattfinden. Wir alle würden hiervon profitieren.«

»Davon verstehe ich nichts«, entgegnete Vitero. Die Admiralität wird schon wissen, was sie befiehlt. «

Ein schriller Alarmton hallte durch die Brücke der Kontroll-Station.

»Was ist los? «, fragte Sotarin und drehte seinen Kopf zu der Ortungs-Konsole.

»Ich habe eine Verzerrung im Hyperraum registriert«, teilte Fantrin aufgeregt mit. »Wir bekommen Besuch. Es müssen ein oder zwei Schiffe sein, die aus dem Hyperraum materialisieren. «

»Die Sensoren auf die Koordinaten ausrichten«, befahl Sotarin. »Die Tarnung bis aufs Maximum verstärken. Die Waffentürme vorsichtshalber ausrichten und aktivieren. «

»Die Laser-Gefechtstürme wurden ausgerichtet«, bestätigte Witrass. » Rechnen sie mit einem Angriff, Kommandant? «

»Der Flucht-Jet wurde aktiviert«, meldete Trorin. » Nur für den Fall der Fälle. «

Im hinteren Bereich der Zentrale baute sich ein Transmitter-Bogen auf, der den Zugang zu dem Fluchtschiff sicherte. Er war mit einem mobilen Transmitter ausgestattet.

»So schlimm wird es wohl nicht werden«, vermutete Vitero. »Noch nie hat eine fremde Rasse unsere Station lokalisiert. «

»Das ist der normale Vorgang, bei einer Bedrohung von außen«, erwiderte Trorin. »Ich halte mich an die Befehle unserer Vorgesetzten. «

Sotarin schaute Vitero an.

»Das ist ja das, was ich dir sagen wollte«, antwortete er. »Wir verlassen uns auf uralte Technik. Sie wurde nicht mehr weiterentwickelt, weil wir den Forschungen im All entsagt haben. Andere Rassen entwickeln ihre Technik ebenfalls weiter. Irgendwann kommt der Zeitpunkt, dass ihre Technik unsere Kunstwelt entdecken wird. «

Die Gildoren blickten gespannt auf das Hologramm. Sie sahen, wie zwei Schiffe einer unbekannten 500-Meter-Klasse vor ihnen materialisierten.

»Die Schiffe werden gescannt«, flüsterte Fantrin. »Es handelt sich um große Schiffe. Sie sind jeweils 500 Meter lang und 150 Meter breit. Ein Abgleich mit unserer Datenbank verlief erfolglos. Die Schiffe sind fremden Ursprungs und uns nicht bekannt. Unsere Scanner können ihre Schutzschirme kaum durchdringen. Wir bekommen nur geringfügige Werte angezeigt. «

»Wir verhalten uns ruhig«, antwortete Sotarin. »Schauen wir einmal, was sie vorhaben? «

»Achtung«, sagte Fantrin. »Ich messe gigantische Energiewerte an. Sie aktivieren zusätzliche Energie-Meiler. Ihre Waffen werden hochgefahren. Sie scheinen unseren Scan als Angriff gewertet zu haben. «

»Ruhig bleiben«, sagte Sotarin. »Sie sollten uns nicht finden können. «

»Du widersprichst dir gerade selbst«, lächelte Vitero. » Erklärtest du uns nicht gerade, dass andere Rassen auch ihre Technik weiter entwickeln können? «

»Ich hoffe einmal für dich, dass es in diesem Fall nicht zutrifft«, antwortete der Kommandant. »Ansonsten haben wir schlechte Karten. «

»Sie scannen die Umgebung«, erkannte Fantrin. »Ihre Scans erreichen alle Bereiche unseres Sektors. Wir werden gleich in ihren Erfassungsbereich geraten. «

Die Gildoren schauten gespannt auf das Hologramm. Weitere Alarmsirenen ertönten. Ein lautes Klicken drang von den Ortungsgeräten zu der angespannt wartenden Besatzung.

»Sie haben uns erfasst«, fluchte Fantrin. »Ihre Scantaster kleben an uns. Vermutlich können sie unsere Tarnung aushebeln. Sie richten ihre Waffen aus. Ich erfasse zehn Geschütztürme pro Schiff. «

Sotarin wurde unruhig.
»Auf Einschlag vorbereiten«, sagte er. »Sämtliche schlafende Energie in unseren Schutzschirm leiten. Bewegt euch, es muss schnell gehen. «

Die Crew wirbelte durch die Leitstelle und nahm ergänzende Einstellungen vor. Zusätzliche Generatoren fuhren schlagartig hoch.

Die Gildoren erkannten, wie die Geschütztürme der unbekannten Schiffe auf ihren Horchposten einschwenkten. Dann blickten sie in ein grelles Licht, das sekundenschnell auf sie zuschoss und ihren Horchposten massiv durchrüttelte.

»Volltreffer«, meldete Vitero. »Sie können uns sehen, unsere Tarnung ist zwecklos.

»Ihre Sensoren müssen leistungsfähig sein«, antwortete Sotarin. »Notruf an alle anderen Horchposten absenden. Warnung vor den Fremden. Sofort alle gesammelten Daten, über eine sichere Hyperkomm-Funkverbindung, an die Admiralität senden. Wir werden angegriffen. Es ist eine sofortige Unterstützung notwendig. «

Er blickte Vitero an. Dieser unterstützte gerade seinen Kollegen, wieder auf die Beine zu kommen. Dann lief er zu dem Kommunikations-Port. Sotarin sah, wie sein 1. Offizier die Daten eingab.

»Auf einen neuen Einschlag vorbereiten«, teilte Sotarin mit.

Wieder schlugen erneut starke Strahlen auf die getarnte Späh-Station der Santaraner ein. Der massive Einschlag war deutlich zu spüren. Elektrische Funken schlugen aus den sensiblen Anlagen, andere fielen komplett aus. »Das Tarnfeld kollabiert«, erkannte Fantrin. »Wir sind auf ihren Ortungs-Schirmen zu sehen. «

»Sämtliche verfügbaren Energien in den Schutzschirm leiten«, befahl Sotarin.

»Lange halten wir das nicht durch«, bemerkte Witrass. »Wir sollten uns wehren? «

Sotarin dachte nach. Schon lange wurde keine Gegenwehr mehr durchgeführt. Doch seine Crew war in Bedrängnis.

»Beide Abwehr-Türme auf das erste Schiff ausrichten«, nickte er. »Jetzt schlagen wir zurück«.

»Die Türme haben das Ziel erfasst«, bestätigte Witrass.

»Feuer frei«, befahl Sotarin. »Automatisches Dauerfeuer, bis das Ziel vernichtet ist. «

Die massiven Geschütze röhrten ihre Laser-Lanzen auf die fremden Schiffe.

Die Fremden wirkten irritiert. Mit einer solchen Gegenwehr hatten sie nicht gerechnet. Wieder und wieder schossen die Laser-Strahlen auf die Schirme des ersten Schiffes. Der Schutz-Schirm leuchtete tiefrot auf.

»Weiter auf das erste Schiff feuern«, befahl Sotarin. »Der Schutz-Schirm kollabiert gleich. «

Erneut wurde der Spähposten durch einen Treffer des zweiten Schiffes durchgerüttelt.

»Unsere Schirme sind nur noch bei 80 Prozent ihrer Leistung«, sagte Witrass. »Die Stabilität unseres Schirmfeldes nimmt weiter ab. «

Wieder röhrten die Laser-Salven aus den Geschütztürmen der santaranischen Station. Plötzlich kniffen die Gildoren ihre Augen zu. Vor ihnen breitete sich eine gigantische Kunstsonne aus, die schnell größer wurde. Das erste Schiff der Fremden war explodiert. Langsam ließ die Helligkeit nach.

»Sie werden ungeheure Energie geladen haben«, erkannte Vitero.

»Unsere Geschütztürme richten sich auf das zweite Ziel aus«, befahl Witrass.

Wieder erschütterten schwere Treffer die Station.

»Die Energie unserer Schirme ist auf 60 Prozent gesunken«, meldete Vitero.

»Viele Treffer verkraften wir nicht mehr«, sagte Trorin. Sotarin schaute auf das Hologramm.

Die Laser-Türme schossen ihre massiven Strahlen auf das fremde Schiff. Der Schirm des zweiten Schiffes schien zu halten.

»Haben wir Anzeichen, dass ihr Schirm durchlässig wird?«, fragte Sotarin.

»Nein«, antwortete Fantrin. »Er weist noch ein ungebrochenes Energienetz auf.«

»Unsere Schirm-Konsistenz ist auf 50 Prozent gesunken«, teilte Vitero mit.

Sotarin schüttelte seinen Kopf.
»Auf sofortige Evakuierung vorbereiten«, befahl er. »KI, weiter den Beschuss auf das fremde Schiff durchführen. Der Kommandeur übergibt die Steuerung und die Verantwortung dieser Basis an die Hypertronic-KI. «

»Befehl erhalten«, antwortete die KI gelassen monoton.

»Wir verschwinden«, befahl Sotarin. »Hier wird es zu heiß für uns. Alle durch den Transmitter. «

Sotarin war in dem Kampf-Jet materialisiert. Die anderen folgten ihm. Er setzte sich hinter die Steuerung des Flucht-Jets und startete die Antriebe. Die Triebwerke heulten auf. Ein kurzer Druck auf den gelben Knopf sprengte den Außen-Schott der Station aus der Halterung. Sotarin schaltete die Tarnung ein und flog aus dem Hangar. Sofort beschleunigte er den Flucht-Jet auf Sprung-Geschwindigkeit. Nur wenige einhundert Meter hinter der Station entschwand der Jet in den Hyperraum.

Obwohl die KI der santaranischen Station den Dauerbeschuss auf das fremde Schiff optimierte, sank der Energie-Wert des Schutz-Schirmes weiter ab. Der nachfolgende Treffer zerfetzte den Schirm und drang in die Energie-Versorgung der Station ein. Jetzt entstand auf Seiten der Santaraner eine gigantische Feuerkugel im All.

Die Station hatte aufgehört zu existieren. Das fremde Schiff stellte den Beschuss ein. Es verharrte noch eine kurze Weile an seiner Position, dann beschleunigte es und trat in den Hyper-Raum ein. Die gewaltige Explosion wurde durch die umliegenden Sensoren, des santaranischen Sicherheits-Systems aufgezeichnet und an die zentrale Verwaltung der Admiralität gemeldet.

Palast der Admiralität

Hektisches Treiben war in dem ohnehin streng bewachten Regierungs-Viertel des Planeten Santarid zu registrieren. Unzählige schwerbewaffnete Sicherheits-Soldaten patrouillierten in den Verbindungs-Straßen. Sie wurden von 1,90 Meter großen, gefährlich aussehenden Kampf-Robotern der Admiralität unterstützt. Laser-Barrieren hinderten normale Passanten an dem Eindringen in den Regierungsbereich. Polizei-Gleiter sicherten den Luftbereich ab. Raumschiffe unterschiedlicher Klassen riegelten den Planeten von den restlichen Lebenswelten des Kunst-Systems ab. Der Flugverkehr war bis auf Weiteres untersagt. Alle Abwehr-Türme der Regierungs-Zone waren aktiviert worden. Das geschah immer nur, wenn eine Gefahr drohte.

Das große Auditorium war kurzfristig einberufen worden. Die Regierung der Gildoren hatte sich vollständig versammelt. Diese Art der Sonderberatung stand zwar der Admiralität zu, doch es wurde nur selten Gebrauch hiervon gemacht. Die Admiralität des Kunst-Systems kümmerte sich um sämtliche Aufgaben des täglichen Lebens. Ihr unterstand auch die innere und äußere Sicherheit des getarnten Fluchtortes des ehemaligen Natrader. Die Admiralität trat vor der Regierung als Bittsteller auf. Sie musste ihre Wünsche und Pläne von dem Ältestenrat, auch das große Auditorium genannt, absegnen lassen.

Der Regierungs-Rat bestand aus 13 Santaranern. Sie alle bekleideten vorher hochrangige Ämter. Nicht zuletzt aufgrund ihrer Verdienste und ihrer intelligenten

Vorgehensweise in diesen Berufen, waren sie in den Rat des Auditoriums erhoben worden. Das Regierungs-Zentrum des Planeten Santarid bildete den Mittelpunkt der Macht in dem Kunst-System Santaron. Vor vielen Jahrtausenden wurde beschlossen, diese Macht nicht einem Diktator, oder einer militärischen Gruppe allein zu überlassen. Das große Auditorium wurde als Kontroll-Einheit für die Admiralität installiert, um dessen Entscheidungen zu hinterfragen. Nie mehr sollte nur eine Person die Belange einer ganzen Rasse entscheiden dürfen.

»Was ist der Grund, unserer angeblich so dringenden Zusammenkunft? «, fragte der Rats-Vorsitzende Suterin. Die fast vollständige Abordnung der Admiralität schaute ihn an.

Admiral Gentrin stand auf und verbeugte sich. Er war der Oberbefehlshaber der Admiralität.

»Hoher, weiser Rat«, begann er. »Es gab einen außerordentlichen bedrohlichen Zwischenfall außerhalb unseres Sicherheits-Systems. Unsere getarnte Tiefenraum-Spähstation 83 musste eine Verzerrung im Hyperraum registrieren. Wie sie wissen, ist sie eine von 150 Frühwarn-Stationen unseres Sicherheits-Systems. Wie von unserem geschulten Personal bereits vermutet, materialisierten 2 Raumschiffe unbekannter Bauart in der Nähe dieser Späh-Station. Es schien so, als ob die Schiffe dieser 500-Meter-Klasse, gezielt den Sektor absuchten. «

»Wie kommen sie auf die Vermutung, dass sie den Raum absuchten? «, fragte der Vorsitzende Suterin. » Vermutlich waren es Forschungs-Schiffe, die den Sektor vermessen haben. Das konnten wir doch bereits öfter beobachten. Dies scheint uns nicht ungewöhnlich zu sein.«

»Hoher weiser Rat, entschuldigen sie, dass ich ihre Gedanken zurückweisen muss«, erwiderte Admiral Gentrin. »Es ist richtig, dass wir bereits öfter durchreisende Schiffe fremder Rassen gescannt haben. Doch hier verhielt es sich anders. Diese zwei fremden Schiffe untersuchten intensiv den ganzen Sektor. Sie suchten nach etwas. Ihre Strahlen waren anders als unsere. Unsere Scans konnten ihren Schutz-Schirm nur minimal durchdringen. Sie hingegen hebelten die Tarnung unserer Späh-Station aus. Vermutlich wurde durch die hochsensiblen Sensoren und die Ortungsgeräte der Fremden unsere Tarnung wirkungslos. Sie erfassten die Position unserer Station. Unser Team verzeichnete den Anstieg ungeheurer Energiewerte auf den fremden Schiffen. Geistesgegenwärtig konnte der Kommandeur des Spähpostens noch rechtzeitig die schlafende Energiereserve aktivieren und diese zusätzlich in den Schutzschirm leiten. «

Er blickte grimmig in die Runde des Regierungs-Rates. »Ohne Vorwarnung eröffneten die fremden Schiffe das Feuer auf unsere Station«, erklärte er. »Diese Schiffe scheinen mit einem ungeheuren Energiepotenzial ausgestattet zu sein. Unsere Stations-Besatzung aktivierte unsere Abwehr-Türme. Nach einem beidseitigen Gefecht gelang es unserer Station, ein Schiff der Angreifer zu vernichten. Das zweite Schiff ließ sich hiervon nicht beeindrucken. Es feuerte weiter auf unsere Station. Der Schutz-Schirm dieses Schiffes schien noch stärker zu sein als der des bereits vernichteten Begleit-Schiffes.

Es gelang unseren massiven Laser-Strahlen nicht, diesen Schirm zu durchdringen, oder zu überlasten. Diese Schirmfeld- Technik ist eindeutig unserer Technik überlegen. So kam es, dass der Schutzschirm unserer Station immer schwächer wurde und seine Energie verlor. Erst bei dem gesunkenen Wert von 50 Prozent der Kapazität, verließ die Besatzung die Station in einem Flucht-Gleiter. Das Kommando wurde der Hypertronic-KI der Station übergeben. Sie wehrte sich weiter, jedoch ohne Erfolg. Die Aufzeichnungen unserer Sensoren registrierten kurze Zeit später, eine gewaltige Explosion auf der Position unserer Späh-Station. Die Besatzung der Station hat sich vorbildlich verhalten. Ihr können keine Vorwürfe gemacht werden. «

Suterin überlegte kurz. Er unterhielt sich mit seinen Kollegen.

»Sie teilten uns doch immer mit, dass unsere Waffen unüberwindbar wären? «, erkundigte er sich.

»Diese Frage kann nur von ihnen kommen«, antwortete der Admiral Gentrin schroff. »War es nicht die Regierung, die eine Forschung und Weiterentwicklung unseres Kriegsmaterials verboten hatte? Sie redeten doch uns und dem Volk ein, dass übermächtige Waffen stets zu einem Krieg führen würden. Vermutlich aus ihrer eigenen Angst heraus, wegen den Geschehnissen in unserer Vergangenheit. Geben sie jetzt nicht der Admiralität die Schuld für das Dilemma. «

Der Rats-Vorsitzende Suterin blickte den Admiral streng an.

»Sie vergehen sich in dem Ton«, antwortete er. »Reißen sie sich zusammen. Wir werden eine Lösung finden. Ich spreche hier für die ganze Regierung. Die Entscheidung war richtig, die Kriegswaffen-Entwicklung einzustellen. Sie wissen allzu gut, wo uns das hingeführt hat. «

»Wir von der Admiralität sehen das anders«, antwortete der Admiral. »Ein Volk unserer Größe, mit dem technischen Entwicklungsstand, muss in der Lage sein, sich entsprechend verteidigen zu können. Scheinbar ist die technische Entwicklung bei den anderen Völkern schneller vorangekommen, als wir vermutet haben. Sie sind jetzt in der Lage über uns herzufallen und unsere Welten zu plündern, unter Umständen auch unsere Bevölkerung zu morden. «

Der Rats-Vorsitzende lachte den Admiral hämisch an. »Jetzt malen sie wieder ein Szenarium an die Wand, das noch gar nicht eingetroffen ist«, sagte er. »Warum muss die Kommandantur der Admiralität immer so übertreiben? «

»Weil die Regierung und speziell sie, die Tragweite des Angriffes nicht verstanden haben«, teilte Admiral Gentrin dem großen Auditorium mit.

Ein weiteres Mitglied der Regierung stand auf. Seine weiße Robe, die Amtstracht der Regierung, war mit goldenen Ketten behangen. Er trug einen Gehstock bei sich. Diesen schlug er drei Mal fest auf den Boden auf. Die schallenden, tiefen Schläge durchfluteten den großen Tagungssaal.

»Ich bitte alle wieder um Ruhe«, rief er. »Die Heiligkeit dieser Residenz darf nicht beschädigt werden. Vorsitzender Suterin mäßigen sie sich. Die gleiche Aufforderung geht an Admiral Gentrin. Die gut überlegte Entscheidung dieser Verordnung liegt bereits lange zurück und diente dem Wohle aller Santaraner. «

Der Admiral nickte dem zweiten Vorsitzenden zu.

»Hoher weiser Rat, ich weiß ihren Hinweis zu schätzen«, sagte er. »Doch wir scheinen in einer neuen Zeit angekommen zu sein. Diese erfordert eine Überprüfung der alten Verordnungen, ebenso eine neue Zielausrichtung unserer Verteidigung. «

»Das ist eine langwierige Angelegenheit«, antwortete der Vorsitzende Suterin. »Sie wissen, dass alle Änderungen zahlreiche Gremien passieren müssen. Erst bei einer vollständigen Akzeptanz wird die Änderung des Gesetzes rechtsgültig. «

»Dann nehmen sie zur Kenntnis, dass wir bis zu diesem Zeitpunkt schutzlos sind«, entgegnete der Admiral.

»Wie meinen sie das? «, fragte der Rats-Vorsitzende. »Ich meine hiermit, dass die Schutz-Schirme der Station die gleichen waren, womit wir auch unser Kunst-System schützen. Von der Tarnung will ich erst gar nicht sprechen«, erklärte Admiral Gentrin. » Falls dieses fremde Volk es auf unsere Rasse abgesehen hat, dann können unsere so hochgelobten Schutzschirme sie nicht lange aufhalten. «

Die Regierungs-Mitglieder unterhielten sich aufgeregt. Erst jetzt schienen sie den Ernst der Lage verstanden zu haben. Admiral Gentrin drehte sich zu der Abordnung der Admiralität um. Die Gesichter seiner Kollegen signalisierten die volle Zustimmung. Die Regierung hatte sich wieder gefangen. Der Vorsitzende stand auf.

»Welche Informationen liegen uns über diese Schiffe vor«, fragte er. »Sind wir schon einmal mit ihnen in Berührung gekommen? «

»Diese Frage habe ich erwartet«, entgegnete Admiral Gentrin. »Entsprechend den vorliegenden Daten haben wir einen Abgleich, durch unsere zentrale Hypertronic-KI, durchführen lassen. Zunächst konnten wir nichts finden.

Doch dann haben wir alle alten Archive geöffnet und nach möglichen Modellvarianten gesucht. Dabei sind wir tatsächlich auf einzelne Schiffe dieses Typs gestoßen, die zwischendurch immer wieder unseren Nebel durchflogen haben. Insgesamt liegen drei Aufzeichnungen vor. Zweimal waren es nur einzelne Schiffe, vermutlich Forschungsschiffe, die ihren Weg durch unsere Galaxie gefunden hatten. Die dritte Aufzeichnung liegt weit zurück in der Vergangenheit.

Sie betrifft Admiral Tarin. Die großen Zerstörer seiner Evakuierungs-Flotte mussten 125 Schiffe dieses Typs vernichten. Sie behinderten seine Flugroute und verstellten ihm den Weiterflug. Viel ist aus den alten Unterlagen nicht mehr ersichtlich, vermutlich sind einige Daten von damals verloren gegangen. Ob es eine Kommunikation zwischen den Schiffen gab, ist nicht klar erkennbar. Ein Vermerk wurde dem Bordbuch des Admirals entnommen. Sein Eintrag benannte die Rasse als Daraner. Die Schiffe beschützten laut dem Hinweis das Brutgebiet ihrer Königin. Aber das ist lange her. Admiral Tarin hat seinerzeit die feindliche Flotte eliminiert. Es werden unmöglich die gleichen Schiffe sein können. «

Der Vorsitzende nickte.

»Sie verlassen sich immer auf die Technik unserer Vorfahren«, antwortete Admiral Gentrin. »Doch diese ist bereits seit vielen Jahrhunderten überholt. Ich habe ihnen bereits mitgeteilt, dass die Fremden das Tarnfeld aushebeln können. Ihre Sensoren sind dazu eindeutig in der Lage. Sie können genauso gut den Befehl geben, das Tarnfeld auszuschalten. Es bringt nichts mehr. Die Admiralität hat die Regierung immer wieder gewarnt, den wichtigen wissenschaftlichen und technischen Bereich nicht zu vernachlässigen.

Jahrhundertelang wurde kein technisches Update mehr durchgeführt. Wer sagt uns denn, dass die jungen Rassen mittlerweile nicht alle über so eine moderne Technik verfügen. Erteilen die den Befehl, sofort wieder mit der Forschung und der Weiterentwicklung unserer Technik zu beginnen. Die Admiralität rät ihnen weiterhin, alle Flotten-Kohorten aus den Einsatzgebieten zurückzuordnern. Ferner diese unverzüglich der Erfahrung und Kompetenz von Admiral Cartero zu unterstellen. Er ist in der Lage, unsere Flotten-Kohorten zu koordinieren und unser Kunst- System gegen äußere Einflüsse abzusichern. Rufen sie sofort die Taurus unter Admiral Cartero zurück in die Heimat. Das ist unser einziger Schutz im Moment. «

»Danke Admiral«, antwortete der Rats-Vorsitzende. »Die Regierung wird sich in dieser Angelegenheit beraten und schnellstens der Admiralität ihre Entscheidung mitteilen. Das muss für heute ausreichen. Sorgen sie für eine entsprechende Absicherung unseres Systems. «

Heran's Versprechen

Heran's Evolutions-Raumschiff trat aus dem letzten Wurmloch, vor der ausgefallenen Wurmloch-Steuerungsstation aus. Für Außenstehende sah es aus, wie ein kosmisches Gewitter, oder ein Blitz im Dunkel des Alls. Die kurze Öffnung genügte dem Evolutions-Schiff, um wieder in den normalen Raum einzutreten. Heran hatte den Auftrag eine ausgefallene getarnte Kontroll-Station, die von den Lantranern für die Stabilität von Wurmloch-Verbindungen eingesetzt wurde, zu reparieren. Er musste noch eine weite Strecke per Hyperraumflug zurücklegen, um die Koordinaten der ausgefallenen Station zu erreichen. Die Erbauer dieser geheimnisvollen Stationen waren nicht mehr auffindbar. Vermutlich hatten sie bereits lange das bekannte Universum verlassen. Sein Volk hatte keine Hinweise mehr auf diese Rasse gefunden. Die Lantraner hatten das Netz der geheimen Wurmlöcher entdeckt und für sich schätzen gelernt. Die Technik der Wurmloch- Stationen hatten sie schnell erlernt. Dank ihrer kontinuierlichen Wartungen funktionierte das Netzwerk weiterhin einwandfrei.

»Die Technik dieser geheimen Wurmloch-Stabilisatoren zieht sich durch das ganze Weltall«, dachte Heran respektvoll. »Welch einen Aufwand hatten die Erbauer betrieben, um diese Wurmloch-Netze mit Kontroll-Stationen auszustatten. Aber warum hatten sie dieses zweite geheime Wurmloch-Netz installiert? Die regulären Wurmloch-Verbindungen standen doch für alle technisch versierten Rassen zur Verfügung? «

Heran hatte sich bereits öfter die Frage gestellt, aber nie eine Antwort hierauf gefunden. Er schwelgte in Gedanken und blickte starr auf die Monitore vor ihm.

» Es besteht die Wahrscheinlichkeit, dass vor uns, den Aller-Ersten und den Worgass, noch weitere alte Rasen im Universum existiert haben können«, dachte er. » Vielleicht existieren keine Spuren, Hinweise, oder Geschichts-Aufzeichnungen mehr. Warum haben sie bewusst ihre Spuren verwischt? Nur so ist die Existenz dieser Verbindungen zu erklären, ansonsten würde die Installation eines so geheimen Wurmloch- Netzwerkes keinen Sinn ergeben. «

Heran dachte intensiv nach.

»Es müssen geheime Spuren vorhanden sein? «, fluchte er. » Ich werde in dieser Sache weiter recherchieren. Vielleicht existieren bei anderen Rassen irgendwelche Artefakte und Hinweise. Major Travis ist auch dem Steuerartefakt der Aller-Ersten auf die Spur gekommen. «

Sein Blick klarte sich. Er konzentrierte sich auf seine Steuerkonsole. Das Evolutions-Raumschiff flog mit der 7.000-fachen Lichtgeschwindigkeit dem Zielpunkt entgegen. Die Hypertronic-KI seines Schiffes hatte die Kontrolle übernommen. Er fühlte sich gut. Dank seinem Freund Major Travis, den Terranern und einigen Völkern der Milchstraße, nicht zu vergessen die Freunde aus der Kleinen Magellanschen Wolke, konnte eine Invasion der Worgass aus Andromeda verhindert werden. Er kannte die abartigen Quallen-Wesen zu Genüge. Immer wieder versuchten sie, von einem immensen Hass verseucht, Unruhe in der Milchstraße zu stiften und im Rahmen einer Invasion alle humanoiden Völker anzugreifen. Die Lantraner waren den Worgass technisch haushoch überlegen, doch die stetige Unberechenbarkeit der Worgass war gefährlich.

»Mir sind noch nicht alle Fakten bekannt«, dachte Heran. »Ich weiß nicht, in welche Richtungen sich das Imperium der Worgass entwickeln wird und welche Sternen-Systeme sie unter ihre Herrschaft gebracht haben? Ich werde nach meiner Rückkehr Aritron befragen. Er besitzt als einer der wenigen Lantraner, einen freien Zugriff auf die großen Datenarchive von Brontan. Sein allwissendes Energie-Rad speichert alle Daten. Ich möchte erfahren, welche und wie viele Sternen-Systeme die Worgass bereits unter ihre Kontrolle gebracht haben. Ist es nicht dringend erforderlich diese Rasse stärker zu kontrollieren? Ich halte es für ratsam sie zu überwachen, auszuspionieren, gegebenenfalls zu infiltrieren, um mehr Informationen über sie zu erlangen.

Es reicht nicht aus, dass wir uns nur auf die Milchstraße konzentrieren. Es ist möglich, dass die Worgass bereits wieder einen konzentrierten Angriff planen. Vielleicht werden sie durch ein unbekanntes Wurmloch-Fenster einfliegen und mit Verstärkung aus vielen besetzten Galaxien einen neuen Frontal-Angriff starten? Wir können nicht die ganze Milchstraße absichern. Es erscheint mir immer wichtiger zu werden, dass wir

Informationen über das gesamte Netzwerk der Worgass und den Aktivitäten ihrer Führung erhalten. «

Heran blickte auf die Monitore. Das Evolutions-Schiff näherte sich allmählich seinem Ziel.

»Wir haben bei unserem letzten Angriff auf ihre Invasions-Flotte, einen wichtigen Informanten gefangen nehmen können«, erinnerte er sich. »Das war der Worgass-Kurator von Lizzit, dem ehemaligen Heimat-Planeten der Green-Lizards. Dank unserer Gemeinschafts-Flotte konnten wir die geknechteten Echsen-Wesen befreien und sie in die Milchstraße evakuieren. Der Worgass-Kurator war Mitglied einer Gruppe der Wissenden. Ihm standen ungeheure Informationen zur Verfügung. Die sind äußerst sensibel und von militärischer Brisanz. Ich vermute, dass noch nicht alles bekannt ist. Ich werde bei nächster Gelegenheit, mit Major Travis unseren Freund Morass besuchen. Unser entwickeltes Wahrheits-Serum wird sicherlich neue interessante Informationen ans Licht bringen. «

Der Hinweis seiner Hypertronic-KI holte ihn aus seinen Gedanken zurück in die Realität.

»Lieber Heran, wir nähern uns den Ziel-Koordinaten«, hauchte die KI ihm zu.

Heran verzog sein Gesicht. Er bemerkte, dass die Stimm-Programmierung seiner KI, sich langsam zu einer Peinlichkeit entwickelte.

»Ich werde dich bei der nächsten Wartung einer Stimmenmodifizierung unterziehen«, dachte er.

»Der Austritt aus dem Hyper-Raum wird vorbereitet«, ergänzte die Hypertronic-KI. »Die Geschwindigkeit wird reduziert. Wir nähern uns dem Übertritt in den Normalraum. «

»Das Tarnfeld aktivieren und nach dem Austritt die Positionsdaten der Station ermitteln«, ordnete Heran an.

»Dein Befehl wird ausgeführt«, erwiderte die KI. »Der Austritt beginnt in diesem Moment. «

Heran bemerkte, wie sein Schiff aus dem Hyperraum austrat und sich wieder die normalen Sternen-Konstellationen auf seinem Monitor darstellten. »Irgendwelche Ortungen? «, fragte Heran.

»Negativ«, antwortete die lantranische Hypertronic-KI. »Keine Ortungen und kein Schiffsverkehr ist zu registrieren. Der Raum ist absolut leer. «

»Hast du die Station bereits gefunden? «, fragte er. »Ich habe das Tarnfeld sensibilisiert und die Station angemessen«, antwortete die KI. »Die Daten des Standortes wurden registriert. Ich habe mich in die Kommando-Steuerung eingeloggt und öffne den Einflugs-Schacht. «

»Gut«, schmunzelte Heran. »Gehe auf den Automatik-Landemodus und fliege uns in den Hangar«, erwiderte er.

»Ist bereits vorgesehen«, entgegnete die KI in einem hörbar beleidigten Ton. »Ich führe dieses Manöver nicht zum ersten Mal aus. «

Heran schüttelte seinen Kopf. Er verzichte jedoch auf eine Antwort.

Sanft setzte sich das Evolutions-Schiff in Bewegung. Es durchstieß das Tarnfeld und tauchte in den Hangar der Station ein. Grelles Licht flutete den Bildschirm von Heran's Haupt-Monitor. Schnell drehte er seinen Blick ab. Langsam gewöhnten sich seine Augen an die künstliche Beleuchtung.

»Die Landung ist abgeschlossen«, bemerkte die KI. »Der Einflugs-Schott wurde geschlossen, die Versorgung der Station ist aktiviert. Das Atmosphären-Klima konnte hergestellt werden. Du kannst aussteigen, lieber Heran. «

»Danke«, antwortete er kurz.

Er erhob sich aus seinem Kommando-Sessel lief zur Schleuse. Heran legte seine Taja an. Er griff nach seinem Waffengurt und nahm seinen Wartungs-Koffer an sich. Die Laser-Brücke seines Schiffes fuhr aus und Heran schritt kräftigen Schrittes in die Station. Schnell hatte er die kleine Steuerzentrale erreicht.

Er drückte seinen Daumen auf das Sicherheitsschloss des Koffers. Ein kurzer Ton bestätigte den korrekten Zugang. Der Koffer entfaltete sich. Er entnahm dem Koffer einen Scanner, schaltete diesen ein und richtete ihn auf die Anlagen. Falten zogen sich über sein Gesicht. Das Gerät zeigte eine Reihe von nicht regulären Ausfallen an.

Heran ging an die Wand und nahm die Verkleidung der zentralen Energie-Versorgung ab. Er stutzte plötzlich. Das zentrale Modul für die Wurmloch-Stabilisatoren, Energie-Kristalle und die Energieleiter-Verbindungen, waren durch mehrere Laser-Schüsse zerstört.

»Wieder eine Sabotage-Handlung«, erkannte er. »Irgendjemand ist darauf erpicht, diese Stationen ausfallen zu lassen. «

Er überlegte schnell.
»Welchen Grund kann es hierfür geben? «, fragte er sich. » Ich werde auf meinem Evolutions-Schiff den ganzen Wurmloch-Verlauf aufrufen müssen, um zu erkennen, wohin diese Verbindung führt. «

Er aktivierte seinen internen Schiffsfunk und sprach seine KI an.

»Scanne die ganze Station nach weiteren Lebensformen«, befahl er. »Ich habe ein unbefugtes Eindringen festgestellt. Sende mir zur Sicherheit zwei Kampf-Roboter. Ferner benötige ich einen Wartungs- Roboter zur Unterstützung. Er soll ein Standard- Energieleiter-

Modul mitbringen, vollständig bestückt. Diese liegen im Ersatzteillager. «

»Ich veranlasse alles, Heran«, übermittelte die KI.

Er schaute sich den Schaden an.

»Die ganze Verteilerplatte muss ausgewechselt werden, ebenso die Energiekristalle«, dachte er. »Ein Flickwerk macht hier keinen Sinn. «

Die Hypertronic-KI seines Schiffes meldete sich.

»Ein Intensiv-Scann wurde durchgeführt«, teilte sie mit. »Es befinden sich keine weiteren Lebewesen auf der Station. «

»Danke«, antwortete Heran. »Schick den Wartungs-Roboter los. «

»Alle Roboter sind bereits unterwegs«, erwiderte die KI. Heran machte sich wieder an die Arbeit und lockerte die Halterung der großen Verteilerplatte. Hinter ihm bemerkte er ein Geräusch. Er drehte sich um. Der Wartungs-Roboter, in Begleitung von zwei Kampf-Robotern, waren mit den Ersatzteilen eingetroffen.

»Das ging ja schnell«, murmelte er. »Sichert den Eingang ab. «

Er blickte zu dem Wartungs-Roboter.

»Stell die Ersatzteile ab und löse die Verriegelung der Verteilerplatte auf der linken Seite der Konsole«, befahl er.

Der Wartungs-Roboter tat wie ihm befohlen. Sofort machte er sich an die Arbeit. Mit vereinten Kräften konnte die 2 Meter große Energie-Verteilerplatte aus der Anlage gehoben werden und an die Seite gestellt werden. Auf dem gleichen Wege setzten sie das neue Verteiler-Modul ein und verriegelten es. Heran klickte die Energie-Verbindungen ein und nickte.

»Alles sieht sehr gut aus«, sagte er.
Er ging zurück an die zentrale Konsole und ließ eine Subroutine zur Fehlersuche durchlaufen. Nach und nach begannen die Leuchtdioden, in der Zentral-Steuerung aufzuglühen. Immer mehr Leuchten sprangen an und bestätigten den reibungslosen Einsatz der Station. Heran drückte auf den Knopf für die Wurmloch-Stabilisatoren und wartete einen Augenblick. Der Boden der Station vibrierte leicht, als die gewaltige Anlage zum Leben erwachte. Das Vibrieren des Bodens ließ nur langsam nach.

»Die Anlage ist wieder in ihre Betriebsbereitschaft versetzt«, dachte Heran. Er drückte weitere Schalter auf der Kontroll-Anlage ein. Ein Monitor flammte auf und zeigte die Rohre des Wurmloches an. Keine Instabilität war mehr festzustellen. Das Wurmloch konnte wieder benutzt werden.

»Der Fehler ist behoben«, teilte Heran mit. »Wir sind hier fertig. «

Er merkte, wie sein lantranisches Armband vibrierte. Es war ein roter Azoth, der als Nachrichtengeber fungierte. Er konnte über weite Strecken Informationen übermitteln. Das Gerät nutzte die Energieadern des Zwischenraumes. Heran blickte auf das Display. Das Logo der Hohen Empore wurde angezeigt. Er drückte auf den roten Stein, um die Nachricht wiederzugeben. Eine Information von Aritron war eingetroffen. Er stutzte und wartete einen Augenblick, bis die Nachricht auf dem kleinen Display erschien.

»Notfall«, lautete die Meldung. »Dein Rückflug wird angeordnet. Wir haben einen Sonderauftrag für dich. Gezeichnet Aritron, im Auftrag der Hohen Empore. «

Heran hob seinen Kopf.
»Unser Chef will uns sehen«, teilte er dem wartenden Roboter mit. »Dann wollen wir ihn auch nicht warten lassen. «

Er wandte sich der zentralen Steuereinheit der Basis zu und drückte mehrere Knöpfe ein.

»Jetzt wollen wir dich einmal in einen besonderen Sicherheitsbereich versetzen. «

Er bemerkte, wie sich das Schutzfeld verstärkte, die Waffen aktiviert und die Sicherheits-Sensoren im inneren Bereich der Station aktiviert wurden.

»Der nächste unangemeldete Besucher wird ein Wunder erleben«, dachte er.

Er stand auf.
»Gehen wir zurück aufs Schiff«, befahl er den wartenden Robotern.

Der kleine Trupp machte sich auf den Weg.
Kurze Zeit später nahm Heran wieder in dem Kontroll-Sessel seines Evolutions-Schiffes Platz. Er aktivierte die Kontrollen.

»Öffne den Ausflugs-Schott«, befahl er seiner KI. »Wir fliegen nach Hause. Der große Aritron möchte mit uns sprechen. Zielkoordinaten Centros, in der Mitte der Milchstraße. «

»Die Zielkoordinaten wurden eingerastet, lieber Heran«, flüsterte ihm die weibliche Hypertronic-KI zu. »Möchtest du die Wurmloch-Verbindung nutzen? «

Heran überlegte einen kurzen Augenblick.

»Ja«, antwortete er. »Ich habe sie getestet. Laut den Anzeigen der Station ist sie wieder betriebsbereit. «

»Dem stimme ich zu«, erwiderte die KI. »Meine Anzeigen bestätigen deine Aussage. Der Abflug wird eingeleitet. «

Heran lehnte sich zurück und beobachtete das maschinelle Manöver seiner KI. Sanft hob das Schiff von dem Stations-Boden ab. Es setzte rückwärts aus dem Hangar, während sich der Schott wieder schloss. Dann drehte sich das Raumschiff, flog eine kurze Schleife über der Station und öffnete im Anschluss ein Wurmloch-Fenster. Heran bemerkte den Eintritt und hielt den Atem an. Nichts passierte. Die Passage funktionierte wieder.

»Warum sollte es auch anders sein? «, dachte er. » Unsere Technik ist ausgereift. Fehler werden sofort registriert. «

Seine Gedanken schweiften zu Aritron.

»Warum bittet der militärische Weiser der Lantraner um meinen Rückflug? «, fragte er sich.

Heran konnte es nicht sagen und war gespannt auf die Informationen, die Aritron für ihn bereithielt.

Das Evolutions-Schiff trat aus einem Wurmloch vor dem großen schwarzen Loch in der Mitte der Milchstraße aus. Heran blickte auf seinen zentralen Monitor.

»Das ist immer wieder ein gewaltiger Anblick«, dachte er. »So viel Kraft, erschreckend groß und für normale Rassen nicht zu bändigen. Ich weiß nicht viel hierüber, dafür gibt es andere Experten bei meinem Volk. Ein schwarzes Loch ist ein astronomisches Objekt, dessen Gravitation so stark ist, dass aus diesem Raumbereich nichts, auch kein Lichtsignal, nach außen gelangen kann. Die enormen Kräfte verformen eine ausreichend kompakte Masse der Raum-Zeit so stark, dass sich ein schwarzes Loch bildet. Es zieht alles in sich hinein. Aber dank unserer ausgereiften Zwischenraum-Technik, gilt das nicht für uns. «

Er bemerkte, wie sein Schiff bereits von dem Sog erfasst wurde.

»Zwischenraum-Leitstrahl erfassen und einrasten«, befahl er seiner KI. »Automatiksprung nach Centros einleiten. «

Das Verfahren war seit vielen Jahrtausenden der einzige Weg, um auf den Planeten der Lantraner zu gelangen. Ein manueller Anflug würde in einer Katastrophe enden. Er verschwendete keinen weiteren Gedanken an das letzte Manöver seines Schiffes. Es gab seit vielen Dekaden keinen Unfall mehr, bei der Einfädlung der Schiffe auf den Zwischenraum-Leitstrahl.

»Ich springe auf den Energie-Leitstrahl des Zwischenraumes«, bestätigte die Hypertronic-KI.

Das Schiff entmaterialisierte. Heran registrierte ein kurzes Flimmern und die anschließende Dunkelheit auf seinen Monitoren. Sekunden später wurde es wieder hell auf den Anzeigen. Sein Schiff war in den Luftschichten von

Centros ausgetreten. Langsam ging die KI in den Landeanflug über. Zusätzliche Anti-Grav-Stabilisatoren schalteten sich ein. Der Antrieb drosselte sich hörbar. Das Grollen der Anti-Grav-Servos verstärkte sich. Dann setzte das Schiff sanft auf dem Landeplatz des Planeten auf.

»Auf Sicherheits-Bereitschaft gehen«, befahl er seiner KI. »Ich vermute, wir werden nicht lange am Boden bleiben. Sichere das Schiff in meiner Abwesenheit ab. «

»Dein Befehl wird ausgeführt, Gebieter«, erwiderte die KI. Heran war bereits auf dem Weg zum Ausgang.

Heran wurde von einem Sicherheits-Offizier in das Büro des militärischen Leiters der Lantraner geführt. Aritron saß an seinem großen Schreibtisch. Er blickte kurz auf.

»Wir haben dich bereits erwartet«, begrüßte er den Wurmloch-Spezialisten.

Heran nickte kurz und schaute sich um. Brontan, Tyran und Thoran waren auch zugegen. Sie standen etwas abseits und lasen Information aus diversen Terminals ab.

»Setz dich zu uns, wir müssen etwas besprechen«, teilte Aritron mit.
Heran begrüßte die Anwesenden und setzte sich in einen großen Stuhl vor dem Schreibtisch. Brontan, Tyran und Thoran taten es ihm gleich.

»War deine Mission erfolgreich? «, fragte Thoran. »Funktioniert die Station wieder? «

Heran schaute ihn an.

»Ich habe sie repariert«, erwiderte er. »Die Ursache des Ausfalls war wieder eine Fremd-Sabotage. Die zentrale Energieverteiler-Platte, die komplette Steuereinheit und die Energie-Kristalle waren durch Laser-Strahlen zerstört worden. Die Fremden haben sich mit der Technik gut ausgekannt. Ich habe den Schaden repariert, die Verteiler-Platte gewechselt. Für die Zukunft habe ich die Station gegen unbefugtes Eindringen gesichert. «

»Was heißt Sabotage? «, fragte Aritron. » Wer kann ein Interesse daran haben, diese geheimen Steuer- Stationen für Wurmlöcher zu sabotieren? «

»Alle die uns den Zugang zu diesem geheimen Wurmloch-Netz missgönnen«, erwiderte Heran.

»Dem stimme ich zu«, erwiderte Tyran. »Es scheint jemanden zu geben, der von diesen geheimen Wurmloch-Netzen Kenntnis erhalten hat. «

»Dafür kommen aber die jungen Rassen nicht in Frage«, sagte Brontan. » Ihr technisches Verständnis ist noch nicht so weit. Entsprechend dieser Tatsache bleiben nur die alten Rassen im Universum übrig. Sie verfügen ebenfalls über die Technik, die Wurmloch-Netze aufzuspüren und zu identifizieren. «

»Warum habt ihr mich zurückbeordert? «, fragte Heran ungeduldig. » Ich wollte noch weitere Anlagen überprüfen. Kommen wir endlich zum Thema. «

Aritron blickte ihn an.
»Du bist genauso ungeduldig, wie deine terranischen. Freunde«, bemerkte er. » Übe dich doch etwas in Geduld. Wir kommen gleich zu dem Thema, warum wir dich hergerufen haben. «

Aritron ließ eine kurze Pause vergehen.
»Wir haben sensible Daten ausgewertet und sehen eine Verbindung zu eurem Angriff auf Andromeda«, erklärte er. Euch ist es gelungen, mit den Terranern und vielen Rassen der Milchstraße, die Angriffs-Flotten der Worgass zu vernichten. Das wird den Drahtziehern, die hinter den Worgass stehen, nicht gefallen haben. «

 »Worauf willst du hinaus? «, fragte Heran. »Das will ich dir sagen«, antwortete Aritron. »Die Daraner sind wieder aufgetaucht. Wir vermuten bereits lange, in ihnen die möglichen Drahtzieher zu sehen, die den Worgass Anweisungen geben. Leider fehlen uns noch die Beweise. Brontan hat anscheinend zu viel Zeit gehabt und im Rahmen seiner Neugier das allwissende Energie-Rad gedreht. In Verbindung mit seinem Akteur-System konnte er herausfinden, dass die Daraner nahe dem Sombrero-Nebel aktiv geworden sind. Es gab einen neuen Zwischenfall, vor dem getarnten Kunst-System der Santaraner. Du kennst diese Rasse? «

»Ja«, entgegnete Heran. »Das sind nach meiner Erkenntnis die evakuierten Auswanderer von Natrid. «

Aritron nickte und lächelte Heran an.

»Du hast gut aufgepasst, Heran«, antwortete er. »Das freut mich sehr. Aus den geflüchteten Natradern sind die Santaraner hervorgegangen. Eine ebenso technisch gut ausgestattete Rasse, die jedoch zurückgezogen in ihrem Kunst-System lebt, das sie sich erschaffen haben. Bislang gelang es ihnen, aufkeimende Streitigkeiten und Kriege, zwischen unterschiedlichen Völkern in der Nähe zu regulieren. Diese Aufgaben werden von der sogenannten Admiralität durchgeführt, aber von ihrer Regierung befohlen. Die Offiziere dieser Admiralität nennen sich Gildoren. Einen von ihnen kennst du bereits, von deinen terranischen Freunden her. Sie haben ihr bewohntes Sternen-System, das sich in der Nähe des Sombrero Nebels, im Sternbild der Jungfrau befindet, mit ihrer alten Technik getarnt.

Bisher hatte das immer gut funktioniert, doch sie haben einen kolossalen Fehler begangen. Ihr großes Auditorium, die Regierung ihres Systems, hat vor vielen Jahrtausenden die vorhandene Technik verflucht und eine Weiterentwicklung verboten. Vielleicht aus den Geschehnissen ihrer Vergangenheit heraus. Jedenfalls ordnete die Regierung eine massive Reduzierung der Produktion von Kriegsmaterial an. Ferner verboten sie die technische Weiterentwicklung aller schrecklichen Waffen-Systeme. Sie vertrauten darauf, dass ihr technischer Wissensstand, von den jungen Völkern in der Milchstraße nicht erreicht werden konnte. «

Aritron blickte seine Zuhörer an.
Leider haben sie die Rechnung ohne die alten Völker der Milchstraße gemacht«, ergänzte er. » Ich nenne das Beispiel der Daraner, die bereits ebenfalls auf eine lange Entwicklung zurückschauen können. Vermutlich ist es ihnen gelungen, den Wissensstand der damaligen Natrader einzuholen. Wir haben seit längerer Zeit festgestellt, dass einzelne Forschungs-Schiffe der Daraner den Sombrero-Nebel durchkämmen, alle möglichen Sektoren scannen und nach irgendetwas suchen. Diese Rasse, wir wissen nicht, was es für Wesen sind, scheinen über eine Technik zu verfügen, die das Tarnfeld der Santaraner ausheben kann.

Warum diese Rasse so stark an den Santaranern interessiert ist, können wir ebenfalls nicht beantworten. Das könnte aus der Geschichte der natradischen Nachkommen ersichtlich werden. Vielleicht gab es in der Vergangenheit einen Zwischenfall, den die Daraner nicht vergessen können. Jetzt haben die Daraner die ehemaligen Nachkommen der Natrader gefunden. Sie konnten eine getarnte Späh-Station von ihnen orten. Es erfolgte ein Angriff. Die Besatzung der Station konnte ein Schiff der Daraner vernichten.

Das zweite Schiff war anscheinend mit einem wesentlichen stärkeren Schutzschirm ausgestattet. Hieran haben sich die Santaraner die Zähne ausgebissen.

Die Waffen ihrer Station waren nicht stark genug, um das zweite Schiff in Bedrängnis zu bringen. In dem weiteren Verlauf des Gefechtes haben die Santaraner ihren Spähposten aufgegeben, die Besatzung konnte mit einem Jet in den Hyperraum flüchten. Den Daraner gelang es später, den Spähposten zu vernichten. «

Heran hatte zugehört verstand aber nicht richtig.

»Ich habe Informationen, dass sich der Sombrero-Nebel weit in der tiefen Galaxis befindet, also nicht in der Nähe zu unserer Milchstraße«, bemerkte er. »Was haben wir damit zu tun? «

Thoran blickte ihn an.

»Wir erkennen eine direkte Verbindung zu den Worgass«, erklärte er. »Du bist bereits informiert worden, dass wir die Daraner als Drahtzieher hinter den Worgass sehen konnten. Die Inforationen verdichten sich. Es ist nach unseren neusten Informationen nicht ausgeschlossen, dass sie diesen immensen Hass verbreiten, der die Vernichtung aller humanoiden Rassen zur Folge haben kann. Falls unsere Vermutung der Wahrheit entspricht, versuchen die Daraner jetzt direkt die Santaraner zu eliminieren. Nach unserer Meinung ist in der Vergangenheit der evakuierten Natrader etwas Schwerwiegendes vorgefallen.

Wir alle wissen, dass Admiral Tarin sich bei der Evakuierung seines Volkes keine Lorbeeren verdient hat.

Die Flotte hat auf ihrem Flug alle Hindernisse und Barrieren aus dem Universum gesprengt. Vermutlich ist in dieser Zeit etwas mit den Daranern passiert. Sie haben eine lange Zeit nach den Santaranern gesucht. Jetzt endlich haben die Daraner sie gefunden. «

Thoran ergänzte die Erläuterungen seines Vorredners. »Mir ist keine andere Rasse im Universum bekannt, die ihren Hass über 100.000 Jahre aufrechterhält und sich zum Lebensziel macht, die Ursache ihres Unrechts zu beseitigen«, erklärte er. »Jetzt komme ich zu dem Punkt. Die Daraner haben die Santaraner gefunden, die bekanntlich aus den evakuierten Natradern hervorgegangen sind. Wenn sie es schaffen, diese zu vernichten, werden sie sich zwangsweise auch den Nachkommen im Sol-System zuwenden. Die Frage ist, wann versuchen sie in die Milchstraße einzudringen. Die Terraner, die wir gerade erst als neue Macht im Sol-System unterstützen, müssen uns erhalten bleiben. «

Heran erkannte jetzt die Tragweite des Problems. Sein Gesicht zog sich in Falten.

Brontan ergriff das Wort.

»Wir können nicht erkennen, ob die Santaraner waffentechnisch auf dem neuesten Stand sind und ob sie einen größeren Einfall der Daraner abwehren können«, sagte er. »Unsere vorliegenden Informationen besagen nichts Gutes. Nach unseren Erkenntnissen sind sie auf ihrem damaligen technischen Entwicklungsstand stehen geblieben. «

»Wollt ihr den Daranern den Krieg erklären? «, fragte Heran.

Aritron lachte laut auf.

»Das liebe ich so an dir«, entgegnete er. »Du erhältst dir immer noch ein wenig Naivität. Obwohl wir technisch hierzu in der Lage wären, würde unsere Hohe Empore einem Krieg gegen die Daraner nie zustimmen. Du warst doch selbst bei der letzten Sitzung dabei und weißt, welche Anstrengungen nötig waren, die Hohe Empore zu einem Umdenken zu bewegen. Lediglich eine einzige Entscheidung stärkt uns derzeit den Rücken. Wir haben die Genehmigung uns wieder stärker in der Milchstraße zu engagieren. Das ist die Basis unserer Überlegungen. Diese Entscheidung der Hohen Empore stärkt uns in der Ansicht, dass eine frühe Gegenwehr, oder eine Stärkung der Santaraner für uns hilfreich sein könnte. «

»Wie soll das funktionieren? «, fragte Heran. » Wir wollen doch selbst nicht aktiv werden. «

Aritron schmunzelte ihn verschmitzt an. »Wir dachten an deine terranischen Freunde«, bemerkte Thoran. »Sie verfügen mittlerweile über eine große Anzahl von Zerstörern, von Kampf-Basen und schnellen Angriffs-Kreuzer. «

»Wisst ihr, was ihr da verlangt? «, fragte Heran ärgerlich. » Das neue Imperium von Tarid und Natrid ist mit seinem Aufbau beschäftigt. Sie haben genug damit zu tun, die Trümmer der Natrader zu beseitigen und die ehemaligen Kolonien, Planeten, Stützpunkte und Planeten wieder zu aktivieren. Sie wollen das alte Imperium der Natrader in einer bessern Form aufbauen. Sie suchen nach Freunden und Überlebenden aus dem alten Kaiser- Imperium, versuchen den Handel aufzubauen und mochten neue politische Kontakte schließen. Sie sind aktiv, freundlich, hilfsbereit und stehen neuen Rassen positiv gegenüber. «

Heran holte kurz Luft.

»Das wissen wir alles«, antwortete Aritron. »Du hast doch einen guten Draht zu diesem Major Travis entwickelt. Laut deinen Informationen verfügt dieser Major über das ehemalige Natrid-Gen, das ihm und den Menschen einen uneingeschränkten Zugang zu den mächtigen Hinterlassenschaften der ehemaligen Natrader sichert. Die beiden übergroßen Hypertronic-KI's von Tarid und Natrid sind einzigartig im Universum. Auf der neuen Welt der Santaraner wurden solche gigantischen Gehirne nicht mehr eingesetzt. Die KI's von Tarid und Natrid haben in der Stille der sogenannten Deaktivierung, die Technik ihrer Herren weiterentwickelt.

Admiral Tarin war vermutlich nicht klar, dass sich die übermächtigen Hypertronic-KI's nicht komplett abschalten ließen. Aber das ist ein anderes Thema. Überzeuge Major Travis von unseren Bedenken, dass die ehemaligen Natrader unsere Hilfe brauchen. Wir möchten ihnen diese unbedingt anbieten, um zukünftige Gefahren von der Milchstraße abzuwenden. Nach unserer Meinung sollte er eine größere Flotte an den Standort des Kunst-Systems senden. Bei dieser Gelegenheit könnte er auch politische Kontakte zu den Santaranern knüpfen. «

»Ihr sitzt hier in der lantranischen Zentral-Verwaltung und denkt euch Szenarien aus, was andere Rassen für euch tun dürfen«, erregte Heran sich. »Ich bin es leid, immer den Bittsteller für euch zu spielen. «

Aritrons Blick wurde strenger.
»Du warst es doch, der sich als Vermittler zu den Terranern angeboten hatte«, ärgerte er sich. »Wenn du nicht willst, dass wir jemanden anderen mit dieser Aufgabe betrauen, dann höre uns weiter zu. Beruhige dich, es dient dem Frieden in der Milchstraße. «

Aritron wartete, bis Heran sich wieder beruhigt hatte.

»Ich komme noch einmal zurück auf die Santaraner«, fuhr er fort. »Es ist bekannt, dass sie sich nach außen abgeschottet haben. Sie vermeiden jeden Fremdkontakt zu anderen Rassen. Diese Meinung unterstützt auch das Tarnfeld, welches sie über ihr komplettes System gelegt haben. Die Aufrechterhaltung dieses gigantischen Feldes benötigt die Zapf-Energie von drei Sonnen. Auch diese Technik haben sie versäumt weiterzuentwickeln. Eine Kontaktaufnahme wird nicht einfach werden. Jetzt ist die Situation entstanden, dass die Daraner vermutlich ihr getarntes Kunst-System orten können. Dies ist ihnen aber noch nicht bewusst.

Nach unserer Meinung werden sie bei einem starken Angriff der Daraner, massive Verluste an ihren Schiffen erleiden. Unsere Analysen ergaben, dass die Daraner über Schiffe der neusten Ortungs- und Sensoren-Generation verfügen. Über ihre Waffentechnik gehen unsere Meinungen auseinander. Doch im schlechtesten Fall d dürften ihre Schiffe, den Schiffen der Santaraner überlegen sein. «

»Das würde wieder starke Kampfhandlungen bedeuten«, entgegnete Heran. »Die Terraner können sich nicht um alles kümmern. Außerdem wollen sie auch nicht die Polizeimacht in der Milchstraße darstellen. «

»Eine Rasse muss die Schmutzarbeit für alle anderen erledigen«, antwortete Aritron kalt. »Das haben wir früher auch getan. Derzeit sind einzig und allein die Terraner hierzu in der Lage. «

»Wir spannen sie wieder für unsere Zwecke ein«, fluchte Heran. »Was könnten wir ihnen anbieten? «

»Was meinst du hiermit? «, erkundigte sich Thoran.

»Nichts«, antwortete Aritron giftig.

Heran lachte ihn verwegen an.

»Das habt ihr euch so gedacht«, grollte er. »Wir erwarten, dass die anderen die Arbeit für uns erledigen, sind aber nicht bereit sie technisch weiterzuentwickeln. Major Travis hat mich bereits mehrmals gebeten, ihm einige Wurmloch-Antriebe zur Verfügung zu stellen. Nur so ist die große Entfernung zum Sombrero-Nebel zu überbrücken. «

»Wir können, wie in der Vergangenheit auch, Lotsen-Schiffe bereitstellen«, sagte Brontan. »Das hat doch auch bei der Andromeda-Mission gut funktioniert. «

Heran nickte leicht.
»Das hat es«, bestätigte er. »Die Terraner verfügen über eine andere Denkweise als ihr. Eine Leistung kostet Geld, oder eine Gegenleistung. Die Terraner wollen den Wurmloch-Antrieb besitzen. Falls wir ihnen welche übergebt, dann könnte ich sie für die Mission begeistern. Ansonsten sehe ich keine Chance, euren Vorschlag zu realisieren. Die Terraner werden mit dieser Technik gewissenhaft umgehen. Ihr braucht euch keine Sorgen zu machen, dass sie wahllos andere Völker ausradieren. Sie schätzen das Leben und die Entwicklung unterschiedlicher Rassen in der Milchstraße hoch ein. Der Wurmloch-Antrieb hilft ihnen und auch uns, dass sie schneller an Krisenherden eintreffen und reagieren können. «

»Ich war auf deinen Wunsch vorbereitet«, stöhnte Aritron. »Du verstehst sicher, dass ich es erst einmal anders probieren musste. Ich kann mir vorstellen, einen

Wurmloch-Antrieb an die Terraner zu übergeben, falls sie dieser Mission zustimmen. Das sind meine Bedingungen und eine nicht änderbare Voraussetzung. «

Heran lachte laut auf.

»Ich will dir einmal sagen, wie ich das sehe«, antwortete er. »Wir werden Major Travis fünf Wurmloch-Antriebe übergeben. Einer wird direkt in sein Flaggschiff, die moderne Termar 1, eingebaut. Die restlichen Wurmloch-Antriebe werden der terranischen Wissenschaft übergeben. Diese können sie dann zerlegen, analysieren, die Wirkungsweise verstehen, um sie später nachzubauen. Wie schnell das geht, das kann ich nicht sagen. Die terranische Wissenschaft verfügt über exzellente Duplikatoren, die eine Herstellung erleichtern. «

»Wie kommen sie denn an diese Technik? «, erkundigte sich Thoran.

»Das sei einmal hier außer Acht gelassen«, erwiderte Heran. »Ferner benötige ich für den Einsatz 24 komplett ausgerüstete Evolutions-Schiffe als Begleitschutz. Sie müssen mit unserer neuen Transform-Dimensions-Kanone ausgestattet sein und mit den entsprechenden Bomben beladen sein. «

» Du wirst maßlos und unverschämt«, schimpfte Aritron. »Wofür brauchst du auch noch die Schiffe? «

»Falls wir vor dem Kunst-System Santaron in eine Auseinandersetzung kriegerischer Art hineingezogen werden, möchte ich in der Lage sein, die angreifenden Schiffe der Daraner aufzuhalten. Es wird ansonsten schwierig werden, von Terranern eine Flotte von 1.000 Schiffen zu bekommen, die sich an dem Flug in den Sombrero-Nebel beteiligen werden. «

Aritron blickte Tyran, Thoran und Brontan an. Diese zuckten mit ihren Achseln.

»Ich weiß aus vorliegenden Daten, dass die Daraner nie in kleinen Geschwadern angreifen«, erklärte Thoran den Zuhörern. »Wenn sie wirklich so einen immensen Hass gegen die Santaraner haben sollten, dann werden sie eine stattliche Flotte zusammenziehen, bevor sie den Angriff gegen das getarnte Sternen- System der Santaraner beginnen. «

»Die Terraner haben nicht die Sicht auf die Dinge, wie wir sie haben«, antwortete Heran. »Sie sehen nicht die Auseinandersetzung, die sich dort im Sombrero-Nebel anbahnt. «

Thoran nickte zustimmend.
»Da kommst du ins Spiel, mein Freund«, lächelte er. »Du solltest den Terranern die Gefährlichkeit der Lage erklären. Das ist aufgrund deines engen Kontaktes zu Major Travis kein Problem. «

Heran verzog wieder sein Gesicht.

»Haben wir Informationen, mit welcher Flottenstärke die Daraner in früheren Zeiten angegriffen haben? «, fragte er.

»Ja«, erwiderte Aritron. »Hieraus sind aber keine Schlüsse zu ziehen, weil die uns vorliegenden Daten zwischen 100 Schiffen und 30.000 Schiffen variieren. Es kommt scheinbar immer auf die Situation an. Wir denken, dass die Daraner erstmals kleinere Flotten entsenden werden, um die Widerstandsfähigkeit des santaranischen Tarn- und Schutz-Schirmes zu testen. Bei dieser Gelegenheit sollten wir den Daranern direkt klarmachen, dass ein weiteres Vorrücken für sie nicht möglich ist. «

»Wollen wir die Santaraner technisch aufrüsten? «, erkundigte sich Heran.

Aritron schüttelte seinen Kopf.

»Diese Möglichkeit steht ausschließlich der Milchstraße zur Verfügung«, erklärte er. »Die Santaraner haben die Option, dem Neuen-Imperium von Natrid und Tarid beizutreten. Damit würden sie automatisch der technischen Entwicklung des Sol-Systems angeschlossen sein. Vielleicht können sie dann auch einfacher Unterstützung erhalten. Ich habe sämtliche Informationen für dich auf diesen Speicherkristall gezogen. «

Er übergab den Kristall an Heran.

»Fliege ins Sol-System, zu deinem Freund Major Travis«, ergänzte Aritron. »Überzeuge die Terraner davon, dass hier ein Krisenfall entsteht, der später auf die Milchstraße überschwappen könnte. Die verhängte Flugverbots-Zone im Sombrero-Nebel wird von den Santaranern nicht mehr lange aufrechterhalten werden können. Das ist unsere Einschätzung. «

Heran hatte genug gehört.

»Was ist mit meinem Wunsch nach fünf Wurmloch-Antrieben und 25 Begleit-Schiffen«, Bist du hiermit einverstanden? «

»Du haftest mir dafür, dass die Terraner keinen Unsinn mit den Wurmloch-Antrieben anstellen«, knurrte Aritron. Diese Antriebe dürfen ausschließlich zu der Bekämpfung von Krisenherden eingesetzt werden. Ferner bitte ich dich inständig, unsere Begleitschiffe wieder heil und gesund zurückzubringen. «

»Danke«, erwiderte Heran zufrieden. »Unterstelle die Begleit-Schiffe dem Befehl von Giratron. Ich bin der Meinung, dass er über die meiste Erfahrung von unseren Piloten verfügt. Wann darf ich aufbrechen? «

»Sofort«, erwiderte Aritron trocken. »Alles ist vorbereitet, die Wurmloch-Antriebe werden gerade auf die Schiffe verladen. Die Piloten sind aktiviert und begeben sich zu ihren Schiffen. Ich habe bereits mit deinen Wünschen gerechnet. «

Heran schaute seinen Vorgesetzten irritiert an.

»Wie konntest du die genaue Zahl im Voraus wissen? «, fragte er.

»Das bleibt unser Geheimnis«, antwortete Aritron. »Da die Situation kurz vor dem Eskalieren steht, bitte ich dich sofort nach Natrid zu fliegen, um deine Gespräche zu beginnen. «

Heran blickte seinen Befehlsgeber ärgerlich an.

»Warum lässt du mich denn so lange reden, wenn du meine Antwort bereits wusstest? «, schimpfte er.

Brontan lachte.
»Du weißt, dass wir alles probieren müssen, um nicht mit unserer Technik um uns zu werfen«, sagte Aritron kalt. » Das ist eine Anweisung der Hohen Empore. Wir sind hieran gebunden. «

»Sieht zu, dass ihr diese Mission erfolgreich abschließt und gesund zurückkehrt«, ergänzte Aritron. »Falls ihr in Bedrängnis geraten solltet, sende uns eine Information über deinen Azoth. Thoran würde dann sofort eine Kriegsflotte starten und zu dir aufbrechen. Hierdurch würden wieder Probleme mit der hohen Empore entstehen. Nach Möglichkeit vermeide es bitte, uns in eine solche Verlegenheit zu bringen. «

»Das werde ich«, antwortete Heran. »Wir werden das Kind schon schaukeln. «

»Was meinst du hiermit? «, fragte Tyran.

»Nichts«, lachte Heran. »Das war ein Spruch von den Terraner. «

Aritron verzog sein Gesicht.

»Gehe jetzt und verliere keine Zeit«, befahl er.

Heran nickte, verabschiedete sich und eilte aus dem zentralen Gebäude der lantranischen Verwaltung. Ein Gleiter wartete bereits auf ihn. Heran stieg in Gedanken versunken ein. Die Strecke zum Raumlandehafen war schnell bewältigt. Als der Gleiter vor seinem Raumschiff anhielt, sprang er hinaus und hielt inne. Nicht weit von ihm entfernt bemerkte er, wie fünf Lade-Roboter abzogen, die vermutlich die Wurmloch-Antriebe in den Begleitschiffen verstaut hatten. Er blickte über das riesige Landefeld und erkannte freudig, dass in dem Umfeld seines Raumschiffes 24 weitere Evolutions- Schiffe hell erleuchtet warteten.

»Die Piloten befinden sich bereits an Bord«, erkannte er.

Heran lief zu seinem Schiff, bestieg es und ließ das Schott schließen. Schnellen Schrittes lief er in seine Kommando-Zentrale.

»Mit den Startvorbereitungen beginnen«, befahl er. »Öffne mir einen Kanal zu unseren Begleit-Schiffen. «

»Du kannst sprechen, lieber Heran«, antwortete die KI. »Heran ruft die Begleit-Schiffe Mission Sombrero-Nebel«, sprach er in den internen Schiffs-Funk. »Startet die Antriebe. Unser erster Zielpunkt ist Natrid im Sol-System. Synchronisiert die Flugdaten über meine Schiffs-KI. Ich danke euch allen für die Unterstützung. «

Die Bestätigungen kamen kurzfristig herein.

»Synchronisiere die Navigations-Daten«, befahl er seiner KI. »Wenn fertig, bitte sofort den Start einleiten. «

Aritron, Brontan, Tyran und Thoran standen an einem großen Fenster der lantranischen Verwaltung und sahen dem Start der kleinen Flotte zu. Sie entfernte sich immer schneller aus dem Blickfeld der Zuschauer.

Informationen von Centros

»Ich gebe das Wort an Professor Augenzell weiter«, teilte General Poison mit.

Der Professor stand auf und schaute in die Runde der Zuhörer.

»Danke, General«, antwortete er. »Unser Vorgesetzter hat mich in diese Runde berufen, damit ich sie alle über den laufenden Stand der technischen Entwicklungen informieren kann. Dank den lantranischen Konstruktions-Zeichnungen, ist es zwischenzeitlich gelungen, alle aktiven Raumschiffe mit dem neuen Super-Schutzschirm auszustatten. Es ist ein Meisterwerk der Ingenieurs-Kunst. Dieser Schirm ist mit normalen Mitteln nicht zu überlasten. Von daher sollten die Schiffe unserer Flotte ab jetzt über einen absoluten Schutz verfügen. Derzeit werden von uns die Flotten-Kampf-Stationen nachgerüstet. «

Tosender Beifall durchzog den Raum. Professor Augenzell hob beide Arme in die Hohe.

»Ihr Beifall beschämt mich etwas«, antwortete er. »Wir waren in diesem Fall nicht die Erfinder dieses Schutz-Schirms, sondern wir bauen diese nur ein. Danken sie den Lantranern und Major Travis, dass er einen so guten Freund gefunden hat. «

Er ließ eine kurze Pause vergehen.

» Abschließend möchte ich verkünden, dass wir den Groß-Duplikator auf der Werft- und Produktions-Werft 5 wieder erneuert haben. Er wird in wenigen Tagen einsatzbereit sein und seine Produktion wieder aufnehmen können. «

Wieder füllte Beifall den Raum.

»Ich glaube General Poison wird hierüber am glücklichsten sein«, ergänzte er.

Der General lächelte vor sich hin.

»Ich möchte aber noch auf den Mond Europa zu sprechen kommen«, teilte Professor Augenzell mit. »Wie General Poison anfänglich erwähnte, wird dieser wasserreiche Mond besondere Aufgaben in unserem Universum übernehmen. Der erwähnten Groß-Station, nach dem Vorbild von Atlantis, wird eine Werft- und Produktions-Station angeschlossen werden. Sie wird die größte in unserem Sol-System werden. Diese Produktions-Hallen werden direkt mit drei Groß-Duplikatoren bestückt werden. Allein der Montagebereich für unsere unterschiedlichen Raumschiffe wird eine Große von 35 auf 65 Kilometern haben. Hier ist es erstmals möglich, 25 Kaiser-Klasse- Schiffe gleichzeitig auf Kiel zu legen und zu montieren. « Erstauntes Gemurmel wurde hörbar. Dann folgte der bereits gewohnte Beifall.

Professor Augenzell hob wieder seine Arme in die Luft. »Lassen sie sich nicht irritieren, meine Damen und

Herren«, ergänzte er. »Die Fertigung solcher Raumschiffe wird immer noch mehrere Wochen benötigen. Wir sehen hier jedoch eine Möglichkeit, unsere Heimat-Verteidigung massiv zu verstärken. Ich danke ihnen für ihr Interesse«, beendete der Professor seine Erläuterungen.

Lauter Beifall beendete hörbar seine Erläuterungen. General Poison erhob sich.

»Sie alle wurden in die Ereignisse unserer Mission-Andromeda eingeweiht«, teilte er mit. » Ihnen dürfte klar sein, dass die Worgass nicht ablassen werden, eine Invasion der Milchstraße zu planen. Wir werden sie nicht von dem Plan abbringen können, doch versuchen ihnen Paroli zu bieten. Wir sorgen dafür, dass die Milchstraße nicht in ihre Hände fällt. «

Die Türe des Sitzungssaales wurde aufgestoßen. Ein Adjutant in KSD-Uniform kam aufgeregt auf General Poison zugelaufen. Er drückte ihm einen Zettel in die Hand. General Poison blickte auf den Ausdruck. Besorgt hob er seinen Kopf und blickte die Zuhörer an.

»Wir werden eine Pause einlegen«, sagte er. »Wir haben einen Zwischenfall. Lassen sie sich in der Zwischenzeit Getränke servieren. Ich bitte Major Travis und Noel, mir zu folgen. «

Er steckte den Zettel ein und wandte sich zur Türe.

Der Major sprang von seinem Stuhl auf und eilte dem General hinterher. Noel verließ als letzte Person den Sitzungsraum.

»Was ist passiert? «, fragte der Major auf dem Gang.

» Wir haben einen Wurmloch-Austritt in der Nähe der Saturn Umlaufbahn geortet«, erklärte der General. » Es sind 25 nicht identifizierte Raumschiffe materialisiert. «

»Konnten die Schiffsformen bereits zugeordnet werden? «, fragte Noel.

Der General schüttelte seinen Kopf. Gemeinsam schritten die drei Offiziere in die imperiale Zentrale von Tattarr. Ein schrillender Warnton war zu hören. Die Zentrale hatte auf rotes Licht geschaltet. Zahlreiche Monitore verfolgten den Flug der fremden Schiffe. Auf dem zentralen Panorama-Schirm wurden die Eindringlinge als rote Punkte markiert.

»Haben wir Hyperkomm-Funksprüche empfangen? «, fragte Major Travis.

Der angesprochene Funkoffizier verneinte die Frage. »Das Geschwader von Commander Ciacombo ist bereits auf einem Abfangkurs«, erklärte er.

» Rufen sie die fremden Schiffe und bitten sie unverzüglich um Identifizierung«, befahl Major Travis. » Das wäre normalerweise der einfachste Weg der

Kontaktaufnahme gewesen. Vielleicht warten sie auf Anweisungen von uns? « Der Funk-Offizier blickte ihn irritiert an. Dann machte er sich an seine Arbeit.

»Hier spricht die Raumüberwachung des Neuen-Imperiums von Tarid und Natrid«, sprach er in das Mikrofon. »Wir rufen die unbekannten Schiffe. Bitte identifizieren sie sich. «

» Erhalten wir eine Antwort? «, fragte Mayor Travis.

»Nein«, antwortete der Funkoffizier. »Wir erhalten keine Antwort. «

»Starten sie die schweren Kampfverbände von Titan«, befahl General Poison. »Sie werden die Flotte von Commander Giacombo verstärken. Ich wünsche einen Verteidigungs-Ring um unser neues Distributionszentrum. «

»Ihr Befehl wurde durchgegeben«, antwortete der Funk-Offizier. »Die Kampfgeschwader befinden sich im Startvorgang, alle bodengebundenen Abwehr-Geschütze wurden aktiviert. «

»Eingehender Funkspruch«, teilte der Funk-Offizier mit. »Es ist das Flaggschiff unserer Heimat-Verteidigung. Der erste Offizier von Commander Giacombo ist in der Leitung. «

»Legen sie auf die Lautsprecher«, befahl Major Travis.

»Hier spricht der stellvertretende Commander, Mario Matsusaki«, tönte es aus den Lautsprechern. »Ich rufe die imperiale Leitstelle von Tattarr. «

»Hier spricht Major Travis«, antwortete der Major. »Reden sie Commander. «

»Hallo Herr Major, wir haben erste Scans von den Schiffen erhalten«, teilte der Commander mit. »Es sieht fast so aus, als ob es sich um lantranische Schiffe handelt. «

Sind sie sich sicher? «, fragte Major Travis nach.

»Ja«, antwortete Commander Matsusaki. »Unsere KI hat die Schiffe eindeutig zertifiziert. Es handelt sich um 25 lantranische Evolutions-Schiffe. «

»Danke Commander, wir übernehmen jetzt«, erwiderte der Major. »Ziehen sie sich zurück. «

General Poison blickte den Major seltsam von der Seite an.

»Öffnen sie mit bitte eine Leitung an die fremden Schiffe,« bat der Major.

Der Funker ließ seine Hände über die große Tastatur fliegen.

»Sie können jetzt sprechen«, antwortete er.

»Hier spricht Major Travis«, sprach er in den Communicator. »Ich rufe die lantranischen Schiffe. Heran bitte melde dich. «

Ein kurzes Knistern in der Leitung bestätigte den Empfang der Verbindung.

»Hier spricht Heran«, hallte es aus den Lautsprechern. »Ich begrüße dich mein Freund. Rate einmal, wer zu Besuch gekommen ist. «

»Heran, du machst uns noch wahnsinnig«, sprach der Major in das Mikrofon. »Warum kannst du dich nicht vernünftig anmelden. Sende uns nach deinem Eintreffen die ID- Codes eurer Schiffe. So machen das alle anderen auch. Das nächste Mal werden wir dir die Kosten für den Alarm-Start unserer Flotte in Rechnung stellen. «

»Das würdest du nicht tun«, antwortete Heran. »Etwas kenne ich dich auch bereits. «

»Trotzdem ist das kein Spiel«, entgegnete Major Travis. General Poison ist verärgert. Was du vermutlich nicht weißt, er kann den Bierhahn zudrehen. «

»Das würde er nicht wagen«, empörte sich Heran. »Ich habe durstige Begleitung mitgebracht. Werden wir zukünftig als ungebetene Gäste angesehen? «

Major Travis schüttelte seinen Kopf.

»Genug des Geschwätzes«, antwortete er. »Was verschafft uns die Ehre deines Besuches? «

»Du wirst es nicht glauben«, antwortete Heran. »Wir haben wieder einen Krisenfall. Ich möchte dringend mit euch sprechen, um die Situation zu bereinigen. Zur Belohnung habe ich Geschenke dabei. «

»Was können das schon für Geschenke sein? «, fragte der Major.

Heran lachte laut auf.

»Du wirst überrascht sein«, antwortete er. »Wo können wir uns treffen? «

»Wir sind gerade in einer Besprechung in der Verwaltung in Tattarr«, erklärte der Major. »Ich lasse dich am Raum-Flughafen von Titan abholen und dich durch einen Transmitter zu uns bringen. Deine Leute sollen es sich im Kasino von Titan gemütlich machen. Ich denke, dort sind sie gut aufgehoben. Wir stoßen später dazu. Landet gemäß unserem Leitstrahl. Das Sicherheits-Personal wird dich zum Transmitter führen. Ich weise das Personal ein.«

»Danke«, erwiderte Heran. »Bis später. «

Major Travis blickte General Poison an. Als er das grimmige Gesicht sah, verzichtete er auf weitere Gespräche.

Der Major zuckte mit seinen Achseln.

»Das müssen sie dem Lantraner schon selbst beibringen, General«, sagte er. »Ich hoffe wirklich, er lernt irgendwann die richtige Vorgehensweise beim Anflug in unser Sol-System. «

»Vermutlich macht er sich einen Spaß hieraus«, grollte der General. »Eigentlich müsste das Konsequenzen haben. «

Major Travis lachte.
»Ja«, antwortete er. »Dann schicken sie ihn beim nächsten Mal in die Arrestzelle. Schauen wir einmal, was passiert. Gehen sie zurück in den Sitzungsraum. Ich möchte werde noch die Sicherheitskräfte einweisen. Heran wird gleich hier auftauchen. «

Alle Gesichter richteten sich auf den zurückkehrenden Chef der EWK.

»Es ist alles in Ordnung«, knurrte General Poison. »Wir haben Besuch von lantranischen Schiffen erhalten. Die Piloten werden das Kasino auf Titan besuchen. Heran ist auf dem Weg hierher. Er hat eine dringende Mitteilung für uns. Bleiben sie alle auf ihren Stühlen sitzen. Was er uns vortragen wird, ist auch für sie interessant. «

Major Travis war zurückgekehrt. Er hatte sich wieder auf seinen Platz gesetzt.

» Warum stattet er uns einen Besuch ab? «, fragte Noel.
» Wir haben ihn doch erst kürzlich gesehen. «

Major Travis blickte ihn genervt an.

»Das müssten sie schon ihn fragen«, antwortete er. »Ich kann auf so weite Entfernungen keine Gedanken lesen. «

Noel blickte Heinze an.
Er schüttelte ebenfalls seinen Kopf.

»Heran hat seine Gedanken blockiert«, lächelte er. »Er kennt mich leider. «

Service-Roboter trafen ein und reichten kühle Getränke. Die Geräuschkulisse nahm gewaltig zu. Sirin unterhielt sich intensiv mit Atlanta. Die beiden Frauen schienen sich gut zu verstehen. Andere Personen unterhielten sich mit ihren Kollegen.

Major Travis blickte General Poison an.

»Wir sollten jemanden zu Morass senden«, bemerkte er. »Der Worgass-Kurator hat bestimmt noch mehr Informationen, die für uns wichtig sind. Wir sollten ihn öfter eingehend befragen. Er rückt derzeit nur nutzlose Informationen heraus. «

»Wer kann die Aufgabe übernehmen? «, erkundigte sich der General.

»Ich würde Captain Hunter, oder Commander Senga-Hol dorthin schicken«, antwortete der Major. »Wir sollten die Truppe von Atlantis stärker involvieren. Sie kann genauso gut Aufgaben für das neue Imperium übernehmen. «

Major Travis bat Commander Senga-Hol und Atlanta zu sich. Er blickte Atlanta an.

»Haben sie für ihren Commander im Moment spezielle Aufgaben vorgesehen? «, fragte er.

Die Kommandantin der großen Basis schüttelte ihren Kopf.

»Derzeit stehen nur Routinearbeiten an«, antwortete sie.

»Dann haben wir eine Aufgabe für ihren Commander«, erklärter der Major. »Wir benötigen mehr Informationen des Worgass-Kurators. Wir würden gerne Senga-Hol, mit einer kleinen Flotte ihrer Schiffe von Atlantis zu unserem Freund Morass schicken. Dort ist der Kurator inhaftiert. Ihr Commander soll versuchen an weitere Informationen zu gelangen. Jeder neue Hinweis über die Worgass ist für uns äußerst wichtig. «

»Ich habe keine Einwände«, erwiderte Atlanta. »Senga-Hol steht ihnen zur Verfügung. «

Major Travis erkannte das Leuchten in den Augen des Commanders.

»Trauen sie sich diese Aufgabe zu? «, fragte er.

»Selbstverständlich«, antwortete Senga-Hol schnell. »Diese Aufgabe freut mich. Wir waren früher auch sehr viel im Außeneinsatz tätig. Es wäre schön, wenn das wieder intensiviert würde. Unser Team ist speziell ausgebildet und leistungsfähig. «

Major Travis lächelte ihn an.

»Dann ist diese Aufgabe für sie fest gebucht«, befahl er. »Alles Weitere wird ihnen von General Poison mitgeteilt.«

Es klopfte an die Türe. Frau Eisenhut trat ein und suchte mit ihrem Blick General Poison. Endlich hatte sie ihn, in einer Gruppe Gäste stehend, gefunden.

»Der Lantraner Heran ist eingetroffen«, teilte sie freundlich mit.

»Er soll endlich eintreten«, grollte der General.

Frau Eisenhut nickte, drehte sich um und führte Heran in den Raum. Der 1,90 Meter große Gast lächelte, als er den General erblickte. Schnell schritt er auf ihn zu.

» Hatten sie einen guten Flug? «, erkundigte sich General Poison.

» Danke, General, kurz und schmerzlos, wie immer«, lächelte der Lantraner.

»Darf ich sie um etwas bitten? «, ergänzte der General.

Heran blickte ihn erstaunt an.

»Sie haben einen Wunsch an mich? «, fragte er. » Ich bin mir nicht sicher, ob ich diesen erfüllen kann? «

»Sie sind wieder zu Scherzen aufgelegt«, bemerkte der General. »Ich möchte sie auffordern, sich bei ihrem nächsten Einflug in unser System vernünftig anzumelden. Sie bringen unser ganzes Frühwarnsystem durcheinander. Melden sie sich kurz mit ihrer Schiffs-ID an. Dann ist alles in Ordnung. Wissen sie, was mich der Start der Abfang-Flotten kostet? Melden sie sich bitte an, wie es andere Rassen auch bereits erfolgreich machen. «

»Ich bitte um Entschuldigung«, antwortete Heran. » Das war nicht unsere Absicht. Wir sind davon ausgegangen, dass ihre Ortungsinstrumente und Sensoren die Bauart unserer Schiffe erkennen und ihnen direkt unseren Anflug melden. Wir konnten nicht wissen, dass sie technisch noch nicht so weit sind. «

»Das hat damit nichts zu tun«, antwortete General Poison. »Wir haben nicht unter jedem Stein, der durch das Weltall fliegt, Sensoren installiert. Akzeptieren sie bitte unsere Regeln. Wir möchten nicht, dass sie irgendein neues Automatik-Geschütz versehentlich unter Feuer nimmt. «

Heran lächelte den General an.

»Das hört sich gefährlich an«, erwiderte er. »Ich werde die Anweisungen an mein Team weitergeben. Beruhigen sie sich General. Das Thema wird sich schon noch einspielen. «

Er drehte seinen Kopf und schaute sich die Gäste an.

»Da vorne sehe ich Major Travis«, sagte er. »Entschuldigen sie General. Ich habe Wichtiges mit dem Major zu besprechen. «

Der Lantraner drehte sich ab und stapfte Major Travis entgegen.

Die Begrüßung der Freunde war herzlich.

»Ich habe so kurzfristig nicht mit deinem Besuch gerechnet«, begrüßte der Major seinen Gast.

»Der war auch von meiner Seite nicht vorgesehen«, antwortete der Lantraner schnell. »Ich hatte auch nicht gerechnet, so schnell wieder ins Sol-System zu kommen. Du hast hoffentlich genug Bier kaltgestellt? «

»Wenn deine Leute auf Titan noch etwas übriglassen, dann können wir heute Abend zusammen anstoßen«, lächelte Major Travis.

»Dann lass uns zusehen, dass wir hier schnell fertig werden«, erwiderte Heran. »Ich bin diesmal im Auftrag unserer Regierung hier. Es gibt wieder einen Krisenfall. Hierüber sollten wir sprechen. Im Abschluss gibt es auch noch Geschenke von mir. «

»Geschenke? «, fragte Major Travis » Da bin ich aber neugierig. «

Beide lachten und setzten sich. Noel und General Poison waren hinzugetreten.

»Warum sind sie hier? «, fragte der General.

Das Gesicht von Heran wurde ernst.

»Es gibt wieder einen Krisenfall, General«, teilte Heran mit. »Eine besondere Situation bedarf unserer vorrangigen Beachtung. Ich besitze geheime Informationen, die ich ihnen vortragen möchte. Kann ich das im Rahmen dieser Zusammenkunft offenbaren, oder ist ihnen ein Gespräch unter vier Augen lieber? «

Der General überlegte kurz.

»Hier in diesem abhörsicheren Raum befinden sich ausschließlich Mitarbeiter meines engsten Kreises«, antwortete General Poison. »Ich halte sie für absolut vertrauenswürdig. Sie können ihre Information offen vortragen. «

»Wie sie wünschen«, erwiderte Heran.

Der General klopfte auf das vor ihm stehende Mikrofon. Dumpfe Töne durchzogen den Saal. Die Köpfe der Gäste drehten sich in Richtung des Generals.

»Darf ich um Ruhe bitten«, brummte der General ungehalten. »Unser Gast Heran hat den weiten Weg auf sich genommen, um uns wichtige Informationen zu überbringen. Ich erteile ihm das Wort. «

Heran stand auf und zog das Mikrofon aus der Halterung. Der Tischständer war für seine Körpergröße zu klein geraten.

»Danke General«, eröffnete er seinen Vortrag. »Sehr geehrte Damen und Herren, ich grüße sie. Mein Name ist Heran und ich gehöre der Rasse der Lantraner an. Viele kennen mich bereits, von dem letzten Besuch hier im Sol-System. Alle neuen Personen lernen mich vielleicht jetzt kennen. Ich habe den langen Weg, aus der Mitte der Milchstraße auf mich genommen, um ihnen wichtige Informationen zu überbringen. Ich entspreche hiermit einer Bitte unserer Regierung. Es gibt einen neuen Krisenherd in der Galaxie, den wir unbedingt beseitigen sollten. Bevor ich jedoch in die Details gehe, möchte ich den Gildor Barenseigs zu mir bitten. «

Der hob seinen Kopf und blickte erstaunt auf. Nach einem kurzen Zögern erhob er sich und trat an die Seite von Heran.

»Ich danke ihnen, dass sie meiner Bitte gefolgt sind«, lächelte Heran. »Worüber ich mit ihnen und allen Gästen hier im Raum sprechen möchte, betrifft im Wesentlichen ihr neues Heimat-System Santaron

Barenseigs wirkte noch erstaunter als zuvor.

Heran schmunzelte, als er den Blick von Barenseigs sah.

»Keine Sorge«, teilte er mit. »Ihr Heimat-System existiert noch. «

Wieder ließ der Lantraner eine kurze Pause vergehen.

»Doch wir wissen nicht, wie lange noch? «, ergänzte er seine Aussage. » Wie sie alle wissen, verfügen wir über weiterreichende Informationen, die ihnen als junge Rasse des Universums nicht zugänglich sind. Unser allwissender Wächter Brontan hat im Rahmen seiner Berufung unser Energierad gedreht. In Synchronisation mit seinem Akquisiteur-System, welches viele Informationen der fiktiven Zukunft aufzeichnet, konnte er neue erschreckende Informationen erhalten. «

Heran ließ eine kurze Pause verstreichen.

»Es dreht sich um die Rasse der Daraner«, fuhr er fort. »Wer sie noch nicht kennt, dem sei Folgendes kurz erklärt. Bei den Daranern handelt es sich ebenfalls um eine alte Rasse des Universums. Sie haben stets ihre eigene Suppe gekocht und Kontakte zu anderen Rassen des Universums vermieden. Sie scheinen anders zu sein, als wir es vermuten. Niemand hat jemals einen Angehörigen dieser Rasse persönlich kennengelernt. Wir erhalten nur sehr schwerlich Informationen über sie. Die wenigen vorliegenden Daten wurden von uns ausgewertet und mehrmals analysiert. Es verdichten sich die Anzeichen, dass die Daraner als möglicher Drahtzieher hinter den Worgass agieren.

Falls wir Recht haben sollten, müssen wir die Daraner jetzt als hassintensive Rasse betrachten, die sich selbst, aber auch den Worgass das Ziel vorgegeben haben, humanoide Völker im Universum auszurotten. Ich komme jetzt aber zurück zu meinem ursprünglichen Thema. Bitte entschuldigen sie mein Abschweifen. Unsere Aufklärung konnte Informationen aufzeichnen, dass es den Daraner gelungen ist, das Kunst-System der Santaraner aufzuspüren. Bereits längere Zeit haben wir beobachtet, dass einzelne Forschungs-Schiffe ihrer Flotten den Sombrero-Nebel durchkreuzten und auf der Suche nach etwas waren. Jetzt wissen wir, dass sie das Kunst-System Santaron, die Heimat unseres Freundes Barenseigs, gesucht haben.

Ich sage ihnen nichts Neues. Unser Freund Barenseigs hat das bereits des Öfteren erwähnt. Das Kunst-System der Santaraner ist durch einen kombinierten Tarn-Schutzschirm vor dem restlichen Universum gesichert. Diese vor 100.000 Jahren technisch hochstehende Entwicklung verbarg die Sonnen, die Planeten und ihre Stationen vor den Blicken neugieriger, ungebetener

Gäste. Heute scheint die damals hochgelobte Technik nichts mehr wert zu sein. «

Heran bemerkte, wie Barenseigs sein Gesicht verzog. Er ließ sich jedoch hiervon nicht irritieren.

»Es ist den Daranern gelungen, eine vorgelagerte Späh-Station der Santaraner zu orten«, fuhr Heran fort. »Unsere Aufklärung konnte zwei Suchschiffe der Daraner orten. Nach einem erfolgreichen Scan des Raum-Sektors, nahmen sie Kurs auf die getarnte santaranische Station. Als die Daraner in Waffenreichweite gelangt waren, eröffneten sie das Feuer auf die Späh-Station. Zwar konnten die Santaraner ein angreifendes Schiff zerstören, das zweite blieb jedoch unversehrt. Die Daraner setzten die Station einem massiven Beschuss aus. Wir registrierten, dass der Tarn-Schutzschirm der Station an Leistung verlor. Bei der Hälfte seiner Kapazität floh die Besatzung in einem Jet in den Hyperraum und entkam. Wenig später gelang es dem verbleibenden Schiff der Daraner, trotz der massiven Gegenwehr der Hypertonic-KI, den santaranischen Spähposten zu zerstören. «

Heran ließ eine kurze Pause verstreichen.

Das Gesicht von Barenseigs war rot angelaufen.

»Das ist nicht möglich«, antwortete er. »Unsere Tarnung und die Schilde sind ausgereift und perfekt. «

Heran blickte ihn an und schüttelte seinen Kopf.

»Das denken sie«, erwiderte er. »Sie waren vielleicht vor vielen Dekaden die technisch führende Rasse im Universum, doch mittlerweile haben die anderen Völker aufgeholt. Ihre Ortungs-Instrumente sind in der Lage ihr veraltetes Tarnfeld zu erkennen. Ich möchte ihnen eine Frage stellen, Gildor Barenseigs. Antworten sie bitte aufrichtig und ehrlich. Sie brauchen keine Angst vor ihrer Admiralität zu haben, diese hört sie hier nicht. Sind ihre Tarn-Schutzfelder, oder auch ihre Waffen-Systeme, technisch weiterentwickelt worden?

Hat nicht vielmehr ihr großes Auditorium eine für uns fragwürdige Entscheidung getroffen und die Weiterentwicklung und Forschung an militärischen Waffensystemen aller Art untersagt? Ihre technische Entwicklung ist auf dem Stand des großen Krieges gegen die Rigo-Sauroiden, oder sagen wir einmal einige hundert Jahre später, stehen geblieben. Ist es nicht so, Gildor Barenseigs? «

Barenseigs hatte seinen Kopf gesenkt und den Ausführungen von Heran zugehört. Langsam hob er wieder sein Antlitz und blickte die Zuhörer an. Feuer spiegelte sich in seinen Augen.

»Heran hat Recht«, bestätigte er. »Das große Auditorium stellt unsere Regierung. Die Admiralität und wir Gildoren sind ihr unterstellt und an ihre Gesetze gebunden. Sie wurde eingesetzt, als unser Volk die Diktatur durch den ehemaligen Kaiser, oder durch Admiral Tarin, leid war.

Das große Auditorium war anfänglich besetzt mit Gelehrten, Philosophen und Propheten. Eine, wie ich heute erkenne, nicht gute Zusammenstellung für eine Regierung.

Der beinahe Verlust unseres Volkes, wurde auf die frühere, massive militärische Aufrüstung unseres Volkes zurückgeführt. Es ist richtig, dass vor 95.000 Jahren ihrer Zeitrechnung befohlen wurde, die weitere Entwicklung von Kriegswaffen komplett einzustellen. Die Meinung unseres großen Auditoriums war es, dass die jungen, nachrückenden Generationen unseren technischen Standard nie erreichen wurden. Wie sie heute sehen, handelt es sich um eine massive Fehleinschätzung unserer Regierung. «

»Danke für ihre ehrlichen Worte«, sagte Heran. »Ich erkenne ihren Schmerz, wenn sie über diese Dinge sprechen. Deswegen noch einmal meinen Dank für ihre offenen Worte. Wie ich schon mitteilte, vermuten wir in den Daraner die möglichen Drahtzieher hinter den Worgass. Sie versprühen ihren immensen Hass gegen alle humanoiden Völker. Etwas muss in der Geschichte der ausgewanderten Natrader passiert sein, dass die Daraner, nach 100.000 Jahren Wartezeit, den Kampf gegen die Nachfolge-Generation der Natrader aufnehmen möchten. Unsere Analysen besagen, dass dies erste Versuche der Daraner waren, um den Abwehr-Schirm der Santaraner zu brechen. Das scheint ihnen gelungen zu sein. Als nächstes werden sie mit einer größeren Flotte auftauchen und versuchen den Schutz-Schirm des ganzen Planeten-Systems zu knacken. «

Heran wandte sich wieder Barenseigs zu.

»Gildor Barenseigs, erläutern sie uns bitte, wie viele Planeten sie unter ihrem Schutzschirm verbergen«, fragte er.
Barenseigs schaute Heran an.

»Das darf ich nicht«, antwortete er. »Auf eine Weitergabe dieser Informationen liegt die Todesstrafe. Diese Informationen wurden als Geheimsache eingestuft. «

»Nichts ist hier im Sol-System eine Geheimsache«, antwortete Heran. »Meine Damen und Herren, nehmen sie bitte Folgendes zur Kenntnis. Den Angehörigen einer seinerzeit so hochentwickelten Rasse, wie die Natrader es waren, droht auch in der heutigen Zeit noch die Todesstrafe. Wir erkennen hier keine Weiterentwicklung des politischen Systems. «

Wieder schaute Heran den Gildor an.
»Ich verstehe sehr gut, dass es ihnen schwerfällt, ihre Ausbildung und ihre eingeimpften Prioritäten abzulegen«, erklärte er. »Lieber Gildor, sie sind hier unter Freunden. Wir sprechen im Sol-System zu der EWK, um eine Lösung für sie, für ihr Sternen-System, aber auch für die Milchstraße zu finden. Denn eines sollten sie sich vor ihre Augen führen. Wenn die Daraner die Schlacht gegen die Santaraner gewinnen, die ehemaligen

ausgewanderten Natrader aus dem Sol-System, dann wären sie als die tatsächlichen Nachkommen das nächste Ziel auf ihrer Liste. «

Laute Zwischenrufe ließen Heran kurz verstummen. »Sollen sie nur kommen«, sagte jemand. »Sie werden ihr blaues Wunder erleben. «

General Poison stand auf und hob seine Arme in die Luft. »Ruhe bitte, ich sage es nicht noch einmal«, rief er den Zwischenrufern zu.

Heran lachte.
»Vermeiden sie ihre aufkeimende Arroganz«, sagte er. »Einen Gegner zu unterschätzen, kann in vielen Fällen ein Todesurteil sein. Ebenso die Einstellung der wissenschaftlichen Forschung und die stetige Weiterentwicklung von militärischen Waffen-Systemen. «

Er blickte wieder Barenseigs an.
»Spielen sie mit offenen Karten«, bemerkte er. »Wir wissen sehr gut, was sich unter ihrem Schirm verbirgt. «

Heran richtete seinen Blick wieder auf die Zuhörer.

»Die Santaraner besitzen 13 Planeten, von denen 7 als Wohnwelten ausgelegt sind und sechs als Industrie-Planeten fungieren«, erklärte er. »Das System besitzt fünf Sonnen, wovon drei Sonnen die Zapf-Energie für das gewaltige Tarn-Schirmfeld bereitstellen. «

Er blickte wieder Barenseigs an.

Dieser war sichtlich entsetzt.

»Wie kommen sie an diese Information? «, fragte er Heran. » Kein Außenstehender verfügt über diese geheimen Informationen. «

»Wir Lantraner wissen viel«, entgegnete Heran geheimnisvoll. »Vor allen Dingen verfügen wir über Möglichkeiten, durch ihr Tarnfeld zu sehen. Ich habe sie aufgerufen, um mich zu unterstützen und unseren Zuhörern neue Informationen zu geben. Ich bitte sie aufrichtig, alle relevanten Daten offenzulegen. «

Barenseigs nickte reumütig.

»Steht ihnen die Geschichts-Datenbank ihres Volkes zur Verfügung? «, fragte Heran. » Speziell die Daten der Evakuierung durch Admiral Tarin? «

Barenseigs bestätigte sofort.
»Ich habe alle Informationen auf einem Daten-Kristall«, antwortete er. »Sie sind mir zugänglich. Durchforsten brauchen wir diese aber nicht. Ich habe die meisten Informationen in meinem Gedächtnis gespeichert. Welche Informationen brauchen sie? «

Der Gildor war wie ausgewechselt. Bereitwillig gab er alle benötigten Informationen preis.

»Ich benötige Informationen über ein mögliches Aufeinandertreffen der Daraner und der Evakuierungs-Flotte von Admiral Tarin«, teilte Heran mit. » Es muss etwas vorgefallen sein, das die Ursache für diesen Hass ausgelöst hat. «

»Die Geschichte unseres Volkes habe ich studiert und kann ausreichend Auskunft geben«, erwiderte Barenseigs.

»Ich habe einen Daten-Kristall dabei«, erklärte Heran. »Dieser zeigt den Angriff der Daraner auf die besagte Station. «

Heran suchte mit seinen Augen Major Travis.

»Können wir hier diesen Daten-Kristall abspielen? «

Major Travis nickte.
»Das sollte möglich sein«, antwortete er.

Heran übergab den Kristall an Major Travis. Dieser stand auf und ging an die hinter ihm liegende Wand. Der Major öffnete eine kaum sichtbare Türe. Ein Abspielgerät wurde sichtbar und fuhr hervor. Er drückte einen Knopf, der eine dreifache Leinwand von der Decke senkte. Er steckte den Kristall in die Aufnahme-Vorrichtung und bestätigte die Starttaste. Der Raum verdunkelte sich. Ein erstes Flimmern zeigte den Beginn der Video-Sequenz an. Das Bild wurde klarer, der Sombrero-Nebel wurde sichtbar.

»Meine Damen und Herren«, begann Heran seinen Vortrag. »Sie sehen den Sombrero-Nebel im Sternbild der Jungfrau, die neue Heimat der Gildoren, unserer evakuierten Nachkommen von Natrid. «

Sirin und Atlanta schauten gebannt auf den Schirm. Speziell sie waren an der neuen Heimat der Natrader sehr interessiert. Heran fuhr in seinen Erläuterungen fort.

»Von dem Sol-System aus betrachtet, liegt der Nebel in einer Entfernung von 30 Millionen Lichtjahren. Der Durchmesser entspricht etwa 70.000 Lichtjahren. Nach unseren neuesten Erkenntnissen schätzen wir die Masse dieses Nebels auf etwa 800 Milliarden Sonnenmassen. Von uns aus betrachtet, am rechten Rand unterhalb des Nebels, liegt das Kunst-System Santaron. «

Das Bild zoomte heran und zeigte den schwarzen Weltraum.

»Wir sind am Ziel«, teilte Heran mit. »Vor uns liegt die Späh-Station der Santaraner. «

Das Bild verfeinerte sich zusehend und gab Konturen der Station frei.

Barenseigs stöhnte laut auf.

Heran blickte ihn an und schmunzelte.

»Sie sehen es selbst«, antwortete er. »Es ist alles nur eine Frage der Feinjustierung der Sensoren. «

Die Aussage des Lantraner musste in den Ohren von Barenseigs wie blanker Hohn wirken.

Das Bild drehte sich. Der entgegengesetzte Weltraum mit Blick auf den Sombrero-Nebel wurde sichtbar. Die Zuschauer sahen einen kurzen Blitz im Universum. »Hier sehen sie die Schiffe der Daraner in den Normalraum eindringen«, kommentierte Heran. »Das kurze Leuchten zeigt den Aufriss des Raum-Zeit-Gefüges an und den Übergang der Schiffe in den Normalraum. Es handelt sich um Schiffe einer Walzenform, die nach vorne spitz zu laufen. Warum diese Rasse seit vielen Jahrtausenden diese seltsame Form einsetzt, wissen wir nicht. Es muss mit der Ausstattung der Schiffe zusammenhängen. Wir vermuten, dass eine besondere Lebens-Hemisphäre auf ihren Schiffen nachgebildet wird. Sehen sie jetzt, wie die Schiffe den Sektor gründlich scannen und dabei auf die lantranische Station stoßen. «

Die Zuschauer hielten den Atem an. Dünne blaue Strahlen verließen die Schiffe und tasteten weitflächig die Umgebung ab.

Heran ergänzte seine Ausführungen

»Diese zwei Schiffe scheinen etwas gefunden zu haben «, sagte er.

Die Videosequenz zeigte, wie die Schiffe Fahrt aufnahmen. Die Blickrichtung änderte sich wieder und schwenkte auf die Zielrichtung der getarnten santaranischen Station ein.

»Die nachfolgenden Bilder sind selbsterklärend«, bemerkte Heran.

Die Schiffe stoppten plötzlich. Ohne eine weitere Vorwarnung schossen Laser-Strahlen aus seitlichen Geschützen der Schiffe, auf die getarnte Station zu. Der getarnte Schutzschirm der Station wurde sichtbar und verfärbte sich leicht rötlich. Die Gegenwehr ließ nicht lange auf sich warten. Das Tarnfeld der Station erlosch. Die Zuschauer sahen, wie zwei bekannte natradische Abwehr-Geschütze sich aufrichteten und mit einem Dauerfeuer, auf das vorderste Schiff antworteten. Die Gegner schienen sich nichts zu schenken. Von beiden Seiten prasselten massive Laser-Lanzen auf die Ziele ein.

Der Schutz-Schirm des vordersten Schiffes glühte bereits in einem tiefen Rot. Die Zuschauer schrien auf. Der Schirm des ersten Schiffes der Daraner kollabierte und zog sich zurück. Jetzt trommelten die massiven santaranischen Laser-Strahlen auf die nackte Stahlwand ein. Das Szenario dauerte nur Sekunden. Dann detonierte das fremde Schiff in einem gigantischen Feuerball. Zahlreiche Metallsplitter wurden ins kalte All gesprengt. Nichts mehr war von dem Schiff übriggeblieben. Sofort schwenkten die santaranischen Waffentürme auf das zweite Schiff um. Wieder schlugen die massiven Laser-Lanzen in den

Schutz- Schirm ein. Doch bei diesem Schiff schien der Schutz- Schirm zu halten. Das zweite Schiff verstärkte noch einmal den Beschuss der Station.

Barenseigs erkannte, dass sich der Schirm der heimatlichen Späh-Station immer weiter ins Rötliche verfärbte.

»Das geht nicht mehr lange gut«, bemerkte er. Heran nickte ihm zu.

»Davon ist auszugehen«, antwortete er. »Wir sehen hier das zweite Schiff der Daraner«, erklärte Heran. »Es verfügt scheinbar über einen wesentlich stärkeren Schutzschirm als sein Begleit-Schiff. Uns ist nicht klar, ob der Schirm des ersten Schiffes defekt war, oder ob die Daraner eine Rangordnung in der Schirm-Stärke ihrer Schiffe besitzen. «

Das Bild zoomte die Station heran. Auf der Rückseite erfasste die Kamera einen Flucht-Jet, der die Station verließ und kurz danach in den Hyperraum wechselte. »Sie sahen gerade, wie die Besatzung die Station verlässt«, erklärte Heran.

Wieder wechselte das Bild auf den Angreifer, der seinen Beschuss noch verstärkte. Das Defensivfeuer der santaranischen Station schienen keine Wirkung auf den starken Schutzschirm des daranischen Schiffes zu haben. Wieder wechselte das Bild auf die wehrhafte Station. Das Schirmfeld hatte zwischenzeitlich eine tiefrote Farbe angenommen. Immer mehr Struktur-Löcher entstanden im der Schirmfeld. Die Zuschauer erkannten, wie der Schirm kollabierte und seinen Dienst versagte. Jetzt trafen die Laser-Strahlen auf die ungeschützte Station. Nur Sekunden später explodierte die santaranische Späh-Basis in einem gigantischen Feuerball. Das grelle Licht flutete den Bildschirm.

Heran drehte sein Gesicht wieder den Gästen zu. Die Videosequenz erlosch.

»Meine Damen und Herren, das war das Ende der Späh-Station der Gildoren«, erklärte er betroffen. »Der gleiche Schutzschirm, wie bei dieser Station eingesetzt, schützt auch das Planeten-System der Santaraner. Sie können sich denken, wozu eine größere Flotte der Daraner in der Lage ist, wenn sie angreifen sollte. Unsere Regierung ist zu dem Ergebnis gekommen, dass die Santaraner das erste Bollwerk zur Milchstraße darstellen. Nach einer Beseitigung der Santaraner wird sich diese aggressive Rasse den Nachkommen zuwenden. Sie werden die Terraner und alle Kolonien angreifen und versuchen sie zu vernichten. «

Heran blickte General Poison an.

»Lieber General«, ergänzte er. »Ob sie wollen oder nicht, sie stehen vor einer weiteren Krise. «

Respektvolles Schweigen durchzog den Saal. Alle Zuhörer verarbeiteten die Informationen von Heran. Dieser wandte sich Barenseigs zu.

» Haben sie die Schiffe identifiziert? «, fragte er. » Ist diese Bauart irgendwann in der Geschichte ihres Volkes aufgetaucht? «

Barenseigs nickte betroffen.
»Es handelt sich um die gleichen Schiffe, die seinerzeit die Evakuierungs-Flotte von Admiral Tarin an dem Weiterflug durch eine unbekannte Zone hindern wollte. «

Heran nickte eifrig.
»Ich habe es vermutet«, antwortete er. »Bitte erzählen sie, Gildor. «

»Die Evakuierungs-Flotte von Admiral Tarin hatte bereits ein großes Stück ihres Fluges bewältigt«, erklärte Barenseigs. »Dann zu einer nicht definierten Zeit, stieß die Flotte von Admiral Tarin im Virgo-Cluster, auf eine Flotte unbekannter Schiffe. Diese Schiffe werden in den Aufzeichnungen genauso beschrieben, wie wir sie jetzt gesehen haben. Als schwerfällige Walzen-Raumer. Etwa 125 Kriegs-Schiffe dieser Art, blockierten den Weg seiner Flotte und verboten ihm den Sektor zu durchqueren. Eine Verständigung mit den fremden Wesen war nicht möglich. Sie verstanden vermutlich keine natradische Sprache Die Fremden reagierten nicht auf die ständigen Kontaktversuche der Flotte. Sie verweigerten stur den Durchflug der Flüchtlings-Flotte. Erst nach vielen Stunden der Bemühungen erhielt Admiral Tarin einen digitalen Datensatz übersendet. Dieser lautete wie folgt:

»Kehrt um«, tönte es aus den Lautsprechern des Schiffes. »Dieser Raumsektor wird von den Daranern beansprucht. Ein Weiterflug wird nicht gestattet. Dieser Quadrant ist für unsere Königin und ihr aktives Brut-Netzwerk reserviert. Kehrt um, ansonsten vernichten wir euch.«

Zu diesem Zeitpunkt waren die Ressourcen an Wasser, Nahrung und vor allem an Energie-Kristallen für den Weiterflug, bereits stark geschrumpft. Die große Flotte musste den kürzesten Weg zu neuen habitablen Planeten finden, um ihre Vorräte zu ergänzen. Ein Umweg hätte Admiral Tarin zu diesem Zeitpunkt in arge Bedrängnis gebracht. Aufgrund dieser Sachlage entschloss Admiral Tarin sich den Weg freizukämpfen. Die großen Schiffe der Kaiser-Klasse zerstörten kurzerhand die 125 Blockade-Schiffe in einem wütenden Gefecht. Die Flotte zog anschließend weiter. Wenig später stieß Admiral Tarin auf ein Netz von Planeten, die untereinander verbunden waren.

Es war ein unbekannter Sektor mit 9 Sonnen und 36 Planeten, die alle von den Sonnen gespeist wurden. Admiral Tarin erkannte mit Schreck, dass von diesen Planeten weitere Walzenschiffe starteten und auf einen Angriffs-Kurs gingen. Er befahl erneut den Angriff auf die fremden Schiffe. Als diese ebenfalls besiegt waren, ließ der Admiral die Planeten angreifen, mit dem Ziel den Nachschub zu unterbinden. Ein gigantisches Netz von

Energieträger-Satelliten wurde ebenfalls eliminiert. Diese hatten nach Einschätzung der natradischen Wissenschaftler die Funktion, die Planeten auf eine bestimmte Grad-Zahl zu erhitzen. Die Flotte setzte hiernach ihren Flug fort, um sich eine neue Lebens-Hemisphäre zu suchen. Weitere Informationen waren in den Bordbüchern der Flotte nicht verzeichnet. Das war der einzige Kontakt zu diesen Raumschiffen in der Geschichte meines Volkes. Auch später wurden keine weiteren Daten mehr registriert. «

Barenseigs schüttelte seinen Kopf. Nach einer kurzen Pause ergänzte er.
»Nein«, sagte er. »Von diesem Wesen haben wir nie mehr etwas gehört. «

Heran stand auf.
»Meine Damen und Herren, das wird der Auslöser des ganzen Dramas sein«, erklärte er. »Die Flotte von Admiral Tarin hat vermutlich der Königin ihr Brut-Netzwerk vernichtet. Ich sage einmal unbewusst, weil Informationen über diese Rasse bislang nicht zugänglich waren. Die anschließende Vernichtung ihrer speziell angepassten Lebensumgebung, wird den Hass auf alle humanoiden Völker ausgelöst haben.

Für diese Rasse sind die Natrader, stellvertretend für alle Humanoiden in der Galaxie, gefühllose Teufel. Wir können derzeit nicht analysieren, warum und weshalb das so ist. Doch wir müssen davon ausgehen, dass Admiral Tarin möglicherweise ihre Königin getötet hat, oder etwas

Bedeutendes, das für ihren Brutvorgang des Nachwuchses wichtig war. Das wird von dieser Rasse scheinbar nicht vergessen. «

Heran blickte in die Runde der Zuhörer.

»Ich bin hier, um eine Hilfs-Flotte von ihnen einzufordern«, erklärte er. »Hiermit fliegen wir in den Sombrero-Nebel und versuchen die Santaraner aus der peinlichen Situation zu befreien. Ich beteilige mich mit 25 Evolutions-Schiffen an dieser Mission. Als Gegenleistung würde das Neue-Imperium von Tarid und Natrid von den technischen Entwicklungen der Lantraner profitieren. «

»Reden sie nicht um den heißen Brei herum«, polterte General Poison. »Was bedeutet das konkret für uns? «

Heran lächelte schelmisch.

»Ganz einfach«, antwortete er. »Sie alle haben es gesehen und Gildor Barenseigs hat es widerwillig bestätigt. Die Santaraner sind in der technischen Entwicklung ihrer Waffentechnik zurückgefallen. Ich benötige 1.000 große Zerstörer von ihnen. «

General Poison sprang auf.
»Jetzt sind sie völlig durchgedreht«, knurrte er Heran an. »Sie wollen, dass wir unser System entblößen und den Santaranern helfen, die keinen Kontakt mit uns möchten. Wie kommen wir dazu? Sie haben doch mittlerweile

genug Einblick in unsere Daten. Sie wissen doch, dass wir erst mit dem Aufbau der Flotte beschäftigt sind. «

Major Travis hatte sich ebenfalls erhoben.
»Ich bitte sie General«, beruhigte er seinen Chef. »Lassen sie doch Heran zu Ende sprechen. Er hat sicherlich alles bereits geplant. «

»Da bin ich mir sicher«, grollte der General und setzte sich hin.

Noel blickte ihn an und schüttelte seinen Kopf.

Heran lachte den General an.
»Seien sie froh, dass ich sie bereits etwas kenne, ansonsten würde ich denken, sie wären unausstehlich«, antwortete er.

Viele der Zuhörer mussten lachen.

Heran's Blick wurde wieder ernster.
»Ich biete ihnen im Gegenzug ein Geschenk an«, teilte er geheimnisvoll mit. »Major Travis hatte mich hierum gebeten. Nach schwierigen Verhandlungen mit unserer Regierung sind wir bereit, ihnen fünf Wurmloch-Antriebe neuster Generation zu übergeben. «

Lautes zustimmendes Gerede wurde hörbar.

Heran hob seine Arme.

»Eines ist für den Einbau in die Termar 1 vorgesehen, die restlichen vier übergeben wir ihren Wissenschaftlern«, sagte er. »Sie können die Technik in aller Ruhe analysieren, versuchen sie zu verstehen, um sie später nachzubauen. «

Major Travis lächelte.
»Das ist mehr, als ich gehofft hatte«, freute er sich. »Die Wurmloch-Antriebe können wir sehr gut gebrauchen. Das erleichtert uns die Flüge ungemein. «

»Ich kann aber keine 1.000 Schiffe entbehren«, sagte General Poison. »Glauben die Lantraner denn, ich hätte hier Schiffe rumstehen, die nur darauf warten, dass eine neue Mission unter ihrer Führung startet. Die Schiffe haben alle irgendeine wichtige Aufgabe zu erfüllen. «

»Das ist uns alles bekannt, General«, erwiderte Heran. »Bedenken sie jedoch, diese 1.000 Schiffe verlieren sie in jedem Fall, wenn die Daraner nicht aufgehalten werden und später in das Sol-System eindringen. Überlegen sie doch bitte, was günstiger für sie ist. Direkt die Wurzel am Ende herauszuschneiden, oder zu warten, bis eine zehnfache Armada bei ihnen eintrifft. Wir müssen den Daranern zeigen, dass sich ein Angriff auf das Kunst-System der Santaraner nicht lohnt. Ebenso wenig ein Angriff auf das Einzugsgebiet der Milchstraße. «

»Ich benötige Bedenkzeit«, monierte General Poison. » So schnell lässt sich das hier nicht klären. «

»Dann überlegen sie schnell, bevor die Angelegenheit eskaliert«, bemerkte Heran.

Der General blickte Major Travis an.

»Sie wollten doch eigentlich zu den Argoner fliegen und diese für das neue Imperium begeistern? «, fragte der General.

Major Travis nickte dem General zu.

»Sicherlich«, erwiderte er. »Aber sie hören ja, dass ein Notfall dazwischengekommen ist. Ich denke, Captain Hunter wäre für diese Aufgabe ebenso gut geeignet. «

Major Travis Augen suchten den Captain. Er stand etwas abseits.

»Kommen sie bitte zu uns«, sprach der Major Captain Hunter an.

Der schaute in seine Richtung und setzte sich in Bewegung.

»Entschuldigung«, sagte er. »Ich wollte nicht stören. «

Captain Hunter gab Heran die Hand.
»Schön sie wieder bei uns zu sehen«, begrüßte er den Lantraner.

Heran lächelte ihn an.

»Vermutlich bringe ich jetzt ihren Aufgabenplan durcheinander«, sagte Heran.

Captain Hunter schaute ihn irritiert an.
»Ich kann den Flug zu den Argonern nicht ausführen«, informierte ihn Major Travis. »Fühlen sie sich in der Lage, diesen für mich zu übernehmen? «

Die Augen von Captain Hunter strahlten.
»Das mache ich gerne«, antwortete er. »Dann komme ich mal wieder raus. «

»Ich bitte sie gefühlvoll mit den Argonern zu verhandeln«, ergänzte der Major. »Wir möchten sie als Partner in unserem Neuen-Imperiums sehen. Versuchen sie einen Abschluss zu erzielen, dass die Argoner wieder Medikamente für das Imperium herstellen. «

»Ich zeige mich von meiner besten Seite«, erwiderte Captain Hunter.
»Davor habe ich eigentlich etwas Angst«, erwiderte der Major. Er klopfte John Hunter auf die Schulter.

»Gehen sie feinfühlig vor«, sagte er. »Wir kennen die Argoner noch nicht. «

Captain Hunter salutierte.
»Zu Befehl, Herr Major«, sagte er. »Sie können sich auf mich verlassen. «

»Noch etwas Captain«, bemerkte Major Travis. »Der Heimat-Planet der Argoner liegt im Sternbild des Löwen. Das ist nicht weit entfernt von den Sektoren, in denen die Piraten aktiv sind. Nehmen sie eine Flotte von 50 Cuuda-Schiffen zur Sicherheit mit. Es kann sein, dass sie durch das Piratengebiet fliegen müssen. Der Anführer der Piraten, Reco Kurator, ist im Moment nicht gut auf uns zu sprechen. «

»Danke für ihr Vertrauen, Major«, lächelte der Captain. »Diese Flotte wird wohl den Piraten einen Schrecken einflössen und sie von einem Angriff abhalten. Wir werden vorsichtig sein. «

»Das wollte ich hören«, erwiderte der Major. »Halten sie Kontakt zu General Poison und zu Noel. Viel Erfolg für ihre Mission. «

»Gut, das wäre geklärt«, sagte General Poison. » Ich schlage vor, wir beenden die Sitzung und holen die restlichen Punkte ein anderes Mal nach. Ich muss mich jetzt wichtigeren Aufgaben widmen. «

Major Travis nickte.

»Ganz wie sie wollen«, General.

Der Chef der EWK drehte sich zu Heran um.
»Erwarten sie bitte morgen meine Antwort«, sagte er. Heran nickte zustimmend.

Dann blickte der General wieder Major Travis an.

» Sie kümmern sich um unseren Gast?«, erkundigte er sich. » Bewirten sie ihn auf Titan. Dort warten auch seine Artgenossen auf ihn. «

Der Major lächelte.

»Das mache ich General«, antwortete er. »Wir fliegen mit der Termar 1 hin. Dann kann dort im Hangar direkt der Wurmloch-Antrieb eingebaut werden. «

»Ihnen kann es nicht schnell genug gehen«, erwiderte der General. »Egal, wir sehen uns morgen auf Titan. Ich wünsche allen einen schönen Aufenthalt. «

Der General drehte sich ab und verließ den Sitzungsraum.

»Er scheint nicht gerade gute Laune zu haben«, bemerkte Heran.

Der Major lachte seinen Freund an.

»Das ist immer so, wenn man ihn mit irgendwelchen Aufgaben überfällt«, erwiderte er. »Der General möchte gerne selbst an den Fäden ziehen. «

»Ich glaube, wir sind hier fertig«, sagte Heran.

»Einen Augenblick noch«, antwortete Major Travis.

Er rief Commander Brenzby zu sich und informierte ihn über den Einbau des neuen Wurmloch-Antriebes. Die Augen des Commanders funkelten.

»Rufe bitte unsere Crew zusammen«, informierte ihn der Major. »Wir fliegen nach Titan. Bereiten wir uns auf die neue Mission vor. «

In dem großen Kasino von Titan war viel Betrieb. Die Lantraner saßen an einem großen Tisch und diskutierten lautstark. Giratron hatte sie bereits eingewiesen. Die Gruppe hatte Gefallen an dem Bier gefunden, dass ihnen serviert wurde.

»Zum Wohl«, riefen sie und stießen mit den Krügen an. Als Heran und die Crew der Termar 1 eintraten und auf sie zuschritten, verstummte das Gespräch.

»Das sind unsere Gastgeber«, stellte Heran den Major und sein Team vor.

Nachdem sich alle Personen begrüßt hatten, mischte sich die Crew unter die Gäste. Geduldig wurden alle Fragen beantwortet. Für Außenstehende schien es eine lustige Gesellschaft zu sein. Die Zeit verging wie im Fluge.

Zufällig blickte der Major auf Heinze. Dieser hatte die Arme vor seinem Bauch verschränkt und schaute grimmigen Blickes zum Tresen.

»Trinkst du heute nichts? «, fragte er.

»Das hast du gut bemerkt«, antwortete Heinze. »Seltsam, dass es dir erst nach dieser langen Zeit noch auffällt. «

Major Travis verstand in dem Moment nicht, warum Heinze verärgert war. Der Ro hatte die Gedanken seines Vorgesetzten aufgefangen.

»Schau dir einmal den Service-Roboter an «, sagte der Ro abfällig.

Major Travis drehte sich um und erkannte den Standard Service-Robot der Serie 57.

»Ist das der gleiche, wie bei meiner Garten-Party? «, fragte er.

»Das muss der gleiche Robot sein«, antwortete Heinze. »Er ignoriert mich, fragt nicht nach meinen Wünschen und würdigt mich keines Blickes. Er behandelt mich als ein Tier. «

»Ich habe Noel gebeten, die Programmierung der Service-Roboter zu überarbeiten«, antwortete der Major. » Vermutlich ist er noch nicht hierzu gekommen. «

Heinze schüttelte den Kopf.
»Mit Tieren kann man ja so etwas machen«, entgegnete er. »Ich habe scheinbar keinen Stellenwert im Neuen-Imperium. Eigentlich denke ich darüber nach, ob ich nicht zu den Worgass überlaufen sollte. «

»Seit wann machst du Witze? «, fragte der Major.

Heinze blickte ihn an.

»Seit der Zeit, in der ich mich mit den Service-Robotern herumschlagen muss«, antwortete er. »Ich erhalte keine Unterstützung von dir, oder von Seiten der EWK. Du darfst dich nicht wundern, wenn ich alle Roboter dieser Serie verschrotte. «

»Du hast Recht«, antwortete Major Travis. »Wir werden uns nach der Rückkehr von unserer Mission direkt hierum kümmern. Das verspreche ich dir. «

Heinze schien sichtlich beruhigt.

Der Major winkte dem Service-Roboter. Schnell kam er an seinen Platz geeilt.

»Bringe mir bitte drei Gläser Karottensaft und eine Schale mit fünf Bananen«, gab er seine Order bei dem Roboter auf. Dieser wiederholte die Bestellung und eilte davon. Es waren ganze zwei Minuten vergangen, da stellte der Roboter die Bestellung vor dem Major auf den Tisch.

»Darf es noch etwas sein? «, fragte der Roboter.

»Nein«, erwiderte der Major. »Zunächst reicht das aus. Er schob die Gläser mit dem Saft und die Schale Bananen zu dem Ro weiter.

»Vielen Dank«, freute sich Heinze.

Der Roboter verbeugte sich und wandte sich anderen Gästen zu.

Major Travis schaute auf Heinze. Die Augen des kleinen leuchteten.

»Greif zu«, sagte der Major. »Das ist alles für dich. Die Rechnung geht auf mich. «

»Danke sehr«, antwortete er. »Woher wusstest du, was ich gerne bestellen wollte? «

»Das war nicht schwer zu erraten«, erwiderte Major Travis. »Das gleiche bestellst du doch jedes Mal. «

»Ich bin glücklich, ein Mitglied des Neuen-Imperiums zu sein«, lächelte Heinze.

»Das ehrt mich«, sagte Major Travis. »Wir brauchen dich auch. Vermutlich in der Zukunft noch mehr als im Moment. «
Die Lantraner hatten eine neue Runde Bier bestellt. Die Geräuschkulisse in dem Kasino von Titan schwoll zusehends an.

Rückkehr von Admiral Cartero

Die santaranische Raumüberwachung schlug Alarm. Admiral Gentrin, Leiter der Admiralität eilte in die Einsatz-Zentrale.

»Wir haben einen Resonanzkontakt«, teilte der wachhabende Offizier mit. »Es ist eine starke Verzerrung im Raum-Zeit-Gefüge geortet worden. «

»Haben wir Schiffs-IDs erfasst? «, fragte er Admiral.

»Dafür sind die Schiffe noch zu weit entfernt«, erwiderte der Ortungs-Offizier. Die Instrumente kalibrieren sich gerade neu. «

»Wir müssen wissen, ob es unsere Schiffe sind, oder ob es sich vielleicht um Fremd-Schiffe handelt«, äußerte sich der Admiral.

»Warten sie einen Augenblick«, erwiderte der angesprochene Offizier. »Wir bekommen neue Daten. Es werden IDs übermittelt. Unsere Hypertronic-KI identifiziert die Kohorten-Flotte von Admiral Cartero. «

»Ist sie vollständig und unbeschädigt? «, fragte Admiral Gentrin.

Der Ortungsoffizier nickte ihm freudig zu.

»Alle 600 Schiffe sind intakt zurückgekehrt. Es werden keine Beschädigungen angezeigt. «

Ein leichter Seufzer entrann Admiral Gentrin's Lippen. »Senden sie einen Hyper-Funkspruch an sein Flaggschiff«, befahl er. »Cartero möchte möglichst schnell mit seiner Flotte andocken und sich dann zu mir auf den Weg machen. Ich habe wichtige Informationen für ihn. «

»Zu Befehl«, erwiderte der Ortungs-Offizier. Der Leiter der großen Admiralität blickte auf die verschiedenen Monitore.

»Haben wir schon etwas von den anderen 29 Flotten-Kohorten geortet? «, fragte er.

Der angesprochene Offizier blickte ihn an.

»Nein«, antwortete er. »Allen Verbänden wurde befohlen, sofort zurückzukehren und ihre Missionen auszusetzen. Sie haben ihren Rückflug ins Heimat- System bestätigt«, antwortete der Offizier. » Es wird aber noch mindestens zwischen zwei Tage und 24 Tagen dauern, bis sie alle wieder hier sein werden. Das Einsatzgebiet der meisten Verbände liegt weit draußen im Sombrero-Nebel und in den fremden Sektoren des Virgo-Sternenhaufens.«

Wortlos verließ Admiral Gentrin die zentrale Raumaufklärung von Santaron.

Zwei Stunden waren vergangen, als Admiral Cartero endlich den Sicherheits-Palast der Admiralität erreichte. Der dunkle Gleiter, mit santaranischen Symbolen auf den Außenseiten gekennzeichnet, hatte überall freien Zugang erhalten. Selbst bei dem Durchflug durch die innere Stadt, wurde er von den Sicherheitskräften nicht behelligt. Die Fahrt war zu Ende. Weiter durfte der Gleiter nicht. Große Barrieren riegelten die Zugangsstrecke zum Palast der Admiralität ab.

Das Schott des Gleiters öffnete sich zum Dach hin. Admiral Cartero stieg aus. Das letzte Stück des Weges musste er zu Fuß absolvieren. Ein dumpfes Dröhnen ließen seine Augen zum Himmel blicken. Im Sekunden-Rhythmus patrouillierten Sonderheiten der Sicherheits-Polizei am Himmel. In schnellen Stadt-Gleitern sicherten sie die Lufthoheit. Admiral Cartero war von dem Aufmarsch des Sicherheits-Personals irritiert.

»Irgendetwas ist vorgefallen«, dachte er. »Der große Platz, vor dem Palast der Admiralität, ist verweist. An anderen Tagen ist er ein beliebter Ort von vielen Santaranern, Gauklern und Marktverkäufern. «

Admiral Cartero passierte die strengen Kontrollen. Der große Platz war mit Laser-Panzern und mobilen Abwehr-Geschützen gefüllt. Mehrere Hundertschaften von Kampf-Robotern hatten das große Areal weiträumig umstellt. Die blauen Laser-Brücken beförderten ihn schnell zu der Zentral-Verwaltung der Admiralität. Sicherheits-Personal begleitete ihn zu dem Büro des obersten Leiters. Er wurde bereits erwartet. Als er durch die Pforte schritt, hellte sich das Gesicht von Admiral Gentrin auf.

Er sprang aus seinem großen Sessel auf und schritt seinem Flotten-Admiral entgegen.

»Es ist schön, sie wieder bei uns zu haben, Admiral Cartero«, begrüßte er den Admiral. »Sie sind einfach unverzichtbar für uns. «

»Sparen sie sich die schönen Floskeln«, antwortete der Admiral kurz. »Was ist passiert? Warum diese überhöhte Alarm-Bereitschaft? «

Admiral Gentrin blickte ihn ernst an.
»Die Situation X3ZZ ist eingetroffen«, antwortete er langsam. »Wir alle haben vor diesem Tag gewarnt. Das große Auditorium hat uns mit Spott überzogen, uns wie Dummköpfe aussehen lassen. Haben wir nicht immer vor der Entscheidung gewarnt, die Entwicklung unserer Waffen-Systeme auszusetzen? «

»Die Situation X3XX ist noch nie eingetroffen«, entgegnete Admiral Cartero. »Sagen sie mir endlich, was das Problem ist. Kommen sie bitte auf den Punkt. «

»Sie wissen, was X3XX bedeutet? «, fragte Gentrin. Der Gildor nickte.

»Er beschreibt einen Angriff von außen«, sagte Cartero Der Führer der Admiralität schaute ihn an.

»Das ist korrekt und gleichzeitig beunruhigend«, erklärte der Leiter der Admiralität. Wir haben eine Aushebelung unseres Tarn- und Schutzfeldes registrieren müssen. Eine fremde Rasse hat eine Späh-Basis von uns entdeckt, den Schutzschirm durch einen massiven Beschuss zum Kollaborieren gebracht und die Station vernichtet.

»Das ist laut unseren Wissenschaftlern nicht möglich«, erwiderte Admiral Cartero.

»Das dachten wir alle«, antwortete Admiral Gentrin. »Doch jetzt wurden wir eines Besseren belehrt. Die Wissenschaftler wussten es vermutlich auch nicht anders, oder sie wurden von dem großen Auditorium dazu gezwungen, uns falsche Informationen zu übermitteln. «

»Das kann ich eigentlich nicht glauben«, antwortete der Flotten-Admiral. »Sie sollten über den Dingen stehen und Entscheidungen zum Wohle unseres Volkes fällen. «

»Das steht in der Verfassung der Alten«, berichtigte ihn Gentrin. »Doch scheinbar halten sie sich nicht hieran. «

»Welche Beweise haben wir? «, fragte Cartero.

»Derzeit noch keine«, erwiderte Admiral Gentrin. »Doch ihr Gesetz gegen eine Weiterentwicklung unserer Waffensysteme hat uns jetzt an den Rand des Abgrundes gebracht. Die anderen Rassen im Universum haben technisch aufgeholt und sind in der Lage unseren Tarn-Schirm auszuhebeln und unsere Schutzschirme zu überlasten. Unser Schutz ist wirkungslos geworden. «

Admiral Cartero dachte nach.

»Wer waren die Fremden? «, fragte er. » Rechnen sie mit einem erneuten Angriff? «

»Welchen Sinn würde die Aushebelung unseres Tarn-Systems machen? «, erkundigte sich Gentrin. » Die Fremden haben hiernach ohne Vorwarnung unsere Station beschossen. Wie ich ihnen bereits mitteilte, gelang es ihnen, trotz der aktiven Abwehrmaßnahmen der Stations-KI, unseren Außenposten zu zerstören. Der gleiche Schutz-Schirm schützt auch unser Kunst-System vor den Blicken neugieriger Rassen. «

»Das ist sehr ärgerlich«, bemerkte Admiral Cartero. »Der Tarn-Schirm bringt nichts mehr. Können wir ihn abschalten und die freigewordene Energie für die Verstärkung des Schutzschirmes verwenden? «

Der Leiter der Admiralität blickte ihn an.

»Daran habe ich noch nicht gedacht«, entgegnete er.

Er griff zu seiner Gesprächsmuschel. Er tippte eine Ziffer ein.

»Der wissenschaftliche Leiter Matrin soll bitte zu mir kommen«, teilte er einem Adjutanten mit.

Er blickte wieder Admiral Cartero an.

»Wir werden gleich handfeste Informationen bekommen«, bestätigte er. »Der wissenschaftliche Leiter ist auf dem Weg zu uns. Es wird einen kurzen Moment dauern, bis er bei uns eintrifft. Erzählen sie mir doch etwas über Ihre Mission. Konnten sie diese erfolgreich abschließen? «

Admiral Cartero schüttelte seinen Kopf.

»Wir hatten unsere Ziele noch nicht erreicht, als wir ihren Befehl zum Rückflug erhielten. Wir haben unsere Flotte gewendet und sind mit schnellstmöglicher Geschwindigkeit in den Hyperraum gesprungen. Ich hoffe, das war in ihrem Sinne? «

Der Leiter der Admiralität nickte.
»Sicherlich«, antwortete er. »Das war die Vorgabe. Ich habe unsere Heimat-Flotte mobilisiert. Sie befindet sich bereits im All. Alle verfügbaren Schiffe sind aufgestiegen und sichern die Grenzen ab. Trotzdem habe ich ein ungutes Gefühl. «

»Sind uns die Fremden schon einmal begegnet? «, fragte Admiral Cartero.

Der Führer der Admiralität druckste herum.
» Wir haben die Aufnahmen der Schiffe mit sämtlichen Informationen unserer Geschichte abgeglichen«, erklärte er. » Zuerst konnten wir nichts finden. Wir mussten weit in unserer Geschichte zurückgehen. Erst dann wurden wir

fündig. Es gab einen Zwischenfall mit der Evakuierungs-Flotte von Admiral Tarin. «

Admiral Cartero schlug mit seiner Hand auf den Tisch. »Immer wieder der verfluchte Tarin«, ereiferte er sich. »Hört das denn nie auf. «

Admiral Gentrin stimmte seinem Kollegen zu.
»Die Vergangenheit scheint uns wieder einzuholen«, entgegnete er. »Die Evakuierungsflotte unter seiner Leitung, musste auf ihrem Flug 125 Schiffe dieses Typs vernichten. Später noch weitere Schiffe, die von Planeten in einer unbekannten Zone aufgestiegen waren. Die Flotte von Admiral Tarin ist wie ein Sturm durch einen fremden Raumsektor geflogen. Die Schiffe der fremden Species versuchten sie zu stoppen. Dabei hat die Flotte von Admiral Tarin wahllos Planeten, Werften und Produktionsanlagen vernichtet, förmlich alles, was sich seiner Flotte in den Weg stellte. Die detailgenauen Berichte werden ihnen zugestellt. Beschäftigen sie sich hiermit und versuchen sie eine Lösung zu finden. «

»Über wie viele Schiffe verfügen wir in unserer Heimat-Verteidigung? «, fragte Admiral Cartero.

Der Leiter der Admiralität blickte ihn irritiert an.
»Wir halten seit Jahren die von dem großen Auditorium genehmigte Zahl aufrecht. Das sind fünf Schiffs-Kohorten. Bei den meisten Einheiten handelt es ich um Kreuzer der leichten 250-Meter-Klasse. Sie wissen, dass die

Heimatverteidigung überwiegend Polizeiarbeiten übernimmt. «

Admiral Cartero überlegte kurz.

»Eine Schiffs-Kohorte besteht aus 600 Schiffen«, bemerkte er. »Also verfügen wir über 3.000 Schiffe. Meine Flotte hinzugerechnet, dann wären das insgesamt 3.600 Einheiten. Sind alle Zerstörer in einem guten Zustand und einsatzbereit? «

»Sie kennen doch die Situation und die Befehle des großen Auditoriums«, entgegnete Gentrin. »Eine Weiterentwicklung der Waffen-Systeme wurde nicht gestattet. Wir haben uns bemüht auf dem rechtlichen Stand weiter zu produzieren. Natürlich sind die Schiffe gewartet, einsatzbereit, aber technisch veraltet. «

Admiral Cartero schüttelte den Kopf.
»Es wird Zeit, dass wir dem großen Auditorium die Augen öffnen und diesen Befehl widerrufen lassen«, fluchte er.

Die Türe öffnete sich, der wissenschaftliche Leiter Matrin trat ein.

»Sie haben mich rufen lassen? «, fragte er.

»Ja«, antwortete Admiral Gentrin. »Wir haben einige Fragen an sie. Setzen sie sich bitte. So redet es sich leichter. «

Der wissenschaftliche Leiter tat wie ihm befohlen. Er blickte unsicher in die Augen der beiden hochrangigen Militärs.

»Was kann ich für sie tun? «, entgegnete er.
»Wir mussten einen Angriff einer fremden Rasse auf eine unserer Späh-Stationen registrieren«, erklärte der Leiter der Admiralität.

Matrin schaute ihn irritiert an.
»So wie ich weiß, sind die Stationen getarnt, antwortete Matrin. Fremde Rassen können sie nicht orten. «

Admiral Cartero verzog sein Gesicht.

»Das dachten wir bisher auch«, entgegnete er. »Diesen Fremden ist es jedoch gelungen, unser Tarnfeld zu orten. Sie scheinen über hochsensible und weit entwickelte Ortungs-Instrumente zu verfügen. Damit noch nicht genug. Als sie die Station identifiziert hatten, begannen sie ohne Vorwarnung mit dem Beschuss des Schirmes. Unsere Besatzung konnte sofort reagieren und es gelang ihr die schweren Abwehr-Türme der Station zu aktivieren. In dem Gefecht konnte unsere Station ein gegnerisches Schiff ausschalten. Der Schutzschirm des zweiten Schiffes war jedoch wesentlich stärker als der seines Begleit-Schiffes.

Es absorbierte die massiven Laser-Strahlen unserer Abwehr-Türme. Die Crew schien zu verzweifeln. Trotz eines intensiven Dauerfeuers gelang es nicht, den Schirm des zweiten Schiffes durchlässig zu schießen. Sie können sich denken, was im Anschluss passierte. Der Schutz-Schirm unserer Station verlor immer mehr an Leistung. Bei 50 Prozent der Kapazität verließ die Besatzung die Station in einem Flucht-Jet und entkam in den Hyperraum. Die Verteidigung wurde an die KI der Station übergeben. Sie wehrte sich tapfer, doch die einschlagenden Strahlen des fremden Schiffes, schwächten ihren Schirm immer weiter. Es dauerte noch eine Zeitlang, bis unser Schutz-Schirm kollabierte und versagte. Dann zerstörte das fremde Schiff unsere Späh-Station. Sie explodierte in viele kleine Stücke. Das war das Ende unseres dortigen Späh-Postens. «

»Das ist nicht möglich«, teilte der Leiter der wissenschaftlichen Abteilungen der Santaraner mit. »Unsere Schutz-Schirme sind nicht zu überwinden. Sie halten jeden Angriff aus. «

Die beiden Admiräle schauten sich an.
»Glauben sie, wir erzählen ihnen die Unwahrheit? «, antwortete Admiral Cartero verärgert. » Sie können sich die Video-Sequenzen gerne ansehen. «

Der Leiter der wissenschaftlichen Abteilungen verdrehte unruhig seine Augen.

»Mir ist in der Vergangenheit kein Fall bekannt, wo es einer Rasse gelungen ist, unseren Schutzschirm auszuschalten«, erklärte er.

»Das ist uns auch bekannt«, entgegnete Admiral Gentrin. »Glauben sie denn, andere Rassen forschen und entwickeln nicht? Wir haben dummerweise auf den Befehl des großen Auditoriums gehört und unsere Waffen-Systeme nicht mehr weiterentwickelt. Das ist jetzt das Ergebnis dieser Maßnahme. «

Admiral Gentrin ließ eine kurze Pause verstreichen.
»Wir möchten ihm eine Frage stellen«, fuhr er fort. »Wenn das Tarnfeld abgeschaltet wird, können wir die freigewordene Energie für eine Verstärkung des systemumspannenden Schutz-Schirmes verwenden? «

»Das ist möglich«, antwortete der wissenschaftliche Leiter. »Wie sie wissen, kommt die Energie per Zapfstrahl von drei speziellen Sonnen. Diese können wir nicht stärker oder schwächer stellen. Sie übermitteln immer die gleiche Energie. Uns ist es lediglich möglich, die Abnehmer der Energie zu mindern, oder zu vermehren. Bei weniger Abnehmern können wir die freiwerdende Energie für neue Generatoren einteilen. In diesem Fall, den System-Schutzschirm verstärken. «

Der Leiter der wissenschaftlichen Abteilungen blickte die Admiräle an.

»Berücksichtigen sie aber bitte, dass unser Tarnfeld ein Leicht-Energiefeld ist. Eine Umleitung der freigewordenen Energie in den großen System-Schutzschirm würde verpuffen. Ich habe hierzu keine Analyse vorliegen, aber ich kann mir denken, dass mit einem maximalen Leistungszuwachs von 10 Prozent zu rechnen ist. Mehr lässt sich nicht herausholen.«

»Immerhin besser als nichts«, antwortete Admiral Gentrin. »Veranlassen sie alles Nötige. Wir erwarten in Kürze einen Angriff einer technisch hochstehenden fremden Rasse. So wie es jetzt aussieht, haben wir ihr nicht viel entgegenzusetzen. «

»Hierzu brauche ich einen Befehl des großen Auditoriums«, antwortete Matrin.

»Dieser liegt uns aber nicht vor«, antwortete Admiral Cartero schroff. »Wir werden das Morgen mit dem großen Auditorium klaren. Die Admiralität gibt ihnen den Befehl, sich sofort an die Arbeit zu machen, ihr ganzes Team vollständig zu aktivieren und Lösungen für eine Verbesserung unseres Schirmes zu suchen. Falls das Auditorium nicht einsichtig seine sollte, werden wir das Kriegsrecht verhängen. Hierdurch werden die Befehle der Regierung überlagert. Es geht um den Erhalt unseres Volkes. Wir sind angreifbar geworden. Nehmen sie alle Forschungen wieder auf, vor allem diese, die uns im Moment hilfreich sind und die technischen Waffen-Systeme verstärken können. «

Der Leiter der wissenschaftlichen Abteilungen schaute die Admiräle verdutzt an.

»Was erwarten sie über Nacht? «, fragte er. » Wir können nicht zaubern. Eine solche Entwicklungs-Arbeit benötigt jahrelange Forschungen. «

»Diese Zeit haben wir nicht mehr«, erwiderte Admiral Gentrin. »Suchen sie eine kurzfristige Lösung und helfen sie uns.

Ansonsten kann es für unser Volk zu spät sein. «

Der Leiter der wissenschaftlichen Abteilungen stand auf. »Ich habe verstanden«, antwortete er. »Dass die Situation so brisant ist, das hatte ich nicht gedacht. Wir tun unser Bestes. Halten sie uns den Rücken vor dem großen Auditorium frei. «

»Das machen wir«, antworteten die Admirale fast wie aus einem Mund.

Matrin drehte sich um und verließ das Büro des Leiters der Admiralität.

Admiral Cartero blickte seinen Vorgesetzten an.

»Wann werden die anderen Schiffs-Kohorten zurück sein? «, fragte er.

»Sie sind in entfernten Sektoren unterwegs«, bemerkte Gentrin. »Es wird zwischen 2 Tagen und 24 Tagen dauern, bis sie wieder das heimatliche System erreichen. Bis dahin sind wir auf uns gestellt. «

»Gut«, antwortete Admiral Cartero. »Wir hatten schon einmal Krisenfälle. Sie sind immer gut ausgegangen. Hoffen wir einmal, dass nichts Unvorhergesehenes passiert. «

»Ich möchte, dass sie mit ihrer Schiffs-Kohorte, die Heimat-Flotte unterstützen«, erwiderte Gentrin.

» Patrouillieren sie an der Randzone unseres Kunst-Systems. Melden sie sofort jede Auffälligkeit an die Raumüberwachung unserer Leitstelle. «

Admiral Cartero erhob sich und salutierte.
»Das mache ich«, entgegnete er.

Zackig drehte er sich um.

»Noch etwas«, bemerkte der Leiter der Admiralität. »Unser Gespräch bleibt unter uns«, sagte er. »Das Kriegsrecht wird erst ausgerufen, wenn keine Einigung mit dem großen Auditorium möglich ist. Haben wir uns verstanden? «

»Selbstverständlich«, antwortete Admiral Cartero. »Ich selbst war stets gegen die Einstellung der Forschung und Weiterentwicklung der Waffen-Systeme. Wir sehen ja, wohin das geführt hat. «

»Ganz meine Meinung«, antwortete Admiral Gentrin. »Vermeiden sie offene Worte. Das große Auditorium hat viele Freunde. «

Sol-System

General Poison und Noel saßen in dem Büro des Generals auf Tattarr, der unterirdischen natradischen Stadt auf Natrid. Bereits seit 3 Stunden hatten sie intensiv die Vorschläge des Lantraners Heran diskutiert. Endlich waren sie zu einem Schluss gekommen.

»Wir stehen in keiner Schuld bei den Santaranern«, sagte Noel. »Ich halte trotzdem den Vorschlag des Lantraners nicht für abwegig. Wenn es sich tatsächlich bei den Daranern um die Rasse handelt, die hinter den Worgass die Fäden zieht, werden sie zwangsläufig auch irgendwann das neue Imperium angreifen. Wir sollten ihnen möglichst zuvorkommen, gegebenenfalls ein Mitglied ihrer Rasse gefangen nehmen, um an weitere Informationen zu gelangen.

Wenn wir bei dieser Gelegenheit noch die ehemaligen, evakuierten Natrader unterstützen können, die sich heute Santaraner nennen, öffnet das vielleicht den Weg zu politischen Kontakten. Trotzdem ist mir unverständlich, warum die damals so fortschrittliche Rasse meiner Herren, technisch ins Hintertreffen geraten ist? «

General Poison schaute den Kunst-Klon an.

» Wir haben auch Anti-Kriegsbewegungen auf der Erde kennengelernt«, erklärte er. » Sie sind für eine Verhinderung von Krieg eingetreten und forderten die absolute Abrüstung«, erwiderte er. » Gott sei Dank, konnte sich diese Bewegung nicht durchsetzen. Ansonsten hätten wir bei den letzten Angriffen auf unser Territorium schlechte Karten gehabt. Ich stimme ihnen nach einer intensiven Analyse zu, dass wir bereits im Vorfeld die bösartige Wurzel der Daraner herausschneiden sollten. «

»Wir müssen uns darüber klar sein, je größer das neue Imperium wird, um so angreifbarer werden wir«, bestätigte Noel. » Immer größere Außengrenzen zu verteidigen, bedeutet einen immensen Flotten-Aufwand zu betreiben. Wir wissen noch nicht, wie viele mächtige Imperien in dem näheren oder weiteren Umkreis des Alls existieren. Diese Sternenreiche blicken auf die Milchstraße und möchten sich diese gerne einverleiben. Wir müssen bereit sein, diese Pläne zu vereiteln. «
»Rechnen sie noch mit vielen weiteren mächtigen Rassen, die im All existieren könnten«, fragte General Poison. Noel nickte intensiv.

»Wir kennen die Worgass, jetzt die Daraner, von den Aller-Ersten wissen wir bereits länger, erklärte Noel. »Die Lantraner konnten wir als Freunde gewinnen. Meine Analysen besagen, dass es in jeder Sternen-Insel vermutlich ein oder mehrere Völker geben kann, die uns das Wasser reichen können. Was wissen wir schon, was in dem großen Universum alles heranwächst. Die

Milchstraße ist ein Staubkorn im All. Die Entscheidung treffen wir selbst, ob ein harmonisches Miteinander möglich sein wird. «

»Bevor sie ganz der Poesie verfallen, möchte ich fortfahren«, teilte General Poison mit. » Die Entscheidung der EWK ist gefallen. Wir werden auf den Vorschlag von Heran eingehen und eine Unterstützungs-Flotte zu dem Kunst-System Santaron entsenden. Sie werden bereits erkannt haben, dass ich gar nicht anders kann. Die von den Lantranern übergebenen Wurmloch- Antriebe sind für uns von äußerster Wichtigkeit. Ich habe die Groß-Zerstörer von unterschiedlichen Basen zusammengesucht und abgezogen.

Wir unterstellen Major Travis eine Flotte von 1.000 Schiffen der Kaiser- Klasse. Diese Schiffe gehören zu den Besten, die wir derzeit anbieten können. Es sind moderne Schiffs- Neubauten, die alle mit dem neuen Super-Schutzschirm und mit modifizierten Waffen-Systemen ausgestattet wurden. In diesem Zusammenhang habe ich eine spezielle Frage an sie.

Er blickte Noel fragend an. Der General schnaufte und holte kurz Luft.

»Sie teilten mir einmal in früheren Gesprächen mit, dass sie trotz ihrer Deaktivierung, alle möglichen natradischen Gerätschaften weiter entwickeln konnten? «, erkundigte er sich. » Betrifft das auch die Konstruktions- Zeichnungen der Waffen-Systeme, die sie seinerzeit den terranischen

Wissenschaftlern übergeben haben? Unsere Wissenschaftler konnten ihre Daten auswerten und die Systeme weiter modifizieren. Mich interessiert aber Folgendes. Haben sie einen Vergleich für mich, welche Leistung die Weiterentwicklung der Waffen-Systeme unserer Raumschiffe gebracht hat, gemessen an dem technischen Standard der Flotte von Admiral Tarin? «

Noel überlegte kurz.

»Ich weiß, worauf sie hinauswollen, Herr General«, antwortete Noel. »Wie sie wissen, ist die von Admiral Tarin programmierte Deaktivierung von 100.000 Jahren auch für eine Hypertronic-KI eine lange Zeit. General Tarin wusste nicht, dass sich eine Hypertronic-KI von der Größe unseres Natrid-Gehirns nicht vollständig abschalten ließ. Hierfür waren im Geheimen von dem Kaiser Vorkehrungen getroffen worden. Um ihnen exakte Daten geben zu können, müsste ich alte Archive öffnen und einen elektronischen Abgleich machen. Ich verzichte aber hierauf und sage ihnen, dass exakt 569 Modifikationen an unseren Schiffen und Zerstörern durchgeführt wurden.

Es waren allein 50 Neuentwicklungen dabei, die einer Verstärkung der Durchschlagskraft unserer Waffen-Systeme anzurechnen sind. Das ist nichts anderes, wie es jede forschende Rasse machen würde. Die Forschung einzustellen, das würde langfristig einen Stillstand zu den Forschungen anderer Rassen bedeuten. «

General Poison schmunzelte.

»Ihre Aussage beruhigt mich«, erwiderte er. »Dann gehe ich davon aus, dass wir waffentechnisch den Santaranern überlegen sein werden? «

Noel blickte den General verdutzt an.
»Falls die Aussagen von Heran stimmen sollten, dann haben die evakuierten Natrader, die sich heute Santaraner nennen, ihre militärische Vormachtstellung eingebüßt«, bestätigte Noel. »Das passiert im Wesentlichen durch eine neue Regierung, die den Militärs ein Entwicklungs- und Forschungs-Verbot an allen militärischen Waffen-Systemen befiehlt. Wenn die Santaraner auf dem damaligen Stand ihrer Entwicklung stehen geblieben sind, haben sie unserer neuen Waffentechnik nichts entgegenzusetzen. Wollen sie jetzt auch einen Krieg gegen die Santaraner führen? «

General Poison blickte den Kunst-Klon an.
»Mit dieser Frage habe ich gerechnet«, sagte er. »Nein, ich kann sie beruhigen. Auf keinen Fall denke ich über so etwas nach. Meine Frage zielte auf die Überlegenheit unserer Waffen-Systeme ab. Was wäre, wenn diese Santaraner irgendwann erkennen würden, dass die Nachkommen ihrer Rasse tatsächlich über die modernen Waffen-Systeme verfügen. Würden sie nicht neidisch werden und die Hinterlassenschaften ihres ehemaligen Ursprungs-Planeten für sich selbst beanspruchen wollen?«

»Das wurde durch die Programmierung von Admiral Tarin eindeutig ausgeschlossen«, antwortete Noel schnell.

»Diese Programmierung ist unumkehrbar. Selbst der Versuch einer Löschung der Programmierung durch den ehemaligen Kaiser, würde die Hypertronic-KI, die ich als meine Mutter bezeichne, nicht akzeptieren und sofort abweisen. Wie ich schon mitteilte, die Vorgaben von Admiral Tarin waren endgültig und unumkehrbar. «

Stille Ruhe lag eine kurze Zeit in dem Raum. General Poison brach als erste Person die Ruhe.

»Das beruhigt mich, lieber Freund«, erwiderte er. »Sie wissen selbst, dass die Erde bereits viele Ressourcen in Natrid investiert hat und so wird es auch weitergehen. Wir haben unser Versprechen gegeben, dass wir das alte natradische Imperium wieder aufbauen werden. Unser Ziel ist es ein neues Imperium zu erschaffen, unter den Gesichtspunkten einer harmonischen Milchstraße, in der sich alle Völker akzeptieren, unterstützen und miteinander Handel treiben können. Ich denke, die Ansätze sehen sie bereits. Wir sind auf einem erfolgreichen Weg. «

»Das ist mir bewusst«, antwortete Noel. » Die Hypertronic-KI und meine Wenigkeit dienen zwar dem Neuen-Imperium und speziell den Menschen, doch wir sind immer noch eigenständige Einheiten. Wir haben erst kürzlich alle Daten analysiert. Nie hätten wir in dieser kurzen Zeit mit einem so enormen Fortschritt gerechnet. Ich spreche ihnen auch im Namen meiner Mutter unseren imperialen Dank aus. Wir alle sind ein Teil des Neuen-Imperiums und werden das auch weiterhin sein. Machen sie sich nicht zu viele Gedanken. Die Aussagen meiner Mutter-KI sind gradlinig und wahr. Hypertronic-KIs neigen nicht dazu, falsche Informationen herauszugeben. Seit der Deaktivierung durch Admiral Tarin ist die natradische Rasse für uns Vergangenheit. Die Programmierung weist uns eindeutig an, den Nachkommen des natradischen Gen-Pols zu dienen. In diesem Fall den Terranern vom Nachbar- Planeten Tarid. Ich hoffe sehr, dass dieses Thema jetzt ein für allemal besprochen ist und von ihnen akzeptiert wurde. «

»Ich werde zukünftig nicht mehr fragen«, bestätigte General Poison.

Er schien glücklich zu sein.

Noel konnte den Emotionsausbruch nicht nachvollziehen. Für ihn war seine Aussage, eine Wiederholung bereits mehrfach geäußerter Informationen.

»Wir müssen Major Travis und den Lantraner informieren, dass sein Wunsch genehmigt wurde«, erinnerte Noel.

»Das werden wir«, antwortete der General. »Die Schiffe sammeln sich in einer Saturn-Umlaufbahn. Ich denke, dass die Flotte in 1 Stunde komplett sein wird. Vorher haben wir noch einen Termin mit Captain Hunter. Wir werden ihn in die Mission Argon einweisen. «

Der General blickte auf seinen Chronografen.

»Er ist bereits überfällig? «, stutzte er. » Er ist zwar ein guter Mann, aber mit Vorschriften tut er sich schwer. Vermutlich wird er sicherlich gleich erscheinen. «

Der General griff zu seinem Communicator und wollte die Nummer von Captain Hunter eintippen.

In dem Moment klopfte es an der Türe.
»Herein«, rief der General ungehalten.

Die Türe öffnete sich und Frau Eisenhut steckte ihren Kopf hindurch.

»Herr General, Captain Hunter ist jetzt da«, teilte sie mit.

»Er soll eintreten«, erwiderte General Poison. »Wir warten bereits auf ihn. «

Gewohnt lässig trat Captain Hunter ein.
»Entschuldigen sie die Verzögerung«, begrüßte er die Wartenden. »Die lästigen ID-Kontrollen der EWK haben mich aufgehalten. Die Stadt entwickelt sich immer mehr zu einer Hochsicherheitszone. Falls sie noch mehr Kontrollen befehlen, wird es zukünftig noch länger dauern, bis ihre Mitarbeiter bei ihnen eintreffen. «

»Lassen sie die Kommentare, Captain«, erwiderte General Poison. »Davon verstehen sie nichts. Kommen sie zu uns und setzen sie sich. Wir haben nicht viel Zeit. «

Der Captain blickte erstaunt seine Vorgesetzten an. Er schritt an den großen Schreibtisch des Generals, salutierte vorschriftsmäßig und begrüßte Noel und den General. Dann ließ er sich auf den freien Stuhl fallen. Dieser ächzte verdächtig.

Der General verzog sein Gesicht.

»Das scheint keine natradische Qualität zu sein«, bemerkte Captain Hunter.

»Natradische Qualität hin, oder her«, bemerkte General Poison. »Sie vermuten bereits, warum sie hier sind? « Der Captain schmunzelte lässig.

» Es geht um meinen Flug zu den Argonern? «, fragte er.

» Ja«, entgegnete der General. » Sie vermuten richtig. Wir haben uns entschlossen, Mayor Travis mit einer Flotte von 1.000 Zerstören auszustatten. Diese wird sich der Flotte der Lantraner anschließen und mit ihnen in den Sombrero-Nebel fliegen. Wir nehmen also den Vorschlag von Heran an und versuchen die Santaraner zu unterstützen. «

»Das finde ich gut«, schmunzelte John Hunter. »Das nennt man erweitertes Pflichtbewusstsein. Dieses hört bekanntlich nicht innerhalb der Milchstraße auf. «

»Hören sie bitte Noel weiter zu«, unterbrach der General ihn schroff. » Ihre Mission heißt, Flug ins Argon-System. «

Der Captain nickte und blickte den Kunst-Klon an.
» Was wissen sie über die Argoner? «, fragte Noel.

» Nur das, was ich in den letzten Tagen aufgeschnappt habe«, antwortete der Captain. » Der Planet Argon liegt im Sternbild des Löwen, nahe dem Sternenfeld Wolf 359. In der unmittelbaren Nähe zu diesem Sternenfeld befindet sich ihr kleines Sternen-System. Es besteht aus einer Sonne, die von vier Planeten umrundet wird. Das Besondere an diesem System ist, dass sich alle Planeten in der habitablen Zone befinden. Das bedeutet, auf allen Planeten ist Leben möglich. «

Noel nickte.
»Sie haben sich mit den Daten befasst, Captain«, bestätigte er. »Das ist erfreulich. Die Argoner nutzen diese Planeten, um die unterschiedlichsten Pflanzen, Gewächse und Sträucher anzubauen, zu züchten und für ihre medizinische Versorgung zu kultivieren. Schon zu den Zeiten des kaiserlichen Imperiums waren die Planeten von unschätzbarem Wert. Ich bin äußert froh, dass sie von dem Angriff der Rigo-Sauroiden verschont geblieben sind. Allein die medizinischen Pflanzen werte ich als unersetzbar. Die Entfernung zu ihrem System beträgt 7,8 Lichtjahre.

Gemessen an den Missionen, die wir vor kurzem durchgeführt haben, eine kurze Entfernung. Doch sie werden einige Hyperraumsprünge absolvieren müssen, da sie auf keinen Wurmloch-Antrieb zurückgreifen können. Die 50 Schiffe der neuen Cuuda- Klasse wurden von meinen Techno-Bots mit modernen Hyperraum-Triebwerken ausgestattet. Sie weisen eine Klassifikation der Stärke 0,5 auf. Alle ausgestattet mit den leistungsfähigsten Triebwerken, die uns derzeit zur Verfügung stehen. Sie bewältigen mit jedem Sprung eine maximale Reichweite von 300.000 Kilometern. Unter der Berücksichtigung einer schnellen Aufladung der Antriebs-Konverter, rechnen sie bitte mit einer Flugzeit von 26 Stunden. «

Noel blickte Captain Hunter an. Es war so, als ob er eine Frage erwartete. Captain Hunter hatte genau zugehört und nickte als zustimmend.

Noel ergänzte seine Ausführungen.
»Die Argoner waren zu Zeiten des großen Imperiums, die Medizinspezialisten in der Milchstraße«, erklärte er. »Ihnen ist zu verdanken, dass die natradische Rasse auf eine Lebenserwartung von 250 Jahren zurückschauen konnte. Wie schon gesagt, liegen ihre vier Planeten alle in der habitablen Zone ihrer Sonne. Auf jeder ihrer Welten wachsen seltene Medizingewächse heran, die geschützt werden müssen.

Ein Verlust dieser Planeten wäre ein katastrophaler Fehler. Aus diesem Grunde möchten wir die Argoner wieder als Mitglieder unseres Imperiums sehen. Erst dann können wir ihnen eine entsprechende Schutz-Flotte zur Verfügung stellen. Unterzeichnen sie den vorläufigen Beitritts-Vertrag und informieren sie uns. «

»Danke für ihre Ausführungen«, sagte General Poison. Er blickte Captain Hunter an.

»Sie kennen sich mittlerweile sehr gut mit ihrem Schiff aus«, sagte er. »Aus diesem Grunde werden wir ihnen 50 Schiffe der Cuuda-Klasse unterstellen, die sie als Begleitschutz zu den Argonern begleiten. Sie übernehmen das Flotten-Kommando. Die Schiffe warten auf dem großen Raum-Flughafen von Titan auf sie. Haben sie noch Fragen? «

»Ja«, antwortete Captain Hunter. » Wenn die Argoner zustimmen sollten und dem Imperium beitreten, welchen Schutz kann das Neue-Imperium von Natrid & Tarid für sie bereitstellen? Diese Frage werde ich gestellt bekommen.«

General Poison blickte Noel an.

Der zuckte mit den Schultern.
»Die neuen Schiffszahlen habe ich ihnen übergeben«, sagte Noel. »Die Verteilung ist ihre Aufgabe. «

Der General überlegte kurz.

»Aufgrund der Nähe zum Sol-System denke ich an eine Flotte von 250 Schiffen der Lord-Klasse, unterstützt von 50 Schiffen der Naada-Klasse«, antwortete der General. »Diese werden sofort nach ihrem Hyperfunkspruch und der Mitteilung, dass die Argoner den Beitrittsvertrag unterschrieben haben, auf den Weg geschickt. Wir hoffen, den Wurmloch-Antrieb schnell zur Serienreife zu bringen. Hiermit können wir im Krisenfall kurzfristig zur Stelle sein, oder weitere Schiffe entsenden. Im Moment sollten sich aber die Argoner mit dieser Flotte zufriedengeben. Die Feuerkraft dieser Schiffe ist nicht zu unterschätzen. Im Moment haben sie keine Schutz-Flotte und sind auf sich selbst gestellt. Noel und ich denken, dass sie hierauf eingehen werden. «

» Das hört sich gut an«, antwortete Captain Hunter. » Danke für die Informationen. Ich werde mein Bestes versuchen. «

» Ihr Bestes reicht in diesem Fall nicht aus«, antwortete General Poison. » Wir möchten die Argoner in unserem Imperium haben. Sehen sie zu, dass dieser Wunsch in Erfüllung geht. «

» Zu Befehl, General«, antwortete Captain Hunter. » Dann hoffen wir einmal, dass mein Zauberspruch wirkt. «

General Poison verzog sein Gesicht. Captain Hunter salutierte schnell, verabschiedete sich bei seinen Vorgesetzten und verließ den Raum.

Noel blickte den General an.
»Glauben sie wirklich, dass der Captain das hinbekommt? «, fragte er den General.

» Aber sicher«, erwiderte dieser. » Der Captain gibt sich nach außen bewusst leger, aber innerlich beachtet er die Anweisungen der EWK. Ich bin sehr zuversichtlich. « Der General wechselte das Thema.

» Lassen sie uns in das Casino von Titan aufbrechen, um Mayor Travis und unseren lantranischen Besuch zu informieren«, sagte er. » Ich denke, die Herren werden bereits auf uns warten. «

General Poison und Noel standen auf und verließen das Büro in Richtung des nächsten Personen-Transmitters.

Das Kasino auf Titan war bereits am frühen Morgen gut besucht. Die lantranische Delegation widmete sich einem deftigen Frühstück, als Sirin und Major Travis eintrafen. Heran sah sie als erste Person durch die Türe des Kasinos schreiten. Er winkte ihnen zu.

»Hier sind wir«, rief er von dem großen Tisch aus. »Kommt hierüber. Wir haben bereits mit dem Frühstück begonnen. Heißer Kaffee ist genügend vorhanden. Was darf es für euch sein? «

»Für mich bitte nur eine Tasse Kaffee«, entgegnete Mayor Travis.
Er lächelte, als er erkannte, was die Lantraner alles zum Frühstück bestellt hatten.

»Für mich ist es zu früh, um so reichhaltig zu essen. «

»Für mich bitte ebenfalls«, schloss sich Sirin an. » Ich kann morgens auch noch nicht viel runter bekommen. «

Heran schaute die Beiden irritiert an.

»Muss man nicht den Tag mit einem reichhaltigen Frühstück beginnen? «, fragte er. » Das ist doch auch eine Weisheit von den Bewohnern der Erde. «

Major Travis grinste.
»Du wirst irgendwann der neue Sprichwort-Experte der Erde werden«, antwortete er. »Habt ihr gut geschlafen? «

»Leider nicht«, antwortete Giratron. »Wie üblich ist es gestern wieder sehr spät geworden. Lange schlafen konnten wir nicht. «

»Das denke ich mir«, antwortete Sirin.

Giratron schaute sie seltsam an.

Commander Brenzby und Heinze erschienen im Eingang des Kasinos. Sie gesellten sich zu der Gruppe. Commander Brenzby salutierte vorschriftsmäßig. Major Travis antwortete entsprechend.

»Wir werden in Kürze starten«, bemerkte der Commander. »Unsere Ortungen ergaben, dass sich viele Schiffe der Kaiser-Klasse an einer Saturn-Umlaufbahn zusammenziehen. Es fehlen nur wenige Einheiten, bis die Anzahl von 1.000 Schiffen erreicht sein wird. «

»Dann wird der General auf unseren Vorschlag eingegangen sein? «, fragte Heran.

» Davon gehe ich aus«, erwiderte der Major. » Die Wurmloch-Antriebe sind zu wichtig für uns, als dass wir hierauf verzichten können. «

»Die Termar 1 wurde bereits umgerüstet und ist startklar«, erklärte Commander Brenzby.

»Sie müssen schon sehr gutes Personal haben«, bemerkte Giratron. »Unsere Techniker hätten den Einbau auch nicht schneller geschafft. Meinen Respekt, das war eine sehr effiziente Leistung. «

Heran hob seinen Kopf und blickte zur Türe.
»Die oberste Leitung ist eingetroffen«, flüsterte er. » Gleich werden wir mehr erfahren. «

Major Travis drehte sich kurz um und erkannte, wie General Poison und Noel in das Kasino traten. Schnell hatten sie den großen Tisch der lantranischen Delegation erreicht.

» Sind sie alle zufrieden? «, fragte der General. » Ich hoffe, sie wurden gut bewirtet? «

»Vielen Dank, General«, antwortete Giratron. » Wir sind sehr zufrieden. Dürfen wir jetzt jede Woche kommen? «

Der General verzog sein Gesicht.
Heran blickte ihn an und lachte.

»Giratron hat das gleiche Gemüt, wie ihr Captain Hunter«, entschuldigte er sich. »Er hat natürlich einen Spaß gemacht. «

Das Gesicht des Generals entspannte sich merkbar. Er blickte zu Noel, dann die lantranischen Gäste an.

»Meine Herren, wir sind zu ihnen gekommen, um ihnen unsere Entscheidung bekannt zu geben«, entgegnete er »Nach reichlicher Überlegung nehmen wir ihren Vorschlag an und beteiligen uns an ihrer Mission. Wir benötigen mehr Informationen über die Rasse der Daraner, um sprechende Gegenmaßnahmen einleiten zu können. Wie sie diese erhalten, ist uns gleichgültig. Vielleicht gelingt es ihnen auch, einen Angehörigen dieser Rasse gefangen zu nehmen, um ihn später zu verhören, vorausgesetzt die Analysen ihrer Regierung stimmen. «

»Bringen sie bitte einen Gefangenen mit, den wir dann speziellen natradischen Verhörtechniken aussetzen können«, ergänzte Noel.

Heran blickte Noel an.
»Die natradischen Verhörtechniken sind in der ganzen Milchstraße bekannt«, antwortete er. »Hierauf brauchen sie wirklich nicht stolz zu sein. «

»Das gebe ich gerne an sie zurück«, antwortete Noel bissig. »Ihr Wahrheits-Serum und ihre Verhörtechniken sind auch nicht besser. «

»Meine Herren«, beruhigte Major Travis die Gemüter. »Ich bitte sie, ihre Spitzfindigkeiten zu unterlassen. Das wird bei jeder Rasse auf die eigene Art gelöst. Letztendlich ist das kein Punkt unserer Diskussion. «

Heran nickte.
»Sie haben Recht«, sagte er. »Konzentrieren wir uns wieder auf die Daraner. Unsere Regierung rechnet in den nächsten Tagen mit dem ersten Angriff. Vielleicht passiert es gerade in diesem Moment. Die genauen Zeitdaten lassen sich schlecht errechnen. Wir sollten mit der Unterstützung nicht mehr allzu lange warten. «

Der General nickte.
» Ihrem Wunsch folgend, habe ich 1.000 Schiffe der Kaiser-Klasse-Schiffe abgestellt«, teilte er mit. » Alle Schiffe wurden bereits mit den modernen Super-Schutzschirmen ausgestattet und mit unseren modifizierten Waffen-Systemen versehen. Ich hoffe sehr, sie bringen die Schiffe heil zurück. «

»Perfekt, Herr General«, antwortete Heran. »Ich wusste, dass ich auf sie zählen konnte. Die Angelegenheiten der Milchstraße betreffen uns alle. Unsere lantranischen Schiffe sind mit unserer neuen Transform-Dimension-Kanonen bestückt. Die Wirkungsweise dieser Waffen kennen sie von der letzten Mission. Wenn sich alles gegen uns verschwört, werden wir diese einsetzen. «

»Davor graut es mir etwas«, bemerkte Major Travis.

Heran blickte ihn an.
»Das wird unsere letzte Option bleiben«, bemerkte der Major. »Falls wir die Daraner überzeugen können, halte ich das für den besseren Weg. «

Heran schüttelte seinen Kopf.
»Die Daraner überzeugt niemand mehr«, antwortete er. »Der Hass hat sich in ihre Gene gefressen. Das werden wir wohl Admiral Tarin zu verdanken haben. «

»Ich gebe ihnen Startfreigabe«, sagte der General. »Die Flotte hat sich auf einer Saturn-Umlaufbahn gesammelt und wird Major Travis unterstellt. Sie dürfen aufbrechen, wenn sie hier fertig sind. «

Noel blickte Major Travis an.
» Ich kann ihnen keine Befehle geben, wie sie auf ihrem Flug vorgehen sollten«, sagte er. » Ich sage nur so viel, setzen sie ihre Möglichkeiten geschickt ein und kommen sie alle gesund zurück. «

»Danke, Noel«, antwortete der Major. »Das werden wir sicher. Wir werden keine aussichtslosen Manöver starten. Uns liegen bereits einige Daten über die Daraner vor. Dies erleichtert uns unsere Arbeit ungemein. Machen sie sich ebenfalls keine Sorgen, Herr General. Wie immer, werden wir vorsichtig an diese Sache herangehen und keine aussichtslosen Gefechte führen. «

» Zeichnen sie möglichst viele Informationen für unsere Unterlagen auf«, ergänzte Noel. » Sie haben jetzt erstmals die Gelegenheit, den Standort der ausgewanderten Natrader zu scannen und alle Informationen für unsere Datenbank aufzubereiten. Vielleicht ist später ein politischer Kontakt zu ihnen möglich. «

» Ich danke ihnen für die Entscheidung«, antwortete der Major. » Spätestens in einer Stunde werden wir aufbrechen. «

»Viel Erfolg«, sagte General. »Halten Sie Kontakt zu uns.«

Major Travis salutierte und begleitete General Poison und Noel zum Ausgang des Kasinos von Titan.

Ein erstes Gefecht

Nahe der Sombrero-Galaxie

Admiral Gentrin stand mit einer Abordnung von hochrangigen Militärs, vor dem großen Auditorium. Die Admiralität hatte die Regierung des Kunst-Systems einberufen.

Die Auditoren ließen ihren Unmut über diese Einberufung die Gildoren der Admiralität spüren.

»Warum haben sie diese außerordentliche Sitzung einberufen? «, fragte der Vorsitzende Suterin ungehalten. » Sie halten uns mit ihren ewigen Zusammenkünften von wichtigen Regierungsarbeiten ab. «

»Die derzeitige Situation gibt uns das Recht hierzu«, antwortete Admiral Gentrin unbeeindruckt. » Sie sollten unsere Verfassung eigentlich kennen. «

Der Admiral erkannte den wütenden Blick im Gesicht des Vorsitzenden.

»Wir rechnen mit einem Angriff von einer fremden Rasse auf unser Heimat-System«, ergänzte er.

»Welche Beweise haben sie für diese Vermutung? «, fragte der Vorsitzende Suterin.

» Die Tatsache, dass die Fremden eine unserer Späh-Stationen zerstört haben«, erwiderte der Admiral.

» Das haben sie uns bei der letzten Zusammenkunft bereits mitgeteilt«, entgegnete der Vorsitzende. » Ist ein neuer Zwischenfall registriert worden? «

»Nein«, antwortete der Admiral. » Jedoch haben wir neue Daten über die Angreifer. «

»Tragen sie diese vor«, teilte Suterin mit. » Wir werden unsere Ohren öffnen. «

»Wir haben die Bauart der Fremd-Schiffe durch unsere Datenbanken laufen lassen«, erwiderte Admiral Gentrin.

» In unserer tiefen Vergangenheit hatte unser Volk bereits einmal Berührung mit ihnen. Sie nennen sich Daraner. «

Admiral Gentrin ließ die Worte auf das Auditorium wirken.

»Reden sie weiter«, befahl der Vorsitzende. »Wo und wann, sind wir auf diese Rasse getroffen. «

»Ich komme sofort hierauf zu sprechen«, erwiderte der Admiral

Er blickte das große Auditorium abwartend an.
» Wir sind im Virgo-Sternhaufen schon einmal auf diese Rasse gestoßen«, erklärte er. » Es war die Evakuierungs-Flotte von Admiral Tarin, die vor 100.000 Jahren einen Kontakt mit dieser Rasse notierte. Etwa 125 Schiffe dieser Walzen-Form blockierten den Durchflug seiner Flotte

durch unbekannte Sektoren dieses Sternhaufens. Wir alle wissen, dass der Admiral in solchen Angelegenheiten nicht zimperlich war. Die Flotte von Admiral Tarin machte kurzen Prozess und zerstörte die 125 Schiffe der Blockade-Flotte.

Die Laser- Strahlen der generischen Walzen-Schiffe wurden damals von den Schutz-Schirmen der natradischen Evakuierungs-Flotte problemlos absorbiert. Bei ihrem Weiterflug vernichteten die natradischen Zerstörer weitere Schiffe dieser Rasse, die von diversen Planeten aufstiegen, um ihren Schiffen zu Hilfe zu kommen. Um dem Nachschub ein Ende zu bereiten, griffen die Schiffe von Admiral Tarin auch die auf ihrem Weg liegenden Planeten an. Sämtliche erkennbaren Schiffs-Basen wurden zerstört. Gleichzeitig verwüstete die Flotte auf allen umliegenden Planeten, plantare Anlagen und alle Produktionsstätten für Raumschiffe, die sie identifizieren konnten.

Diese Vorgehensweise war nichts anderes als der Einfall der Rigo-Sauroiden in das ehemalige Heimat- System unserer Vorfahren. Die damaligen Walzen- Schiffe hatten der Flotte von Admiral Tarin nichts entgegenzusetzen. In den Bordbüchern der Flotte wurde diese Zerstörung als Zwischenfall bezeichnet. Vermutlich war es aber weitaus mehr. Hiernach zog die Flotte weiter und überließ die fremde Rasse sich selbst. Vermutlich wurden damals auch sämtliche Heiligtümer der Daraner eliminiert. «

»Das ist über 100.000 Jahre her«, sagte der Vorsitzende des großen Auditoriums ungehalten. » Was erzählen sie uns hier. Keine Rasse erdreistet sich, nach dieser Zeit Rache zu nehmen. Warum sollten es die gleichen Schiffe sein? Wir werten die vergleichbare Bauart mehr als Zufall.«

» Der gleiche Zufall hat dann auch unsere getarnte Späh-Station zerstört«, argumentierte der Leiter der Admiralität. » Hohes Auditorium, verschließen sie nicht ihre Augen. Wir stehen kurz vor einem neuen Krieg. Dank ihrer unsinnigen Gesetze geraten wir als Rasse nach 100.000 Jahren wieder in eine sehr bedrohliche Lage. Dank ihrer befohlenen massiven Abrüstung, weiß die Admiralität nicht, ob sie einen Großangriff der Fremden zurückschlagen kann. «

»Sie verfügen doch über eine Flotte von mehr als 18.000 Schiffen«, lächelte der Vorsitzende. » Die meisten hiervon wurden in einem überdimensionierten Maß von 800 Metern gebaut. Das sollte doch für einen Angriff, stupider fremder Wesen ausreichen? «

Admiral Gentrin schüttelte seinen Kopf.

» Auch jetzt, in dem Moment der größten Gefahr für unsere Rasse, besitzen sie noch den arroganten Hochmut, die Fremden als stupide Rasse zu bezeichnen«, antwortete der Admiral. » Einfältige Rassen sind nicht in der Lage 500-Meter-Schiffe zu bauen, die das Weltall abzusuchen, unser Tarnfeld ausheben, um unsere Station vernichten zu können.

«Eine seltsame Erregung hatte ihn erreicht. Er atmete kurz durch.

»Die Admiralität ruft mit sofortiger Wirkung den systemübergreifenden Kriegszustand aus«, erklärte der Gentrin. »Das zivile Auditorium wird durch eine Militärregierung ersetzt. Dieser Zustand wird beibehalten, bis die Situation entschärft, oder bereinigt werden kann. «

»Das können sie nicht verantworten«, erklärte der Vorsitzende des Auditoriums. » Sie überschreiten ihre Kompetenzen. Das Volk wird sich gegen sie auflehnen. «

»Sie irren sich gewaltig, hoher Vorsitzender«, antwortete der Leiter der Admiralität. » Ich werde das Volk vor einem Totalverlust schützen. Gemäß Paragraph 7, der santaranischen Verfassung, rufe ich den Krisenfall für unsere Lebens-Hemisphäre aus. Sämtliche Entscheidungen werden ab sofort von der Admiralität getroffen und vom Staats- Schutz durchgesetzt. Meine Begleiter notieren die legale Vorgehensweise, im Einklang mit unserer Verfassung. «

Der Admiral drückte einen Knopf an seinem Kragen. Ein Regiment schwer bewaffneter Garde-Soldaten strömte in den Raum. Sie wurden begleitet von einer Schwadron Kampf-Roboter der Admiralität.

Admiral Gentrin wartete, bis sich die Truppen im Saal verteilt hatten. Der Truppführer der Soldaten trat an seine Seite.

Der Leiter der Admiralität schaute ihn an.
»Die Mitglieder des großen Auditoriums unterwerfen sich dem Kriegsrecht«, sagte er. »Sie sind mit ihrem Hausarrest einverstanden. Führen sie die Gruppe in die vorbereiteten Räume und sichern sie ihre Unterkünfte. Falls jemand Widerstand leistet, eliminieren sie ihn. «

Ein kurzes Handzeichen reichte aus. Die Roboter schritten heran und nahmen eine bedrohliche Stellung ein.

»Das wird ein Nachspiel für sie haben«, sagte der Vorsitzende Suterin. »Glauben sie nicht, dass sie hiermit durchkommen werden. «

»Wir bewegen uns gesetzeskonform«, antwortete der Leiter der Admiralität. » Wer vor der Vergangenheit die Augen verschließt, ist blind für die Zukunft. «

Admiral Gentrin blickte seine Begleiter an. »Verschließen sie den Raum mit dem Siegel der Admiralität«, sagte er. »Jede regierungstreue Person, die versucht einzudringen, wird sofort getötet. «

Mit diesen Worten drehte er sich um und verließ mit seinem Gefolge den Sitzungssaal des großen Auditoriums.

In der santaranischen Raumüberwachung herrschte Hektik. Vor wenigen Minuten wurde eine Flotte von 100 fremden Raumschiffen, vor dem Grenz-Sektor 37,2 des Kunst-Systems, geortet. Aufgeregt kam Admiral Gentrin in die Leitstelle der Raumüberwachung gelaufen.

» Was passiert da? «, fragte er. » Was macht die fremde Flotte? Sind es die gleichen Schiffe, die auch von unserer Späh-Station aufgezeichnet wurden? «

»Sie steht still auf dem Fleck«, antwortete der Ortungs-Offizier. » Noch scheint sie regungslos im All zu liegen. Die Daten wurden abgeglichen. Es handelt sich eindeutig um die gleiche Bauart von Schiffen. «

»Legen sie die Daten auf die Schirme«, befahl der Admiral.

» Ich habe es geahnt«, sagte Admiral Gentrin. » Die Fremden geben nicht auf. Jetzt holt uns die Tat von Admiral Tarin ein. «

Die Bilder liefen über den zentralen Hologramm-Schirm. Beeindruckend lagen die fremdartigen 500-Meter-Schiffe bewegungslos im All. Ihr Flug hatte 2.000 Meter vor dem santaranischen Tarnfeld gestoppt.

» Welche Schweinerei planen sie? «, fluchte der Admiral.

» Wir messen starke Scan-Strahlen«, teilte der Ortungs-Offizier Woltrin mit. » Sie vermessen die Größe unseres

Tarnfeldes. Vermutlich können sie das Feld zwar registrieren, aber nicht hindurchschauen. «

»Wo ist Admiral Cartero mit seiner Flotten-Kohorte? «, fragte der Admiral.

» Sie steht am anderen Ende des Systems«, antwortete der Verbindungs-Offizier. » Wir haben ihn dorthin beordert, weil dort nur sehr wenige Späh-Stationen installiert worden sind. «

»Sind überhaupt Flottenverbände in der Nähe? «, erkundigte sich Admiral Gentrin.

»Eine Schwadron von 60 Schiffen der Heimat-Flotte kann schnell auf diese Position beordert werden«, antwortete Offizier Woltrin.

»Was sind das für Schiffs-Klassen? «, erwiderte der Admiral schnell.

»Überwiegend 250-Meter-Klasse Schiffe und einige der 400-Meter-Klasse. «

Der Admiral überlegte kurz.
»Ich weiß nicht, ob diese Flotte genug Feuerkraft besitzt, um Schiffe der Fremden aufzuhalten. Ihre Schiffs-Konstruktionen weisen einheitlich eine Größe von 500-Metern auf. Vermutlich ergibt sich dieses Format aus der gewählten Walzenform. Trotzdem werden diese Schiffe entsprechend bewaffnet sein. Leider haben wir keine

andere Wahl. Weitere Schiffe der Heimat-Flotte sind zu weit entfernt. Rufen sie die Schiffe als erste Abfang-Blockade an diese Position. «

Der angesprochene Funk-Offizier bestätigte den Befehl. »Schalten sie mir bitte vorher eine Hyperkomm-Funkverbindung zu Admiral Cartero frei. »

Die Verbindung steht«, antwortete Offizier Dantrin. Er überwachte den Funkverkehr.

»Sie können sprechen, Admiral«, ergänzte er.

Admiral Gentrin griff nach seinem visuellen Helm und setzte ihn auf. Dieser Helm synchronisierte sich mit der Hyperfunk-Verbindung und leitete visuelle Bilder auf die dunkle Brille. Ein kurzes Knistern war kurz zu hören, dann hatte sie die Verbindung stabilisiert.

»Hier spricht Admiral Cartero«, hörte Gentrin den Flotten-Admiral sprechen.

» Hier ist Admiral Gentrin, Leiter der Admiralität«, sprach er in den Helm. » Unsere Vermutung hat sich bewahrheitet, Admiral. Wir haben einen Krisenfall in Sektor 37,2 geortet, das ist eine Randzone unseres Tarn- und Sicherheits-Schirmes. Eine Flotte von 100 fremden Walzen-Raumschiffen ist aufgetaucht und hat exakt vor unserem Schirm gestoppt. Ich rechne in Kürze mit einem konzentrierten Angriff. Leider können wir nur eine

Schwadron von 60 leichten Abfang-Schiffen auf diese Koordinaten beordern. «

»Was wollen sie denn mit einer Schwadron-Abfangkreuzer, gegen 100 Schiffe der 500-Meter-Klasse unserer Feinde ausrichten? «, fragte Cartero nach. » Sie werfen den fremden Schiffen direkt ein Festmahl vor die Füße. «

»Das weiß ich selbst«, erwiderte Admiral Gentrin. »Aber andere Schiffe sind in dem Sektor nicht abrufbar. Steuern sie mit ihrer Flotten-Kohorte per Hyperraumsprung die Koordinaten an. Wir brauchen ihre schweren Zerstörer an dieser Position. Der leichte Verband der Heimat-Flotte wird die Angreifer nicht lange aufhalten können. «

Admiral Cartero verstand die Wichtigkeit der Meldung. Er verzichtete auf weitere Gespräche mit seinem Vorgesetzten.

» Befehl verstanden«, erwiderte er. » Wir drehen bei und springen, sobald die Konverter bereit sind. «

»Danke, Admiral«, sagte Gentrin erleichtert. »Wir bauen auf sie. «

Die Verbindung brach ab.

Admiral Gentrin war sichtlich unruhig.
»Setzen sie Hyperraum-Funksprüche an die restlichen 29 Flotten-Kohorten ab«, instruierte er den Leiter der

santaranischen Raumüberwachung. »Sie alle sollen mit maximaler Höchstgeschwindigkeit ins heimatliche System zurückkommen.«

Die Offiziere der Leitstelle drehten sich wieder ihren Konsolen zu.

»Ihre Befehle wurden gesendet«, erwiderte der Funk-Offizier Dantrin. »Die Anzeigen signalisieren, dass die Flotten ihre Befehle erhalten haben.«

Daraufhin drehte er sich wieder um und widmete sich seinen zahlreichen Ortungsgeräten.

Der Admiral blickte seinen Funk-Offizier an. Gedanken fluteten sein Gehirn.

»Viel zu viel Zeit habe ich in den letzten Tagen mit unsinnigen Diskussionen und dem großen Auditorium verbracht«, dachte er. »Ich darf die Schuld nicht nur dem trägen Auditorium anlasten. Die Schwerfälligkeit der Entscheidungsfindung dieses Gremiums ist ausreichend bekannt gewesen. Die Zeit hätte wesentlich besser genutzt werden können. In den letzten Tagen wurden die stark unterbesetzten Sektoren unseres Kunst-Systems intensiver von Schiffen überwacht. Dies sollte einer besseren Sicherheit eines Angriffes dienen. Leider wurde hierdurch die Schlagkraft der Flotte auseinandergerissen. Um alle Grenzgebiete absichern und verteidigen zu können, fehlen mir etliche Einheiten an Schiffen. Auch diesen Sachverhalt haben wir wieder dem großen Auditorium zu verdanken. «

Er ärgerte sich über sich selbst.

»Meine Vermutung hat sich als richtig bewahrheitet«, quälte er sich. »Die zwei fremden Schiffe, die unseren Späh-Außenposten zerstört haben, werden die Vorhut der Fremden gewesen sein. Es war stets meine Vorahnung gewesen, dass eine größere Flotte an Schiffen den Angriff auf den Tarn-Schutzschirm unseres Kunst-Systems durchführen könnte. Wie oft habe ich der Regierung dieses Szenarium offenbart. Immer wieder wurde jedoch alles von ihr heruntergespielt. Ich hätte besser im Außenbereich des Schirmes vorgelagerte Minenfelder auslegen lassen. Diese würden den fremden Schiffen bestimmt erhebliche Probleme bereiten. Hierzu war die Zeit zu kurz gewesen. « Admiral Gentrin nahm sich vor, dies bei nächster Gelegenheit nachzuholen.

Er lehnte sich in seinem schweren Sessel zurück und dachte nach.

»Für eine äußere Verminung war es jetzt zu spät«, registrierte er. »Doch was spricht gegen einen inneren Minenteppich. Vielleicht reicht die Zeit hierfür aus? «

Er richtete sich auf und suchte mit seinen Augen den Funk-Offizier.

» Ich brauche eine Leitung zu unserer Abfang- Schwadron, die wir auf die Koordinaten der Fremd-Schiffe beordert haben«, sprach er Offizier Dantrin an.

Der reagierte sofort.
»Die Verbindung hat sich stabilisiert«, bemerkte der Funk-Offizier. »Sie können sprechen. «

Der General setzte wieder seinen Kommunikations-Helm auf und wartete ab. Die Leitung baute sich auf. Auf seinem Helmvisier erschien das Bild eines jungen Santaraners.

»Hier spricht Flotten-Kommandant Voltaarren«, tönte es aus dem Helm. « Mit wem spreche ich? «

Der Admiral ließ den Kommandanten nicht aussprechen. »Hier ist die Flotten-Leitung der Admiralität«, meldete er sich. »Mein Name ist Admiral Gentrin. Hören sie mir bitte genau zu. Sie sind in der misslichen Lage, mit einer leichten Abfang-Schwadron eine Fremd-Flotte von 500-Meter-Schiffen zu beobachten, oder eventuell aufhalten zu müssen. Ich habe die schwere Flotten- Kohorte von Admiral Cartero zu ihnen beordert.

Diese Kohorte besteht aus 600 schweren 800-Meter-Zerstörern. Seine Flotte befindet sich bereits im Hyperraum-Sprung zu ihnen. Sie sollten wissen, dass in Kürze erst unsere Verstärkung eintrifft. Wir rechnen mit einem Beschuss unseres Tarn- und Schutzschirmes durch die feindliche Flotte. Ihr Ziel ist es, durch ein Strukturloch des Schutzschirmes in unser Kunst-System einzudringen und Tod und Verwüstung über unser Volk zu bringen. Noch verhalten sie sich abwartend vor dem Schirm. Sicherlich haben sie das bereits erkennen können. Ich habe folgende Frage an sie. Haben ihre Schiffe genug Nuklear-Minen an Bord? «

Kommandant Voltaarren überlegte kurz.
» Wir verfügen nur über wenige Treibminen«, antwortete er. » Der Wirkungskreis ist schlecht beeinflussbar. Aber wir haben reichlich herkömmliche Detonations-Sprengsätze an Bord, ebenso Antimaterie- und Gravitations-Bomben.«

»Die sind ebenfalls für diesen Zweck gut geeignet«, erwiderte Admiral Gentrin. »Gehe ich recht in der Annahme, dass sie alle mit funkgesteuerten Korrekturtriebwerken ausgestattet sind? «

»Das ist korrekt«, antwortete der Kommandant der Abfang-Schwadron. » Wir können ihre Position und Lage über den Hyperfunk korrigieren, ebenfalls auch die Geschosse scharfmachen oder deaktivieren. «

»Sehr gut«, antwortet der General. » Ein erster Lichtblick im dunklen Weltall. Über wie viele Sprengsätze und Bomben verfügt ihre Schwadron? «

»Einen Augenblick Admiral«, antwortete Voltaarren. »Ich lasse gerade die genaue Ladekapazität abfragen. Die synchronisierten Daten liegen jetzt vor. Wir verfügen über eine Bestückung von 500 Sprengsätzen pro Schiff. Das entspricht einer Gesamtmenge von 15.000 Sprengkörpern. «

Admiral Gentrin atmete hörbar aus.
»Das ist besser als nichts«, antwortete er. »Kommandeur Voltaarren, setzen sie diese per Transmitter-Zielpeilung aus und legen sie mehrere Minenteppiche in dem zu erwartenden Einflugs-Gebiet der Fremd-Schiffe. Falls sie es wirklich schaffen unseren Schutzschirm zu knacken und zu durchbrechen, geraten sie unverzüglich in das Minenfeld. Das ist unsere erste Überraschung für sie. Sobald die Schiffe sich in dem Minenfeld befinden, eröffnen sie mit allen Waffen- Systemen unverzüglich das Feuer auf die Schiffe. Ich hoffe sehr, dass durch die Verbindung von Sprengsätzen und den Bomben, ein Aufriss der feindlichen Schutzschirme möglich ist. Legen sie sämtliche Feld- Energie auf ihre vorderen Schilde. Haben sie meinen Befehl verstanden, Kommandant? «

»Ich habe den Befehl verstanden und werde sofort alles veranlassen«, antwortete der Schwadron Kommandant Voltaarren. » Danke für ihre Unterstützung, Admiral. «

Der Kommandant der Abfang-Schwadron beendete zeitgleich die Verbindung.
Zwei Stabsoffiziere waren zu Admiral Gentrin getreten und erwarteten neue Befehle. Er blickte sie an.

»Wir können im Moment nicht mehr machen«, bemerkte er. »Die schwere Flotten-Kohorte von Admiral Cartero ist als Verstärkung zu den Koordinaten unterwegs. Sie wird in wenigen Minuten dort eintreffen. Ich habe der Abfang-Schwadron befohlen, mehrere Minengürtel auszulegen. Falls die Walzen-Schiffe es schaffen sollten, unseren Schutzschirm zu durchbrechen, geraten sie zwangsweise in den Minenteppich. «

»Meinen sie nicht, dass sie unsere Sprengkörper orten können? «, fragte ein Stabs-Offizier. » Falls ihre Instrumente so sensibel arbeiten, wie wir es vermuten, sollte es für sie kein Problem sein. «

»Haben sie einen besseren Vorschlag? «, fragte der Admiral. » Dafür habe ich meine Stabs-Offiziere, dass ich mir solche Gedanken nicht selbst machen muss. «

Der Offizier blickte beschämt zu Boden.
» Der Minenteppich wird direkt hinter dem Schutzschirm ausgelegt«, erklärte Admiral Gentrin. » Vielleicht werden ihre sensiblen Instrumente beim Durchflug durch den Schutz-Schirm verzerren, ebenso wie ihre Instrumente, die unsere Minen hoffentlich zu spät anzeigen. «

»Die Abfang-Schwadron beginnt mit dem Ausschleusen von Minen«, teilte Ortungs-Offizier Woltrin mit.

»Ich sehe es«, antwortete Admiral Gentrin. »Gerade noch rechtzeitig. «

»Die Schiffe der Fremden setzen sich langsam in Bewegung«, ergänzte Woltrin. »Sie nehmen eine

Kreisformation ein. Achtung, ich messe starke Energiewerte an. Die fremden Schiffe lassen zusätzlich Generatoren anlaufen. Vermutlich aktivieren sie ihre Waffen.«

»Eingehender Hyperraum-Funkspruch von der Abfang-Schwadron«, meldete Offizier Dantrin. »Der Kommandeur Voltaarren lässt mitteilen, dass alle Sprengkörper in Position sind. Sie ziehen sich jetzt etwas mit ihren Schiffen zurück.«

»Bekommen wir ein schärferes Bild?«, fragte Gentrin lautstark.

»Ich schalte auf näherliegende Spähbojen um«, sagte Offizier Woltrin.

Die großen Bildschirme der Raumüberwachung aktualisierten sich.

»Funkspruch auf allen Frequenzen an die fremden Schiffe senden«, befahl der Admiral. »Sie befinden sich in der Flugverbots-Zone Santaron. Drehen sie ab, oder wir vernichten sie. Das ist unsere letzte Aufforderung. Vermeiden sie eine weitere Eskalation.«

»Der Hyperraum-Funkspruch wurde gesendet«, Admiral. »Die fremden Schiffe sollten ihn empfangen können«, antwortete Offizier Dantrin.

Nur Sekunden später erschien eine Daten-Nachricht auf den Monitoren der Raumüberwachung.

»Eingehende Daten-Nachricht«, meldete der Funk-Offizier.

»Legen sie die Nachricht auf den großen Schirm«, befahl der Admiral.

»Es dauert einige Sekunden«, erwiderte der Funk-Offizier. »Das Datenpaket muss dechiffriert werden. « Dann endlich lief die Mitteilung der Fremden über die Monitore.

»Endlich haben wir euch gefunden. Die Rache nach euch hat uns Daraner am Leben erhalten. Ihr habt unsere Königin getötet und unseren Nachwuchs vernichtet, unsere Planeten verwüstet und uns um Jahrhunderte in der Entwicklung zurückgeworfen. Jetzt aber werden wir das Gleiche mit euch machen. Sterbt ihr humanoiden Teufel. «

Die Offiziere waren sprachlos und wussten mit der Information nichts anzufangen.

Admiral Gentrin hatte es vermutet.
»Das haben wir unserem Admiral Tarin zu verdanken«, fluchte er. »Senden sie einen Hyperkomm-Funkspruch an alle Planeten. Bereiten sie sich auf den Angriff einer fremden Rasse vor. Alle orbitalen und bodengebundenen Abwehr-Türme sind zu aktivieren. Sämtliche verfügbaren

Kampf-Gleiter sollen aufsteigen und ihre Heimat-Planeten sichern.«

»Ihre Befehle wurden zugestellt«, antwortete Offizier Dantrin.

Die Stabs-Offiziere zeigten auf die großen Bildschirme. Die fremden Schiffe hatten mit dem Beschuss begonnen. Die Offiziere der Admiralität sahen, wie die 100 Walzen-Schiffe ihre Laser-Waffen auf das Tarnfeld und den dahinter liegenden Schutz-Schirm des Kunst-Systems Santaron entluden. Im Dauerfeuer prasselten die Laser-Strahlen auf den großflächigen Schirm ein. Die Offiziere der santaranischen Admiralität hatten so etwas noch nicht erlebt. Keine fremde Rasse konnte bisher ihren Tarnschirm orten, geschweige denn, den systemumspannenden Schutz-Schirm angreifen. Die Offiziere standen unter Schock.

»Die Daten übermitteln«, befahl Admiral Gentrin. »Alle Offiziere sofort an ihren Aufgabenbereich. «

Ortungs-Offizier Woltrin erwachte als erste Person aus der Starre.

»Ich messe Fluktuationen im Energiebild des Schirmes«, meldete er. »Der Beschuss intensiviert sich. Die Leistung im Beschuss-Bereich sinkt auf 90 Prozent, weiter fallend.«

» Sie wollen ein strukturelles Loch erzeugen«, erwiderte Admiral Gentrin. » Sie werden durchbrechen. Was dann passiert, kann sich jeder selbst ausmalen. «

»Sie verstärken ihr Feuer«, meldete der Ortungs-Offizier. » Ich messe einen direkten Punktbeschuss an.
Admiral Gentrin blickte auf die Panorama-Schirme. »Sie fahren weitere Waffentürme aus«, entgegnete er. »Die Daraner verstärken den Angriff auf ihr Ziel. «

Die Walzen-Schiffe der Daraner hatten weitere Waffentürme ausgefahren und aktiviert. Im Sekunden Rhythmus schlugen über 5.000 Laser-Strahlen auf eine kreisrunde Flache des Tarn-Schutzschirmes ein. Der Leiter der Admiralität erkannte das Ziel der Daraner. »Unser Tarnfeld sofort ausschalten und die freigewordene Energie in den großen Schutzschirm leiten. «

Der Offizier der technischen Überwachung wiederholte den Befehl.

»Das Tarnfeld ist deaktiviert«, sagte er. »Ich leite jetzt die freigewordene Energie in den System-Schutzschirm um. «

»Bitte die Werte des Schirms ansagen«, befahl der Admiral.

Der Offizier der technischen Überwachung nahm einige Schaltungen auf seiner Konsole vor.

»Der energetische Schutzwert ist auf 75 Prozent gefallen«, antwortete er. »Der Beschuss der fremden Schiffe erzielt erste Erfolge. Die freigegebene Energie puffert jetzt den Schirm auf. Die Energie-Fluktuation beruhigt sich. Die Werte des Schirmes steigen wieder. Die Schutz-Stabilität ist auf 83 Prozent gestiegen, weiter konstant. «

»Melden sie sofort, wenn sich etwas ändert«, antwortete der Admiral. »Trotz des Dauer-Beschusses scheint der Schutz-Schirm zu halten. «

Admiral Gentrin blickte auf die Monitore und schaute dem gezielten Beschuss der fremden Schiffe zu. Er glaubte die wütenden Schreie der Fremden zu hören, die ebenfalls bemerkt haben mussten, dass die Schutzkapazität des Schirmes wieder zugenommen hatte.

»Ich erhalte neue Daten«, teilte der Ortungs-Offizier mit. »Ich messe einen großen Strukturriss des Raum-Zeit-Gefüges. «

Der Admiral blickte ihn an.
»Das kann eigentlich nur Admiral Cartero mit seiner Flotten-Kohorte sein«, antwortete er.

»Bestätigt«, antwortete der Ortungs-Offizier. »Die IDs der Schiffe werden soeben angezeigt. «

»Eingehender Hyperraum-Funkspruch«, meldete der Funk-Offizier. » Admiral Cartero ruft uns. «

»Legen sie auf die Lautsprecher«, befahl Admiral Gentrin.

» Hier spricht Admiral Cartero, Befehlshaber der 3. Flotten-Kohorte«, tönte es aus den Lautsprechern. »Wir sind am Zielgebiet eingetroffen. Die Ereignisse überschlagen sich. Die Fremden haben mit dem Beschuss des Schutz-Schirmes begonnen. Wir werden eine Struktur-Lücke im Schirm öffnen und die Fremden außerhalb unseres Schirmes angreifen. «

»Ich habe verstanden, Admiral«, antwortete der Leiter der Admiralität. » Seien sie vorsichtig, sie sind im Moment unsere einzige Hoffnung. «

Ortungsoffizier Meltrin verdrehte seine Augen. Er und sein Team waren in einem kleinen santaranischen Kampf-Jet unterwegs, dessen Triebwerk nicht mehr korrekt arbeitete. Der Systemcheck offenbarte weitere Mängel.

»Vermutlich sind auch Teile der Elektronik in Mitleidenschaft gezogen«, bemerkte er.

»Die Lebenserhaltungs-Systeme laufen aber noch«, antwortete Kommandeur Olbtrin. »Die Heizungsmodule lassen sich jedoch nicht hochfahren. «

Es war schrecklich klamm geworden in dem Kampf-Jet. Der Atem der Crew wandelte sich direkt in einen Nebelhauch, der sich nur zögernd auflöste. Kommandeur Olbtrin lehnte sich zurück und verschränkte seine Arme fest vor seinem Brustkorb. Er versuchte sich so etwas zu wärmen. Seit mindestens vier Stunden arbeiteten in dem Kampfgleiter bis auf wenige Ausnahmen, keine technischen Zusatz-Aggregate mehr. Sie waren auf Patrouille gewesen, weit außerhalb des Schutz-Schirmes, um Sensoren und santaranische Frühwarnsysteme zu überprüfen.

Die Mission war langweilig und zeitaufwendig gewesen. Auf dem Rückflug versagten unverhofft die Geräte. Die Weltraumkälte fraß sich unaufhaltsam in den Kampfjet vor. Den letzten Schub der Antriebseinheiten hatten sie genutzt, um wieder auf ihren Heimat-Kurs zu kommen. Der Jet näherte sich dem Sektor 37,2. Hier wollte die Crew ein Strukturloch in dem Sicherheits-Schirm öffnen.

»Funktioniert die Funkanlage noch? «, fragte Olbtrin seinem Funk-Offizier Jardin.

» Ausgefallen«, lachte der angesprochene Offizier. » Die ganzen Flugmaschinen werden langsam marode. Die Admiralität sollte über eine Neubeschaffung nachdenken.«
Der Kommandeur Olbtrin blickte ihn an.

»Du kennst doch die Meinung des großen Auditoriums hierzu«, erwiderte er. »Sie werfen uns Steine zwischen die Beine. Die massive Abrüstung macht sich immer mehr bemerkbar. «

»Ich weiß nicht, warum die Admiralität diesem Wahnsinn zustimmt«, antwortete Funk-Offizier Jardin.

Der Kommandeur lachte laut auf
»Weil ihr die Hände gebunden sind«, antwortete er. » Die Regierung bestimmt die Richtung. Sie ist von dem Irrsinn besessen, dass eine militärische Abrüstung unser Volk in keine Gefahren mehr bringt. Das große Auditorium ist die Verwalterin der Schriften von Natrid. Die Mitglieder haben den vollen Einblick in die Geschichte unserer Vergangenheit. «

»Das ist so lange her«, antwortete Jardin. »Unser Volk ist nicht mehr auf einem Expansionskurs. Wir treten andere Völker nicht auf die Füße? «

»Das ist richtig«, erwiderte der Kommandeur. »Trotzdem gibt es Rassen, die uns angreifen könnten. Wir müssen verteidigungsbereit sein. Mit den maroden Gerätschaften, die uns zur Verfügung stehen, wird das nicht gelingen. Wie ist der Status unseres Jets? «

»Nur wenige Gerätschaften sind von dem Kurzschluss verschont geblieben«, antwortete der Technik-Offizier Santrin.

Seine Finger fuhren erfolglos über die Knöpfe der Konsole.

»Unser Tarnfeld-Schutz-Schirm funktioniert noch einwandfrei«, antwortete er. »Es ist an ein separates

Energie-System angeschlossen. Aber der Hyper-Sprungkonverter lädt nicht mehr. Wir sind auf unseren UL-Antrieb angewiesen. Die Waffensysteme sind ebenfalls ausgefallen. Eine Verteidigung ist im Moment nicht möglich. «

»Können sie eine Reparatur durchführen? «, fragte der Kommandeur.

»Was meinen sie, was ich die ganze Zeit mache«, antwortete Santrin verärgert. »Das ist nicht so einfach. Ich tausche gerade die verschmorten Leitungen aus. Danach wissen wir mehr. «

Der Kommandeur blickte zu seinem Funk-Offizier. »Können wir Hilfe anfordern? «, fragte er.
»Die Hyperfunk-Anlage hat ebenfalls etwas mitbekommen«, antwortete Funk-Offizier Lontrass. »Wir können nicht senden. Es ist uns nicht möglich, die Zentrale Leitstelle der Admiralität von unserer Misere zu informieren. Wir werden abwarten und weiterfliegen, in der Hoffnung, dass wir geortet und gefunden werden. «

»Die Ortungs-Instrumente funktionieren weiterhin«, bemerkte Meltrin.

Er beugte sich über seine Instrumente und schüttelte seinen Kopf. Ein schriller Ton erklang.

Der Kommandeur drehte seinen Kopf zu ihm um. »Was ist jetzt wieder? «, fragte er.

»Ich erhalte eine Menge fremde Ortungsimpulse«, meldete Meltrin unsicher.

Der Kommandeur lachte laut auf.

»Kein Grund zur Beunruhigung«, sagte er. »Es war klar, dass man uns früher oder später orten würde. «

»Ich erhalte erste Daten auf den Monitoren«, antwortete Meltrin.

Er stutzte und blickte irritiert auf seine Anzeigen.
»Es sind nicht unsere Schiffe«, flüsterte er. »Es werden fremde Schiffsformen angezeigt, die massiv den Tarn-Sicherheits-Schirm unseres Systems beschießen. Da draußen wimmelt es von Energieechos. Es sind mindestens 100 fremde Raumschiffe, die alle einer 500-Meter-Schiffsklasse zugeordnet werden. «

»Warum reagiert die Admiralität nicht? «, fragte der Kommandant.

» Das wird sie sicherlich«, antwortete sein 1. Offizier. » Vermutlich werden sie gerade Schiffe zusammenziehen, um den Sektor abzusichern. «

»Den Außen-Bildschirm einschalten«, befahl der Kommandeur.

Die Crew des defekten Kampf-Jets sah, wie die fremden Schiffe sich kreisrund formierten und mit einem Dauerbeschuss einer Fläche des Schirmes begannen. Der Einschlag der Laser-Salven auf die gleiche Stelle des Schirmes bewirkte bereits eine leichte rosafarbene Verfärbung.

»Sie wollen durchbrechen«, bemerkte der Kommandant. Er zeigte auf die Monitore.

»Die Admiralität hat das Tarnfeld abgeschaltet«, erklärte er.

» Das ist noch nie praktiziert worden«, antwortete der Ortungsoffizier irritiert. » Welchen Sinn hat das? «

»Sie werden mit der freigewordenen Energie den Schutz-Schirm verstärken«, antwortete der Kommandant. » Das ist die einzige logische Erklärung. Es scheint aber nicht viel zu bringen. Der System-Schirm weist bereits Schwachstellen auf. «

Nur mit dem UL-Antrieb und ohne verräterische Energie-Emissionen zu produzieren, driftete der defekte Kampf-Jet dem Schutzschirm entgegen.

» Wie viele Kilometer noch, bis zu dem Schutzschirm? «, fragte der Kommandeur.

Der Navigator blickte ihn an.

»Es sind noch exakt 18.500 Kilometer«, antwortete Offizier Gontrin.

»Funktioniert das Gerät noch?«, fragte Olbtrin. »Kann es uns ein Strukturloch durch den Schutz-Schirm öffnen?

» Das Gerät funktioniert einwandfrei«, antwortete der Navigator. » Wir haben es gleich geschafft. «

Kommandeur Olbtrin hatte seinen Uniformkragen hochgeschlagen und am Hals zusammengezogen. Die Temperatur in dem kleinen Kampf-Jet war wieder um weitere 2 Grad gesunken.

»Nutzen sie die Asteroiden, um Schutz zu finden«, befahl der Kommandeur. »Die fremden Schiffe dürfen uns nicht orten. Wir können uns nicht wehren. «

Der Kommandeur hatte den Satz kaum ausgesprochen, als ein gewaltiger Schlag den Kampf-Jet erschütterte. Ein fremdes Schiff der 500-Meter-Klasse hatte das Feuer auf den Jet eröffnet. Die überraschte Crew wurde in ihren Sitzen hin und her geschüttelt.

» Laser-Streifschuss eines fremden Schiffes«, meldete Ortungs-Offizier Meltrin. » Sie scheinen uns trotz unserer Tarnung orten zu können. «

»Das ist nicht möglich«, antwortete der Kommandeur. »Keine fremde Rasse kann unsere Tarnung ausheben. «

»Sie haben doch den Einschlag gespürt«, antwortete Offizier Meltrin. »Glauben sie, das war ein Zufallstreffer? Wollen sie den zweiten Treffer abwarten, um eine Bestätigung zu erhalten. «

Der Kommandeur schaute ihn ungläubig an.

»Das Schiff aktiviert zusätzliche Waffentürme und richtet sie auf uns aus«, erkannte Meltrin.

Die Monitore gaben die massiven Energiestrahlen des Schiffes wie ein Wetterleuchten wieder.

»Ein Notmanöver vorbereiten«, befahl der Kommandant. »Sofort einen Zickzackkurs einschlagen, die Geschwindigkeit in Stufen erhöhen. Wir müssen sofort von unserem Kurs abweichen. Die Fremden dürfen unser Flugziel nicht erkennen. «

Die Hände des Navigators flogen über die Tasten seiner Konsole. Hart schwenkte der Jet nach links ein. Gerade noch rechtzeitig. Die Crew sah durch die großen Scheiben der Cockpitkanzel, wie starke Laser-Strahlen vor ihnen im dunklen All vorbeihuschten. Der Navigator ließ den Jet eine 180-Grad-Drehung vollführen und in die andere Richtung driften. Erneut erhöhte er leicht die Geschwindigkeit. Die Offiziere des Kampfjets SA-50 vermuteten, dass ihre Manöver möglicherweise scheitern würden. Es war nur eine Frage der Zeit, bis sich weitere Schiffe auf einen Angriff auf den santaranischen Jet beteiligen würden.

Wieder verfehlten mehrere Lasersalven den kleinen Kampf-Jet.

» Das sieht nicht gut aus«, murmelte Meltrin.

»Gut, weiter so«, befahl Kommandeur Olbtrin. »Setzen sie einen gegenseitigen Kurs, wieder auf den Schirm zu. «

Der Navigator zog seinen Steuerhebel ganz zu sich. Der Jet vollzog eine Rolle rückwärts und scherte auf den ursprünglichen Kurs ein.

»Auf einen Einschlag vorbereiten«, warnte der Ortungs-Offizier.

Gerade noch rechtzeitig. Ein schwerer Stoß drückte die Crew tiefer in ihre Sessel. Ein Streifschuss hatte den Schutz-Schirm durchbrochen und sich an der metallischen Außenhaut des Jets vorbei gefräst.

»Schäden? «, fragte Kommandeur Olbtrin.

»Nur äußere Blessuren«, antwortete der technische Offizier. »Wir haben Glück gehabt. «
Der Navigator flog nach links aus, um wieder einen neuen Kurs einzunehmen.

In Gedanken rechnete der Ortungs-Offizier bereits in den nächsten Sekunden mit einem weiteren Einschlag. Jedoch folgte keine Salve mehr auf das kleine Schiff. Das angreifende Schiff der 500-Meter-Klasse hatte sich in eine andere Richtung gedreht. Das schrille Stakkato der angezeigten Schiffs-Impulse auf den Monitoren verdreifachte sich.

Erstaunt blickten die Offiziere des santaranischen Kampf-Jets auf die Monitore. Weitere 600 Impulse waren sichtbar geworden. Doch sie leuchteten nicht in Rot, sondern in grüner Farbe, die gleichzeitig eine befreundete Flotte signalisierte.

»Unsere Flotte ist endlich da«, freute sich Kommandeur Olbtrin. »Das wurde aber auch Zeit. «

»Die Schiffs-IDs kommen durch«, antwortete der Ortungs-Offizier. »Es ist die 3. Flotten-Kohorte von Admiral Cartero. Ein Teil der Flotte greift die fremden Schiffe seitlich an. Die anderen Schiffe formieren sich hinter den fremden Schiffen. Unsere Flotte treibt die fremden Schiffe vor den Schutz-Schirm. «

Die Besatzung des kleinen Kampf-Jets atmete sichtbar durch.

»Ein Strukturloch in dem Schirm öffnen«, befahl der Kommandeur. »Wir müssen aus der Gefechtszone. «

Der technische Offizier sendete das Bestätigungssignal. Vor dem Jet öffnete sich ein Durchgang in dem Schirm. Der Navigator beschleunigte nochmals und flog hindurch.

Hinter ihnen schloss sich der System-Schirm wieder und verbarg das Kunst-System vor den Augen der Angreifer.

»Hier spricht die Flottenführung«, meldete sich Admiral Cartero. »Wir durchbrechen gleich den Schutzschirm. Die Hälfte unserer Flotte teilt sich auf und formiert sich an den Flanken der Fremden. Die zweite Hälfte greift die Rückseite der fremden Flotte an. Mein Ziel ist es, die Fremden gegen den Schutz-Schirm zu drücken. Ich lasse unseren System-Schutzschirm etwas zurücknehmen, so dass die Schiffe der Fremden in den Minen- und Sprengkörpergürtel geraten. Wir befinden uns in der Überzahl. Berücksichtigen sie bitte, dass die fremden Schiffe über starke Schutzschirme verfügen. Ich befehle daher, einen synchronen Beschuss in Dreiergruppen vorzunehmen.

Synchronisieren sie den Beschuss mit ihren Begleitschiffen und über die KI der Flottenleitung. Halten sie sich unbedingt an meine Anweisungen. Lassen sie einen synchronisierten gezielten Dreifach-Beschuss der Fremd-Schiffe durchführen. Ich hoffe sehr stark, dass wir mit diesem Vorgehen die Schutzschirme der Fremden aufbrechen können. Bei einem erfolgreichen Abschluss, verändern sie die Position ihrer Gruppe und nehmen an neuen Koordinaten wieder das gleiche Angriffsmanöver vor. Geben sie dem Gegner keine Zeit, sich auf ihre neuen Koordinaten einzustellen. Admiral Cartero, Ende der Durchsage. «

Die Bestätigungen des Befehls kamen umgehend an das Flaggschiff zurück.

»Informieren sie die technische Abteilung der zentralen Leitstelle«, befahl er seinem Funkoffizier Utero. »Sie möchten den Schirm um 10.000 Meter zurücknehmen. «

Er blickte den Navigator an.

»Öffnen sie den Schutzschirm«, befahl er. »Wir fliegen hindurch.
«
Der Offizier nickte und verrichtete seine Aufgabe.
Die Schiffskohorte von Admiral Cartero, ein Verband von 600 Schiffen der 800-Meter-Zerstörer-Klasse und einigen 500 Meter-Schiffen, durchbrach den Schutzschirm und nahm ihre befohlenen Positionen ein. Sofort enttarnten sich die Schiffe und eröffneten das Feuer auf die überraschten Angreifer. Erst unter einem Dauer-Beschuss liegend, erkannten die fremden Angreifer, dass sie auf eine überlegene Gegenwehr gestoßen waren. Sie versuchten sofort ihre schwerfälligen Schiffe zu wenden.

Die Zerstörer von Admiral Cartero drückten bereits von der Rückseite auf die Schiffe ein. Die Flanken wurden ebenfalls massiv attackiert. Der einzige Fluchtweg für die Schiffe blieb nach vorne offen. Von den anderen Seiten hagelte bereits schweres Dauerfeuer auf die Schiffe ein. Schwerfällig versuchten die Walzenschiffe, sich in eine optimale Schussposition zu drehen.

Die massiven Laser-Lanzen der santaranischen Zerstörer hämmerten im synchronen Rhythmus auf die Schirme der Walzen-Schiffe ein. Der kontinuierliche Einschlag ließ die Schirme der Fremd- Schiffe aufblühen. Die gelbe Farbe der Schutz-Schirme der vordersten Schiffe war einem tiefen Rot gewichen. Erste Struktur-Risse waren in den Schirmfelder der vordersten Feindschiffe zu erkennen.

»Geben sie durch, das Dauerfeuer muss intensiviert werden, mit allen Waffentürme angreifen«, befahl Admiral Cartero.

Er blickte auf den großen Bildschirm seines Flagg-Schiffes. Die Schirmfelder der fremden Schiffe weichten auf. Der Befehl zeigte erste Wirkung. Weitere Geschütztürme waren ausgefahren worden und optimierten den Beschuss auf die fremden Schiffe. Die Crew auf dem Flaggschiff jubelte, als erste Schiffe der Fremden in einem Feuerwerk detonierten. Neue Kunstsonnen entstanden an den Flanken.

Auch hier zeigte der Befehl Wirkung. Im Sekunden-Rhythmus wurden auf den Monitoren weitere Abschüsse angezeigt. Die Flotte der Angreifer wurde immer weiter in die Richtung des Minen- und Sprengkörpergürtel gedrückt. Der dunkle Weltraum erhellte sich durch zahlreiche Atomsonnen, die an den unterschiedlichen Kampfzonen aufflammten. Abgesprengte Schiffsteile der Fremden drifteten durchs All. Andere Teile brannten noch und kühlten erst langsam bei ihrem Flug im kalten

Weltraum ab. Immer wieder griffen massive Strahlen-Finger von allen Seiten nach der Flotte der Eindringlinge.

Admiral Cartero erkannte, dass sein Befehl fruchtete. Er blickte auf den Bildschirm und registrierte, wie der konzentrierte Laser-Beschuss seiner Schiffe den Schirm eines weiteren daranischen Schiffes aufbrach. Die anschließenden Laser-Strahlen durchstießen die Metallhülle und ließen das fremde Schiff detonieren. Heftigste Explosionen erschütterten den Raum des santaranischen Systems.

Ein grimmiges Lächeln umspielte die Mundwinkel von Admiral Cartero.

»So ganz hilflos sind wir Santaraner nicht«, dachte er. »Die Fremden werden jetzt merken, mit wem sie sich angelegt haben.

Wieder explodierten zwei 500-Meter-Schiffe der Fremden und wurden zu lodernden Sonnen. Der Beschuss des Tarn-Schutzschirmes war zwischenzeitlich von den Fremden eingestellt worden. Sie konzentrierten ihre Waffenkraft jetzt ausschließlich auf die santaranische Abwehr-Flotte. Den Fremden war es endlich gelungen, in eine geeignete Schussposition zu kommen. Voller Wut erwiderten sie das Feuer.

»Die Formationen in Dreiergruppen sind unbedingt aufrecht zu erhalten«, befahl Admiral Cartero zu seinem Funk- Offizier zu. »Die Schirme der Fremden sind von uns nur in einem kombinierten Beschuss zu knacken. Geben sie das der Flotte durch. Hiernach müssen alle Schiffe unverzüglich einen Positionswechsel durchführen und neue Ziele anzuvisieren.«

Der Funk-Offizier Bartin bestätigte kurz den Befehl.

Der Admiral blickte bereits wieder auf den großen Schirm. Gleißendes Licht überflutete für Sekunden den Schirm. Mehr als 60 Laser-Strahlen der fremden Schiffe waren in das, neben dem Flagg-Schiff fliegenden Schwester-Schiff Percus eingeschlagen. Die Crew des Flagg-Schiffes erkannte, wie der Schutz-Schirm schlagartig kollabierte und sich auflöste.

»Sie sollen einen Positionswechsel durchführen«, sagte Admiral Cartero.

Doch bevor der Funk-Offizier die Meldung absetzen konnte, hagelten weiter Laser-Lanzen auf das ungeschützte Schiff ein. Die starken Strahlen brannten sich durch die Schiffsaußenhaut in das Innere vor. Sekunden später wurde die Metallwand rotglühend und das stolze Schwesternschiff verwandelte sich zu einer Nova. Zahlreiche kleine Metallsplitter wurden kreisrund ins All gesprengt. Die Druckwelle schüttelte das Flaggschiff des Admirals durch. Die Crew griff nach ihren Stühlen, um nicht von den Füßen gerissen zu werden. Admiral Cartero schrie lauthals auf. Seine Augenlider waren zu kleinen Schlitzen geworden. Das santaranische Schwester-Schiff war nicht mehr zu retten. Die Nova blähte sich weiter auf und verpuffte im All. Der Raum ringsum seine Flotte schien aufzureißen und alle Schiffe verschlingen zu wollen. Die Energien überluden sich.

»Ich benötige einen Statusbericht«, sagte Admiral Cartero.

»Wir haben 9 Schiffe verloren«, antwortete sein 1. Offizier. »Die Fremden verfügen noch über 69 Schiffe. «

»Den Beschuss weiter verstärken«, befahl Admiral Cartero. »Wir müssen die fremde Flotte in den Gürtel mit den Minen und Sprengkörpern drücken. «

»Alle verfügbaren Waffentürme wurden ausgefahren«, sagte der Waffen-Offizier Gontrin. »Wir kämpfen mit unserem maximalen Sperrfeuer. «

Die Fremden schienen sich auf den Beschuss eingestellt zu haben. Verstärkt verfingen sich Laser-Strahlen in den Schutz-Schirmen der santaranischen Schiffe. Ein unheilvolles Rasseln und Gestank breiteten sich nach einem Treffer auf der Brücke des Flaggschiffs aus.

»Mehrere Einschläge auf unserer Backbordseite«, meldete Offizier Farnseigs.

Der Admiral zog die Magnetgurte seines Sitzes fester. »Die Schutz-Schirme auf dieser Seite verstärken«, befahl er. »Positionswechsel um einige Klicks nach rechts.«

Er blickte wieder auf die Bildschirme. Weitere Schiffe der Fremden detonieren in gewaltigen Detonationen. Die Flotte der daranischen Schiffe reduzierte sich weiter. Die Ortungen wurden zu einem gewaltigen Leuchtfeuer. Immer mehr fremde Raumschiffe explodierten unter dem massiven Laser-Pressing der santaranischen Schiffs-Dreiergruppen. Doch auch die Flotte von Admiral Cartero blieb nicht von Treffern verschont. Zwölf beschädigte Schiffe hatten sich bereits zurückgezogen und den sichernden Schutzschirm durchquert. Sie konnten nicht mehr an dem Kampf teilnehmen. Vor dem Heimat-System der Santaraner wurde weiter heftig gekämpft. Die Flotte von Admiral Cartero hatte einige Welten vor dem Untergang bewahrt. Die Laser-Salven der santaranischen Zerstörer trommelten intensiv auf die Schutz-Schirme der Walzenschiffe ein.

Admiral Cartero wollte zu einem Sieg kommen. Er hatte sämtlichen Kampf-Jets seiner Flotte den Einsatzbefehl gegeben. Wie Hornissen flogen sie um die fremden Schiffe und schossen ihre Raketen und Bomben gezielt in die Strukturlöcher der fremden Schutz-Schirme. Dank ihrer Größe und ihrer Wendigkeit, wurden sie von den schwerfälligen Laser-Türmen der Walzen-Schiffe stets verfehlt. Innerhalb weniger Minuten wurden der Taurus weitere 19 Abschüsse von Fremd-Schiffen gemeldet. Das Flaggschiff von Admiral Cartero schaltete zusätzlich fünf fremde Raumschiffe aus. Er verfolgte das Szenario auf dem Schirm. Das war die schwerste Schlacht, die seine Flotte seit langer Zeit zu bestehen hatte. Doch er war zuversichtlich. Seine Piloten erzielten nun deutlich sichtbare Erfolge. Die Anzahl der angreifenden Schiffe nahmen immer weiter ab. Kampfunfähig geschossene Walzen-Raumer explodierten Minuten später.

Er blickte zu seinem Ortungs-Offizier.

»Vermutlich haben die Fremden eine Art von Selbst-Zerstörung initiiert«, antwortete er. » Sie wollen nicht in Gefangenschaft geraten. Lieber sterben sie den Hitzetod.«

»Die fremden Schiffe geraten jetzt in den Minen- und Sprengkörpergürtel«, erkannte der Ortungs-Offizier.

Admiral Cartero nickte und schaute auf die Schirme. Die vorderste Front der fremden Schiffe war mit einem Abwehrfeuer beschäftigt. Vermutlich übersahen sie die Minen. Die in breiter Formation fliegenden 8 Schiffe, wurden alle samt von den Minen und Sprengkörpern überrascht. Die schweren Gravitations- und Antimaterie-Bomben zerrissen die Schiffe in einer gewaltigen Explosion.

Admiral Cartero musste seinen Blick von den hellen Bildschirmen abwenden, die den Untergang der Schiffe anzeigten. Eine Gruppe von drei Schiffen der santaranischen Verteidigung, nahm ein ausgeschertes Schiff der Fremden unter Feuer. Die Crew des Flaggschiffes sah, wie die massiven Laser-Salven das Schiff schier auseinander schweißten. Der Rumpf des Schiffes wurde abgetrennt. Es brach eine atomare Glut hervor.

Gegenstände, Wasserdampf und Luft entwichen aus beiden Teilen des Schiffes. Die weiteren einschlagenden Laser-Strahlen beendeten die Qualen der Schiffskörper.

Eine Notmeldung erreichte Admiral Cartero. Vier Schiffe seiner Kohorten-Flotte waren vernichtet worden. Sie waren in einen Hinterhalt der fremden Schiffe geraten und konnten sich nicht mehr rechtzeitig zurückziehen.

Admiral Cartero schlug mit der Faust auf seine Konsole. Der Schmerz stand ihm im Gesicht.

Er musste das Leben seiner Raumfahrer opfern, um die Invasion der Fremden aufzuhalten. Das alles nur aufgrund der unsinnigen Befehle des großen Auditoriums. Früher war sein Volk die technisch führende Kraft im Universum gewesen. Das hatte das große Auditorium zunichte gemacht. Dieser Gedanke erschien ihm fast unerträglich.

Massive Laser-Salven erschütterten das Raum-Zeit-Gefüge. Die Menge der Druckwellen verursachten bebenartige Schockwellen, die durch das Kunst-System rasten. Hunderte von Schiffen setzten Waffen ein, die an den Gravitationskonstanten rüttelten.

Die Taurus hatte sich etwas zurückgezogen und beobachtete den Kampf ihrer Flotte. Dank der Überlegenheit war es gelungen, die feindliche Flotte zurückzudrängen und zu vernichten. Zahlreiche Schiffe waren zusätzlich von den Minen- und Sprengkörpern eliminiert worden.

»Wie viele fremde Schiffe zählen wir noch? «, fragte der Admiral.

»Ich orte derzeit noch 18 Schiffe«, antwortete sein Ortungs-Offizier. Diese verstärken nochmals ihren Beschuss. «

»Die Gruppenbildung auf 10 Schiffe verändern«, gab Admiral Cartero durch. » Ich bin es überdrüssig. Vernichten wir die Fremden. «

»Ihr Befehl wurde durchgegeben«, antwortete der Funk-Offizier.

Admiral Cartero und seine Crew erkannten, dass die neuen Formationen seiner Schiffe, den daranischen Kriegsschiffen den Rest gab. Die letzten Schiffe wehrten sich tapfer, doch ohne eine Chance. Ein Aufgeben kam ihnen nicht in den Sinn. Dann endlich detonierte das letzte Schiff der Daraner in einer gigantischen Feuersbrunst.

»Scannen sie nach überlebenden Lebensformen«, befahl der Admiral.

»Die Sektoren werden gescannt«, bestätigte der Ortungs-Offizier. Er blickte auf die Monitore und schüttelte den Kopf.

»Nichts, keine Lebenszeichen«, bemerkte er.

»Das habe ich vermutet«, antwortete der Admiral. »Befehl an die Flotte«, sagte er. »Die Kampfhandlungen sind beendet. Wir ziehen uns ins Heimat-System zurück. Informieren sie die Säuberungs-Kommandos. Die sollen alle Metallstücke und Trümmer der fremden Flotte analysieren und anschließend den Raum säubern. «

Lauter Beifall und Jubel war auf der Brücke der Taurus zu vernehmen.

Im Gebiet der Argoner

Es war sehr heiß auf dem Planeten Da'Risaah. Die neun Sonnen erwärmten alle 36 Planeten des kleinen Sternen-Haufens. Die Evolution hatte es gut mit der insektoiden Rasse gemeint. Auf allen Planeten herrschten die gleichen klimatischen Bedingungen. Winter- und Kaltphasen gab es nicht. Es waren perfekte Lebensbedingungen für einen Hofstaat und sein Gefolge. Die Gestalt dieser Rasse erinnerte an zu groß geratene Wespen. Der Bau ihres Hinterleibes bildete direkt hinter der Einschnürung der Taille eine breite Hüfte, die mit der üblichen schwarz-gelben Warnfärbung versehen war.

Das insektoide Volk ging aufrecht und konnte mit 1,65 Metern eine staatliche Körpergröße vorweisen. Nur die Groß-Königinnen erreichten eine Größe von 1,85 Metern. Ihnen wurde die Aufgabe zuteil, die Führung und Weiterentwicklung des imperialen Nestes zu organisieren. Auf den 36 Planeten des daranischen Volkes existierten viele unterschiedliche Nest-Staaten. Viele wurden von regionalen Königinnen verwaltet. Diese konnten mit einer Größe von 1,75 Metern gut in der Clan-Ordnung mithalten. Doch sie alle mussten sich der amtierenden Groß-Königin bedingungslos unterwerfen.

Obwohl die Wespen-Specie fliegen konnte, nutzte sie lieber ihre technischen Errungenschaften zur Fortbewegung. Einzig und allein ihr Stachel, der sich noch immer an ihrem Unterleib befand, wurde öfter zur Überwältigung, Lähmung, oder zur Eliminierung eines Angreifers verwendet. Einem Hofstaat konnten mehr als 500.000 Individuen angehören. Durch die fehlenden

Kältezonen der Planeten starben die Wespen-Völker nicht mehr ab. Daraner konnten auf eine gute Lebenszeit von 120 Jahren hoffen. Der große Nahrungsbedarf der einzelnen Hofnester zwang die Groß-Königin, viele Reservate mit lebendem Futter anzulegen.

Den Arbeiterinnen gefiel es natürlich, auf klassische Art Beute zu machen. Aber auch die Drohnen mussten versorgt werden. Die Bevölkerungsdichte stieg kontinuierlich. Langfristig würden die 36 Planeten nicht mehr ausreichen, um alle Daraner zu beherbergen. Die Pläne für die Erweiterung des Reiches lagen der Königin bereits vor.

Das Volk existierte seit den Anfängen des Universums. Doch aus diesen Tagen waren keine Daten mehr vorhanden. Die insektoide Rasse liebte bevorzugt den heißen sandigen Standort, mit nur einer kargen Vegetation. Nur einmal im Jahr, durften sie ihre Larven absetzen. Viele Daraner suchten die Feucht- und Wassergebiete der Planeten auf. Der Nachwuchs brauchte eine Zeit von 17 Monaten, um vollständig heranzureifen. Dann aber musste es so schnell gehen. Die Intalligo ermöglichte das Heranreifen der Intelligenz. Doch dieser Prozess erfolgte nicht selbstständig. Er benötigte einen Aktivator. Diesen hatte das daranische Volk auf unterschiedlichen Wasser-Planeten gefunden, in denen quallenartige Tentakelwesen lebten.

Ein Stich, mit dem langen Stachel in den Gehirn-Sack dieser Wesen reichte aus, um eine minimale Menge dieses wertvollen Aktivators zu entnehmen. Diese Substanz wurde seit Jahrtausenden dem Nachwuchs injiziert. Erst hierdurch konnten die Nachkommen dieses Volkes intelligent und geschlechtsreif werden. Trotz der langen Forschungen ihrer Wissenschaftler war es nicht gelungen, diesen Impfstoff künstlich herzustellen.

Eine Injektion musste unverzüglich nach der Entnahme erfolgen. Ein Transport per Raumschiff zu den Nachwuchs-Gebieten des Wespen-Staates war nicht möglich. Die seltene Substanz überlebte keine 5 Minuten nach der Entnahme. Die noch intelligenzlosen jungen Lebewesen der Rasse mussten mit viel Aufwand per Raumschiff zu den Wasser-Planeten der Quallen-Wesen geflogen werden. Die Königinnen wussten, dass dieser Einstich und die Entnahme der speziellen Substanz, die 80 Zentimeter großen Tentakelwesen mutieren ließen. Doch das interessierte die regionalen Königinnen nicht weiter. Es war vielmehr eine Laune der Natur, dass die Daraner diese Wesen als Handlanger für ihre Zwecke einsetzen konnten. Auf diese Weise war eine ungewollte Symbiose mit einem positiven Ausgang entstanden. Die Tentakel-Quallen-Wesen entwickelten ebenfalls Intelligenz, konnten noch weitere Mutationen optimieren und sogar später die Körperformen von unterschiedlichen Species annehmen. Doch das verboten ihnen die Daraner strengstens. Erst Jahrtausende später erkannten sie die Vorzüge dieser Mutation und ließen der Entwicklung freien Lauf.

Die Tentakel-Quallen-Wesen sollten die Rache der Daraner sein und der Untergang des humanoiden Universums. Speziell aber für eine humanoide Rasse, die vor langer Zeit das Haupt-Nest der Groß-Königin und ihrer Nachkommen ohne großes Mitleid zerstört hatte. Nur mit Mühe, Entbehrungen und großen Anstrengungen, konnte das Volk der Daraner überleben.

Lediglich den Groß-Königinnen war bekannt, dass der Grundstock des Lebens der daranischen Rasse nicht auf einer natürlichen Evolution beruhte. Eine Rasse, die sich Arthropoden nannte, hatte die wespenähnliche Species erschaffen und sie in eine Abhängigkeit mit den Tentakel-Wesen gebracht. Genau genommen waren sie Meister der Daraner. Die Neststaaten verfügten über diese Informationen nicht, da nur die Groß-Königinnen Anweisungen von den Arthropoden entgegennehmen durften. Diese erteilten den Königinnen hoheitliche Anweisungen. Die Arthropoden verlangten, dass ihre Wünsche ausgeführt wurden.

Seit Anbeginn der Geschichtsdaten-Archivierung erfolgte die Beeinflussung der Wasser-Wesen. Ein genauer Zeitrahmen konnte nicht bestimmt werden. So stand es in den Überlieferungen der Ahnen. Diese Wasser-Wesen sollten eine Waffe für die Daraner sein, die Furcht und Schrecken in das alte Universum brachten, so wollten es die Arthropoden. Die ausgewachsenen Wasserwesen sollten das Übergewicht der humanoiden Völkerstämme in der Galaxie korrigieren. Auch das stand in den überlieferten Verhaltensrichtlinien der Ahnen. Seit

Jahrtausenden wurden die Wasser-Wesen auf alle humanoiden Rassen des Universums losgelassen, in der Hoffnung, die Rasse zu vernichten, die ihnen so viel Leid bereitet hatte und um den unermesslichen Hass ihrer Herren zu befriedigen.

Mit Stolz erkannten die Daraner, dass die Tentakel-Quallen sich immer erfolgreicher engagierten. Immer größere Teile des Universums gelangten unter ihre Kontrolle. Jede nachfolgende Groß-Königin suchte nach den Verursachern der großen Beeinträchtigungen. Es waren in dem Verlauf ihrer Geschichte viele, überwiegend humanoide Rassen gewesen, die immer wieder ihr Staatengeflecht zerstört hatten. So erlebten die Da'Ranaihijrs die Vernichtung ihrer Planeten, ihrer Stämme und die Auslöschung ihrer Groß-Königinnen. Die Überlieferungen der Ahnen forderten, alle Rassen persönlich zur Rechenschaft ziehen, die ihnen in der Vergangenheit so viel Schlimmes angetan hatten.

Die amtierende Groß-Königin lehnte sich auf ihrem Thron zurück. Eine hohe Priesterin hatte ein Fest für sie organisiert. Eine Da'Zirsaak tanzte, fast wie in Ekstase auf einem Tisch. Tausende von Tänzerinnen füllten den großen Saal. Sie offenbarten der Königin den Fruchtbarkeitstanz. Zahlreiche Minister und Militärs hatten sich an den Wänden des Saales aufgestellt und lauschten der fremdartigen Musik. Die vorderste Tänzerin warf etwas in die Luft, fing es mit ihren spitzen Klauen wieder auf und zerquetschte es. Grünlicher Schleim spritzte in alle Richtungen.

Königin Da'Jijahriess lächelte beschämt. Sie hob ihren Stachel in die Luft und ließ ihn rhythmisch kreisen. Sie griff nach einem Gefäß mit dem berauschenden Inhalt. Sie nahm einen tiefen Schluck. Das Fest war ihr gewidmet. Sie musste ihren Untertanen danksagen.

Einige uniformierte Soldaten kamen in den Festsaal gelaufen. Ein General flüsterte der Königin etwas ins Ohr. Die Facetten-Augen der Groß-Königin erstarrten förmlich. Ihr Stachel peitschte mit voller Kraft zu Boden und schlug dort mehrere Male auf. Schlagartig wurde es ruhig in dem Saal. Irritiert blickten die Tänzer und Tänzerinnen zu ihr herüber.

»Aufhören«, kreischte die Groß-Königin. »Sofort aufhören. «

Die letzten Tänzer blieben wie erstarrt stehen. Einige von ihnen verloren das Gleichgewicht und fielen kopfüber zu Boden.

»Die Feier ist beendet«, entschied die Königin. »Zieht euch sofort zurück. «

Sie wartete noch, bis die Tänzerinnen und die Gaukler aus dem Raum geeilt waren. Dann blickte sie ihren General an.
»Wiederholen sie bitte, was sie mir gerade gesagt haben«, befahl sie.

»Wir haben den Funkkontakt zu unserer 134. Forschungs-Flotte verloren«, teilte der General mit.

Die Königin stand auf und spannte ihre Flügel auf. Respektvoll knieten die Untertanen nieder.

» Was bedeutet das? «, fragte die Königin und blickte den General an.

» Die Kommunikation ist überfällig«, antwortete dieser. » Wir gehen davon aus, dass die Flotte vernichtet wurde. «

»Wie ist das möglich? «, stutzte Königin Da'Jijahriess. » Der 134 Verband war unsere am besten ausgerüstete Forschungs-Flotte? «

»Sie wollte neuen Hinweisen der Worgass nachgehen«, erwiderte der General. » Scheinbar verfügten sie über Informationen, dass sich in dem Sombrero-Nebel humanoide Lebewesen angesiedelt haben. «

»Es wurde ausdrücklich vereinbart, dass Forschungsflotten nicht angreifen, sondern auf Verstärkung warten sollten «, schimpfte die Königin.

Der General trat verlegen von einem Fuß auf den anderen.

»Diese Nachricht liegt uns nicht vor «, erwiderte er. »Wir gehen davon aus, dass die 134. Flotte die Ehrungen für sich allein erwerben wollte. «

»Immer wieder die gleiche Insubordination meiner Befehle«, fluchte die Königin. » Können sie ihre Soldaten nicht zur Ordnung rufen. Wie kann so etwas immer wieder passieren. Ich bin es langsam leid. Sind sie noch in der Lage meine Soldaten zu führen? «

Der General blickte beschämt zu Boden.
» Wir bitten aufrichtig um Entschuldigung, hohe Gebieterin«, ergänzte der General. » Unsere Befehle an die Forschungs-Flotte waren eindeutig. «

Die vorgetretenen Militärs nickten im gleichen Rhythmus mit ihren wespenartigen Köpfen.

Die Königin schüttelte sich intensiv und ließ sich wieder in ihren Thron fallen.

»Wie viele Schiffe stehen uns zur freien Verfügung? «, fragte sie.

Der General dachte kurz nach.
»Wir haben 150.000 Schiffe abgestellt, die mit unserem frischen Nachwuchs zu den Wasserwelten der Quallen-Tentakler unterwegs sind. Sie werden dort unter Beobachtung von hohen Priestern der Urform unserer Sklaven den Aktivator entnehmen. Diese Prozession darf nicht gestört werden. «

»Das ist mir bewusst«, erwiderte die Königin schroff.

»Weitere 100.000 Schiffe scannen in ihrem Auftrag die Planeten neuer Sternen-Inseln nach humanoiden Lebensformen«, teilte der General mit. »Sie sind zu weit entfernt. Wir können derzeit lediglich auf eine Flotte von 2.000 Schiffen zurückgreifen, die auf neue Aufgaben wartet. Sie hat in unserem Auftrag Sternen-Systeme in unserem näheren Umfeld überprüft. «

»Was ist mit den Zerstörern unserer Heimat-Verteidigung? «, fragte die Königin. » So wie ich informiert bin, besteht diese derzeit aus 6.000 großen 500-Meter-Klasse-Schiffen. «

Der General blickte sie erschrocken an.
»Wollen sie unser Heimat-System angreifbar machen? «, erkundigte er sich. » Das kann nicht ihr Ernst sein. Die Schiffe werden benötigt, um die Außengrenzen unseres Sternen-Systems zu sichern. Das war doch ihre eigene Anweisung. Nie wieder darf eine unbekannte Rasse in unser inneres System gelangen, um die Brutstätten unserer Planeten zu vernichten. «

»Ich kenne meine eigenen Anweisungen zur Genüge«, antwortete die Königin. »Zählen sie mir bitte auf, wie oft das bisher vorgekommen ist? «

Die Militärs blickten die Königin an.

»Dank unserer Vorkehrungen kein einziges Mal«, antwortete der General. »Wir wissen aber nicht, ob unsere Flottenpräsenz andere Rasen von einer Verletzung unserer Grenze abgehalten hat. Mehrere Kämpfe an den Grenzen wurden in den Annalen der Ahnen vermerkt. «

»Das waren einige wenige Überfälle von Piraten«, antwortete die Groß-Königin. »Eine besondere Situation bedarf kluger Entscheidungen. Ich stimme ihnen zu, dass wir auf die Flotte unserer Heimat-Verteidigung nicht verzichten können. Die Verteidigung muss aufrechterhalten werden. Wir können uns keinen Fehler mehr leisten. Sicherlich dürfen wir uns aber einen Teil dieser Schiffe für eine schnelle Mission ausleihen. Ich denke über 3.000 Schiffe nach. Mit diesen Einheiten hätten wir eine Eingreif-Flotte von 5.000 Schiffen, die nach unserer verlorenen Forschungs-Flotte suchen könnte. Sehen sie eine andere Möglichkeit an weitere Schiffe zu gelangen? «

Der General dachte nach.

»Neue Schiffe werden erst in einigen Monaten fertiggestellt«, bemerkte er. »Hierauf können wir nicht zurückgreifen. Die Schiffe, die zu den Wasserwelten der Tentakel-Quallen unterwegs sind, sind randvoll mit unserem Nachwuchs besetzt. Auch hiervon ist kein einziges Schiff entbehrlich. Der Zeitpunkt ist genau ausgewählt. Allein die Symbiose des Gesangs unserer Arbeiterinnen hält die Quallenwesen gefügig und lässt sie unsere Anweisungen befolgen. Wenn wir diesen Gesang abbrechen, während der Entnahme des Aktivators, entgleiten uns die Quallenwesen und sind später für uns nicht mehr programmierbar. «

»Das Problem ist mir bekannt«, antwortete die Königin. Sie lehnte sich in ihrem Thron zurück und dachte nach.

Sie erinnerte sich an die heiligen Schriften ihrer Ahnen. »Seit vielen Jahrtausenden sind die Forscher unserer Rasse auf der Suche nach einer alternativen Aktivator-Substanz, die sie auf bewohnten Planeten und Sternen-Systemen zu finden glaubten«, erinnerte sie. »Noch niemals ist es uns gelungen, das Sekret der Tentakel-Quallen künstlich zu erzeugen. Wir betreiben einen großen Aufwand mit unseren Schiffen, um unseren Nachwuchs zu den Wasser-Planeten der Quallenwesen zu bringen. Die Schiffe konnten für andere Maßnahmen eingesetzt werden. «

»Ich verstehe sie«, antwortete der General. »Es ist ein mühsames Unterfangen. Doch wir brauchen den Aktivator für die Intelligenz unseres Nachwuchses. Die brachliegenden Gehirnzonen lassen sich bekanntlich nicht anders aktivieren. Ferner lassen sich nur so, die mutierten Worgass-Quallen unseren Befehlen gefügig machen. Die Worte während der Entnahme sind unsere Werkzeuge. Der Zeitpunkt ist einzigartig und wurde von den Alten unserer Rasse festgesetzt. «

Er blickte die Königin an.
»Sämtliche humanoiden Rassen müssen sterben«, ergänzte er.

»Seit wie vielen Jahren praktizieren wir diesen Wahnsinn? «, fragte die Königin. » Sollte dieses Ziel, die einzige Daseinsberechtigung unserer Gattung sein? «

Der General blickte sie irritiert an.
»Tod den Humanoiden, so steht es geschrieben«, antwortete er.

»Das meine ich ja«, erwiderte die Königin. »Damit lassen wir einfach keine andere Denkweise in unserer Rasse zu. Wir handeln nach den Anweisungen der Alten. Sie standen unter dem Einfluss der Arthropoden. Sollte es nicht nach dieser langen Zeit neue Möglichkeiten für unser Volk geben, als den Jahrhunderte andauernden Hass? Es gibt weit mehr für unser Volk zu tun, als die Ressourcen derart zu vergeuden. «

»Der Name Arthropoden ist uns nicht bekannt«, antwortete der General. »Was hat es hiermit auf sich? «
»Vergessen sie es«, antwortete die Königin. »Der Name ist mir so herausgerutscht. Aber ich kann ihnen versichern, dass weit mehr hinter der Anordnung unserer Ahnen steht, als sie glauben werden. «

Die Rasse der Da'Ranaihijrs waren die intelligenten Bewohner von 36 Planeten. Dank der seltsamen Sonnen-Konstellationen war die Rasse aus Flug-Insekten hervorgegangen. Heute ähnelten sie großen Wespen-Insektoiden. Durch ein spezielles Verfahren waren sie zu einer relativen Intelligenz gelangt. Hierdurch konnten sie sich zu einer überlegenen Species in diesem Sektor entwickeln. Doch das war bereits viele Jahrtausende her. Die Königin wusste nicht, wann der mutierte Wandel bei ihrer Rasse begonnen hatte. Doch sie erkannte immer stärker, dass die auf Angriff basierende Raubtier-Mentalität ihrer Species schwächer wurde. Sie fragte sich immer öfter nach den Gründen hierfür. War das von den Arthropoden geplant?

Ihre Species nannte sich selbst Da'Ranaihijrs, doch für viele andere Rassen im Universum war dieser Name schwer auszusprechen. Der Einfachheitshalber wurden sie als Daraner bezeichnet. Die Königin verabscheute diesen Namen. Doch sie erkannte im Laufe der Zeit, dass er Wirkung unter den Völkern des Universums hinterlassen hatte. Sie wusste, dass dieser Name für Angst, Schrecken und Entsetzen stand, speziell unter den jungen humanoiden Rassen in ihrem Einflussbereich. Aus den alten Schriften der Ahnen ging hervor, dass ihre Rasse früher mit den Saarek-Insektoiden Kontakte gepflegt hatte.

Dieses war eine andere insektoiden Rasse, zu der aber schon lange kein Kontakt mehr existierte. Ihr Völkerstamm hatte sich bedeutend schneller weiterentwickelt. Ihre Rasse lebte auf einem Planeten-Netzwerk, in einem geordneten Hofstaat zusammen. Die Groß-Königin wurde verehrt und geschätzt. Die Soldaten, die Drohnen, die Arbeiterinnen und auch die Arbeiter, bildeten das Geflecht und das Gefüge des Staates. Bis zu 500.000 Abkömmlinge durften in einem Haupt-Nest leben. Und es gab viele Nester auf den 36 Planeten. Sie alle wurden von Unter-Königinnen verwaltet. Reinrassige Groß-Königinnen wurden mehr als 1,85 Meter groß. Sie überblickten ihre Untertanen eindrucksvoll. Ihr Kampfanzug war speziell für sie angefertigt worden. Ihre Flügel ragten aus dem Kampfanzug zwar heraus, doch diese hatte sie eng an ihren Köper angelegt. Ebenso beeindruckend war ihr Stachel, den sie nur im Notfall nutzte. Er diente zur Abwehr von Angreifern, oder um Feinde zu betäuben, um an ihre speziellen Informationen zu gelangen.

Eigentlich hätte sie sofort aufspringen und aktiv werden müssen. Doch zuerst wollte sie die Mitteilung ihres Generals verarbeiten. Sekundenlang verharrte sie in einer Starre. Doch dann durchzogen Alarm-Signale ihr Bewusstsein und jagten sie aus dem Sessel hoch. Enttäuscht blickte sie auf die Abordnung der Militärs. Etwas Ungeheuerliches schien passiert zu sein.

» Wer hat es geschafft, unsere Flotte zu zerstören? «, wiederholte sie sich. » Das ist die beste Flotte, die wir Da'Ranaihijrs jemals vorgebracht haben. Die Abwehr-Schirme sind stark und über jeden Zweifel erhaben. «

» Wir wissen es nicht«, antwortete der General. » Es konnten nur Bruchstücke von den Hyperkomm-Funksprüchen registriert werden. Aufgrund der großen Entfernung waren sie leider zerhackt, dass wir den Inhalt nur schwer rekonstruieren konnten. Vielleicht wurde die Übermittlung auch mutwillig gestört. Wir versuchen jetzt einige Daten zu analysieren. Wir haben den ungefähren

Standort der Flotte ausgelesen. Das bedeutet, wir können das Gebiet eingrenzen, an der unsere Forschungs-Flotte materialisierte. Die Funksprüche sind verworren. Einzelne Bruchstücke weisen auf humanoide Teufel hin, andere befürchten den Untergang der Flotte und informierten über einen massiven Kampf bis zu dem letzten Schiff. «

Die Königin überlegte kurz.
»Das scheint eine große Auseinandersetzung gewesen zu sein«, bemerkte sie leidvoll. »Wir beklagen den Verlust vieler Seelen unseres Volkes. Ihnen sind wir es schuldig, nach der Ursache zu suchen. Gehe ich richtig in der Annahme, dass sie meinen Vorschlag unterstützen, mit 5.000 Schiffen auf diese Mission zu gehen? «

Der General nickte eifrig und verbeugte sich.

»Wir machen es möglich, Hoheit«, antwortete er. »Ihnen ist bewusst, wenn wir 5.000 Schiffe in eine Missions-Bereitschaft stellen, bleiben der Heimat-Verteidigung lediglich 2.000 Schiffe zur Verfügung. Ich halte das für recht wenig, falls es zu einem Zwischenfall an unseren direkten Grenzen kommen sollte. Für einen solchen Krieg wären wir dann nicht mehr vorbereitet. «

» Die Sklaven haben für uns immer diese Arbeit übernommen«, entgegnete die Königin. » Fordert eine Unterstützungs-Flotte bei ihnen an. Sie werden die Grenzen unseres Systems absichern können. «

»Die Worgass haben diese Aufgabe freiwillig nie gerne übernommen«, entgegnete der General. » Das geschieht nur, weil wir sie unserem Willen unterwerfen. Doch die Vergangenheit zeigt, dass die Worgass vielen humanoiden Rassen unterlegen sind. Der Verlust ihrer Flotte in Andromeda zeigt es deutlich und offenbart die Schwerfälligkeit der Wechselformer. «

Die Königin nickte zustimmend.

»Ich gebe ihnen Recht, General«, antwortete sie. »Dieses Thema werden wir in der Zukunft angehen. Die Worgass müssen technisch aufgewertet werden, ansonsten haben sie keine Chance gegen andere Species. Trotzdem können sie in der Zeit unserer Abwesenheit alle Grenzen absichern. «

»Wollen wir selbst einen direkten Krieg anzetteln? «, fragte der General. » Sollen wir unsere Welten einem Vernichtungsschlag von anderen Species aussetzen und möglicherweise das bisher Erreichte zerstören lassen? «

»Dazu wird es nicht kommen«, antwortete die Königin. » Unsere Waffen-Technik und speziell unsere Schutz-Schirme wurden perfekt weiterentwickelt. Es gibt nur wenige Rassen im Universum, die es mit uns aufnehmen können. «

»Warum lassen wir das Geschehene nicht ruhen und konzentrieren uns auf uns selbst«, fragte der General.

» Weil die Taten der Humanoiden noch nicht gesühnt wurden«, antwortete die Königin. » Wir haben die

190

Rassen noch nicht alle gefunden, die uns immer wieder an den Abgrund gebracht haben. Jedes Jahr aufs Neue spüre ich in den Genen die Forderungen unserer Vorfahren, ihre schmerzlichen Leiden zu sühnen. Ihnen sollte doch bekannt sein, dass eine Übertragung von Generation zu Generation erfolgt. Dieser Schmerz lässt sich erst mit der Auslöschung der schuldigen Rassen tilgen. «

Der General wollte hierauf antworten, doch die Königin unterbrach ihn.

»Genug der Widerrede«, sagte sie schroff. »Stellen sie die Flotte bereit. Wir werden die Ursache der Vernichtung suchen und beseitigen. Rufen sie den Alarmzustand für die Flotte aus und bereiten sie alles vor. Ich erwarte von ihnen in 20 Stunden die Startbereitschaft. Sie werden nichts dagegen haben, wenn ich persönlich diese Flotte leite. «

»Das ist zu gefährlich«, antwortete der General. » Ich halte das für keine gute Idee. Was ist, wenn wir in einen Hinterhalt geraten und unsere Flotte wieder vernichtet wird. Wer soll unser Imperium dann regieren? «

»Irgendeine Unter-Königin wird sich schon für den Übergang finden«, lachte Da'Jijahriess. » Danach werden sie eine neue Groß-Königin brüten. «

Die Herrscherin wurde wieder ernst.

»Niemand ist in der Lage eine Flotte von 5.000 daranischen Schiffen zu vernichten«, antwortete die Königin. » Das bekannte Universum ist von Feinden gesäubert. «

»Es können neue Rassen entstanden sein, die unsere Flotte überrascht haben«, antwortete der General.

Die Königin schüttelte ihren Kopf.
»Keine junge Rasse ist in der Lage, so einen technischen Sprung zu machen, um uns gefährlich zu werden. Sie kennen doch auch die Untersuchungs- Ergebnisse unserer Forschungs-Schiffe. Stellen sie eine Elitetruppe meiner Kampf-Drohnen zusammen. Sie sollten sich auf Außeneinsätze vorbereiten. Ich möchte wissen, wer für das Desaster verantwortlich war. «

Der General Da'Mihahriss nickte bedächtig.

»Sicher werden sie Recht haben, Hoheit«, entschied er. »Ich leite alles in die Wege. «

Er gab seinen Militärs ein Zeichen. Die Gruppe drehte sich um und eilte aus dem Festsaal. Die Königin blickte ihnen nach und lehnte sich bedächtig in ihrem Thron zurück. Es war ruhig geworden in dem Festsaal. Sie bemerkte, wie Service-Roboter in den Raum drangen und mit den Reinigungsarbeiten begannen. Die seltsam konfigurierten

Roboter suchten alles zusammen. Sie fingen an den Unrat, die Speisereste, die zersplitterten Krüge und alles das, was die Gaukler und Komödianten verloren hatten, aufzunehmen.

Die Königin stand auf und ging zu dem großen Fenster ihres Wabenturms, von dem sie über die große Stadt schauen konnte. Weit hinter dem Nest lag der Raumflughafen. Sie erkannte viele Schiffe im Landevorgang. Zahlreiche Militärkolonnen bewegten sich durch die Straßen des großen Nestes.

Die Königin verfiel in Gedanken.
»Das zentrale Vorhaben kommt ins Stocken«, dachte sie. »Die von den Arthropoden befohlene völlige Ausrottung der humanoiden Rassen im Universum ist weit vorangeschritten. Doch jetzt verläuft der Weg nicht mehr so erfolgreich, wie das bisher der Fall war.

Die Geschehnisse entwickelten sich in die falsche Richtung. «

Wieder ereilte sie das Gefühl, von der Vergangenheit erdrückt zu werden. Sie geriet in den gleichen Kreislauf, der sich kontinuierlich wiederholte. Viele Jahrtausende war die Rasse der Da'Ranaihijrs bereits auf der Suche nach den verhassten humanoiden Wesen gewesen, die seinerzeit die Ur-Königin ihres Stammes mitleidlos verbrannt und getötet, sowie beinahe ihren ganzen Hofstaat ausgerottet hatte. Beinahe wäre das Ende der insektoiden Rasse gekommen. Nur dank dem eingelagerten Genmaterial und mit Hilfe der Arthropoden konnten treue Arbeiterinnen die Existenz ihrer Rasse erneut sichern.

Seit sie zurückdenken konnte, flogen Geschwader ihrer Raumschiffe durch Raum und Zeit, um nach den Verursachern dieser vielen Katastrophen zu suchen. Doch das Universum war gewaltig. Sie hatten keine Anhaltspunkte, wohin die Flotten der humanoiden Zerstörer entschwunden waren. Die Suche nach den Verursachern dieser furchtbaren Taten lebte von Generation zu Generation in ihrem Volk weiter und diente auch dem Ziel ihrer Herren. Es war ein wichtiger Teil ihres spirituellen Lebens geworden. Dank eines Sekretes, das ihre Rasse über ihren Stachel absonderte, konnten sich die Da'Ranaihijrs im Laufe der Jahrtausende einige Völker als Sklaven machen. Diese erledigten ebenfalls viele Schmutzarbeiten für sie. Hierdurch gewannen sie Zeit, eigene Forschungen zu betreiben und die weitere Entwicklung ihrer Raumschiffe fortzuführen.

Doch jetzt waren Jahrtausende ins Land gezogen und der Hass auf die humanoiden Völker verblasste immer mehr. Der Gedanke kreiste immer durch ihr Bewusstsein, gefolgt von der Ansicht, ob diese maßvolle Weiterentwicklung ihrem Volk guttat. Sie war eine Königin der neuen Generation. Die Unter-Königinnen ihres Gefolges verwalteten die Planeten. Doch sie waren nicht sehr entscheidungsfreudig. Mit Überraschungen in ihrer Führung konnte sie nicht aufwarten. Sie hatte immer versucht, den Verbund der Planeten aufrechtzuerhalten und alle Insektoiden-Nester autonom zu verwalten.

Doch jetzt musste sie eine Entscheidung treffen. Eine Gruppe von 100 Schiffen war vernichtet worden. Das durfte nicht ungestraft bleiben. Sie stand von ihrem Thron auf, und ließ sich von ihren Dienern in ihre Gemächer führen. Sie wollte sich vorbereiten auf den Flug ins Ungewisse und auf die Übeltäter, die eine Vernichtung ihrer Flotte ermöglicht hatten.

System Argon

Fest Bakadin war eine Wissenschaftlerin von hohem Rang und Ansehen. Sie selbst betitelte sich als eine Forscherin. Ihr Interesse galt ausschließlich den vier Planeten des argonischen Systems und dem umschließenden Universum. Seit Jahrtausenden betrieb eine kleine Gruppe Argoner Beobachtungen des nahen Weltraums. Jede Entdeckung, jede Veränderung, jeder Meteorit und Komet wurde fein säuberlich in die Datenarchive eingetragen. Mit großen Überraschungen war in der Regel nicht zu rechnen. Fest Bakadin hatte mehrere wissenschaftliche Ausbildungen genossen. Sie erkannte sehr wohl, was sie mit ihren Teleskopen außerhalb der Planeten erblickte.

Es faszinierte sie immens. Fest hatte noch nie Verständnis dafür gezeigt, dass viele Kinder ihres Planeten sich ausschließlich der Zucht von Pflanzen und Gewächsen widmeten, um Medizin und Arzneien herzustellen. Sie war aus der Rolle ihrer Vorväter ausgebrochen und hatte sich eine andere Aufgabe gesucht. Die Regierung der Argoner akzeptierte dies nur widerwillig, förderte aber ihren Wunsch und machte sie zu der Leiterin der staatlichen Sternwarte und der Raumüberwachung der Planeten. Ihr Team bestand aus fünf Personen, die alle für unterschiedliche Aufgaben eingeteilt waren.

Sie blickte durch das Teleskop und erkannte eine neue Ansammlung von 250 Objekten, die scheinbar still im Raum standen. Fest Bakadin zog ihren Kopf zurück und rieb sich ihr rechtes Auge. Dann schaute sie nochmals in das Teleskop.

»Ohne Frage«, bestätigte sie ihren ersten Eindruck. »Das sind 250 neue Objekte, die mir bei der letzten Beobachtung dieses Sektors noch nicht aufgefallen waren. «

Sie blickte zu ihrem Kollegen. Garn Okabaan hatte ein Hörgerät über seinen Kopf gezogen und war vertieft in dem Abhören galaktischer Signale. Sie suchte etwas, womit sie nach ihm werfen konnte. Endlich hatte sie ein Schreibgerät gefunden. Sie warf es ihrem Kollegen in den Rücken. Erschrocken zuckte dieser zusammen. Er drehte seinen Kopf und schaute seine Chefin an.

»Was ist? «, fragte er erschrocken.

Fest Bakadin lachte laut auf.

»Stelle dein Gerät auf die Koordinate 37.2:89.6 ein«, sagte sie. »Kannst du irgendwelche Impulse empfangen? Ich habe hier eine Anzahl von 250 neuen Objekten entdeckt. «

»Es sind exakt 250 Stück? «, fragte ihr Kollege nach.

Die Chefin nickte ihm zu.
»Ich habe eine Zählung durchführen lassen«, erwiderte sie.

» Es dauert einen Augenblick«, antwortete Garn. » Ich muss die Radio-Teleskope auf die Koordinaten drehen. «

Er schaltete einige Knöpfe und wartete. Gespannt verfolgte seine Chefin seine Aktivitäten.

»Die Antennen rasten sich in der Position ein«, Bemerkte er. »Ich aktiviere die Abtaster. «

Er setzte wieder seinen Kopfhörer auf und lauschte angespannt. Schmerzhaft verzog er sein Gesicht und riss sich die Kopfhörer wieder von seinem Kopf. Er griff nach dem Gerät, welches vor ihm stand und schaltete es laut. Ein lautes Summen, unterbrochen von Dutzenden Klickgeräuschen, erfüllte den Raum.

»Das sind Energie-Differenzen«, bestätigte er. »Die Objekte müssen alle eine starke Energiestruktur aufweisen. Kann das sein? Was haben wir hier? «

»Die Objekte können nicht natürlichen Ursprungs sein«, vermutete seine Chefin.

Sie blickte wieder durch ihr Teleskop. Ein Aufschrei ging über ihre Lippen.

»Die Objekte bewegen sich von ihrer Position fort«, flüsterte sie erstaunt.

Sie blickte erneut durch ihr Teleskop.

Wieder flogen die Hände ihres Mitarbeiters über die Tastatur der Konsole.

»Das Ergebnis liegt vor«, antwortete er. »Die Objekte scheinen über einen eigenen Antrieb zu verfügen und sie bewegen sich direkt auf uns zu. Der Abstand beträgt nur noch 400.000 Kilometer. «

»Das ist eine Flotte von Raumschiffen«, kreischte Fest Bakadin. »Wir müssen sofort unsere Regierung informieren. Sie sollte alles Notwendige in die Wege leiten. Ich empfehle den sofortigen Start unserer Abfangjäger«

»Ich schalte ihnen eine Leitung zu unserer Regierung frei«, sagte Garn Okabaan schnell.

Fest schaute ihm zu, wie er eine Leitung zu dem argonischen Regierungs-Palast öffnete.

»Der Sekretär des Vize-Kanzlers ist in der Leitung«, flüsterte er. »Sie können sprechen. «

»Hier spricht das Büro des Vize-Kanzlers«, tönte es aus den Lautsprechern. » Mein Name ist Daro Makbaan. Was kann ich für sie tun? «

»Hier spricht Fest Bakadin, von der argonischen Raumüberwachung«, antwortete sie. » Wir haben 250 Raumschiffe entdeckt, die auf einem exakten Kurs zu uns sind. Geben sie Alarm für unsere Planeten. Wir rechnen mit einem Angriff von außen. Informieren sie sofort Kanzler Mitro Ganbaraan. «

Der Sekretär Makbaan lachte am anderen Ende der Leitung.

»Wir wurden noch nie angegriffen«, konterte er. »Sie haben sich getäuscht. Überlassen sie mir bitte die Entscheidung, ob der Kanzler informiert wird oder nicht. Die Regierung ist in einer wichtigen Debatte. Ich kann sie nicht stören. «

»Sie Narr«, schimpfte Fest Bakadin. » Die Schiffe sind nur noch 400.000 Kilometer entfernt. Sie kommen stetig näher. Starten sie endlich unsere Abfangjäger. Falls sie nicht unverzüglich reagieren, löse ich von hier aus Planeten-Alarm aus. Dann wird die Regierung sicherlich handeln. «

»Das verbiete ich ihnen«, erklärte der Sekretär des Vize-Kanzlers. » Diese Sicherung ist nur für Notfälle eingerichtet worden. «

»Das ist ein Notfall«, versicherte Fest Bakadin und trennte die Leitung. Sie schaute ihren Mitarbeiter an. »Das Büro des Vize-Kanzlers nimmt die Angelegenheit nicht ernst«, erklärte sie.

Sie stand auf und lief zu der rückseitigen Wand. Ein großer Knopf war unter einer transparenten Haube sichtbar. Sie schlug die Plastikhaube ab und drückte den Knopf für den Planeten-Alarm.

»Jetzt muss der Alarm noch bestätigt werden«, sagte sie.

» Das wurde noch nie gemacht«, antwortete Garn Okabaan.

» Irgendwann ist es immer das erste Mal«, entgegnete Fest Bakadin hart.

» Das wird uns unsere Stellung hier kosten«, antwortete ein anderer Mitarbeiter.

» Wird es nicht«, erwiderte Fest. » Unsere Beobachtungen sind eindeutig. In welcher Entfernung befinden sich die Objekte? «

Ihr Mitarbeiter schaute auf seine Anzeigen.

»Exakt auf 350.000 Kilometer Abstand, langsam annähernd. «

Fest nickte und stand auf.

»Unsere Beobachtungen sind korrekt«, bemerkte sie.

Sie näherte sich der zweiten Konsole. Sie war ebenfalls mit einem roten Knopf bestückt. Sie öffnete die transparente Abdeckung und schlug mit ihrer Hand auf den Knopf. Das helle Licht der Raumüberwachung änderte sich ein diffuses Rotlicht. Ein durchdringender Signalton erfüllte den Raum. Das gleiche Szenarium wiederholte sich gleichzeitig in allen wichtigen Regierungs-Abteilungen.

Reco Kuriato schaute auf den Monitor seines Flaggschiffes.

»Da sind ihre Planeten«, sagte er. »Wir haben die Argoner gefunden. «

Er lächelte seiner Crew zu.

»Sie haben sich viel zu lange vor uns verstecken können«, bemerkte er.

»Ihre Raumfahrt ist nicht ausgeprägt«, sagte ein Mitglied der Crew. »Sie haben nur wenige Spuren im Weltall hinterlassen. Daher konnten wir sie nicht finden. «

»Es ist gut, dass die anderen Piraten-Clans sie nicht vor uns entdeckt haben«, erwiderte Reco. » Vier intakte Planeten warten darauf, von uns geplündert zu werden. «

»Erst müssen wir ihre Regierung in die Knie zwingen«, mahnte der 1. Offizier. » Es waren Planeten des natradischen Imperiums. Wir wissen nicht, über welche Abwehr-Technik sie verfügen. «

»Das natradische Imperium wurde von den Rigo-Sauroiden vernichtet«, antwortete der Anführer des Clans. » Hiervon ist nichts mehr übrig. Scannen sie die Planeten. «

Der erste Offizier drehte sich ab und eilte zu den Konsolen. Seine Finger glitten im Eiltempo über die Tastatur. Er pfiff durch seine Zähne.

»Sie scheinen uns entdeckt zu haben«, sagte er. »Zahlreiche Energie-Meiler werden hochgefahren. Von allen Planeten starten Kampf-Jets. Es sind die 12-Meter-Jets, natradischer Bauart. «

»Tarin-Jets«, murmelte Reco Kuriato. » Vor ihnen müssen wir aufpassen. Sie sind flink, schwer anzuvisieren und besitzen eine gute Feuerkraft. Wie viele sind es? «

»Wir haben 800 Jets ausgemacht«, antwortete der Ortungs-Offizier.

» Wenn ihre Waffen noch aus der Zeit des natradischen Imperiums stammen, wird das unseren Schutz-Schirmen nichts ausmachen«, erwiderte der Clanführer. » Geben sie den Befehl an alle Schiffe aus. Die Schirmfeldleistung auf Maximum schalten. Wie ist der Abstand? «

»Derzeit noch 350.000 Kilometer«, antwortete der Navigator. »Sollen wir die Geschwindigkeit erhöhen? «

»Nein«, antwortete der Flottenführer. » Schauen wir einmal, was sie vorhaben. «

Das Funkgerät in der Raumüberwachung stand nicht still. Zahlreiche Nachfragen von den vier Planeten ließen die eigentliche Arbeit der Abteilung zum Erliegen kommen.

»Das Verteidigungs-Ministerium konnte die Angaben der Raumüberwachung bestätigen«, erklärte Fest. »Sie haben die Angelegenheit übernommen. «

Fest Bakadin schaltete ihre Teleskope auf die Planeten-Überwachung um. Auf allen vier Planeten entstanden Risse im Boden. Die sich seit vielen Jahrtausenden ausbreitende Natur, wurde einfach beiseite gedrückt. Schwere Abwehr-Türme schossen aus dem Boden. Die 40-Meter messenden Natrid-Stahl-Kolosse waren ausgefahren und richteten ihre schweren Zwillingsgeschütze zum Himmel. Sie justierten sich auf die Positionen der herannahenden fremden Objekte ein. Feist Bakadin hatte diese Geschütze noch nie gesehen. Sie wusste nur, dass auf jedem der argonischen Planeten exakt 112 Stück hiervon installiert waren. Spezielle Roboter-Crews kümmerten sich um die Wartung.

Sie zoomte ein Geschütz heran.
Die Crew der Raumüberwachung hielt den Atem an. »Sie sind größer als unsere Kampfgleiter«, sagte Siran Takabaan. »Die unbekannten Objekte werden sich hoffentlich hiervon einschüchtern lassen? «

»Hoffen wir das einmal«, antwortete Fest. » Wir haben es mit 250 Angreifern zu tun. Falls sie sich jeden Planeten einzeln vornehmen, sind sie in der Überzahl. Die alten Abwehr-Türme verfügen über keinen Schutz-Schirm. «

»Wir haben doch noch die Kampf-Gleiter? «, fragte Garn Okabaan.

»Ihre Waffentechnik ist ebenfalls veraltet«, erwiderte Fest. » Es sind lange keine natradischen Techniker mehr hier gewesen, um sie zu warten. «

»Wo sollten die auch herkommen? «, antwortete Siran Takabaan. » Sie haben ihre Kolonien, Verbündete und alle Planeten des ehemaligen Imperiums sich selbst überlassen. «

»Gehe nicht so streng mit ihnen ins Gericht«, erwiderte Fest Bakadin. » Es ging einzig und allein um das Überleben ihrer Rasse. Diese Geschichte kannst du in unserem Archiv nachschlagen. Wir haben Glück gehabt, dass unsere Planeten nicht entdeckt worden sind und wir mit einem halbwegs blauen Auge davonkommen konnten. Das ist das erste Mal, dass uns fremde Raumschiffe gefunden haben. Ich hoffe, sie wollen nur einen freundlichen Kontakt zu uns schließen. Beobachtet sie weiter. «

Fest wollte noch etwas sagen, als die Türe aufgerissen wurde und fünf Militärs des Verteidigungs-Ministeriums in den Raum schritten.

»Wo befinden sich unsere Kampf-Gleiter? «, fragte der anführende Admiral

»Sie sind noch 300.000 Kilometer von den feindlichen entfernt«, erwiderte Garn Okabaan.

»Sie bewegen sich recht langsam«, ergänzte Fest Bakadin. »Unsere Jäger formieren sich zu einem Sperrgürtel vor Barusch, dem ersten unserer Planeten. Sie werden in einem Abstand. von 10.000 Kilometern ihre Verteidigungs-Position einnehmen. «

Der Admiral gab die Daten unverzüglich an das Verteidigungs-Ministerium durch.

»Die feindlichen Schiffe geraten bald in den Wirkungskreis unserer Abfangjäger«, sagte er zu den Mitgliedern der Raumüberwachung. »Stellen sie mir bitte eine Leitung zu den fremden Schiffen her. «

Garn Okabaan schaltete geübt die Leitung frei.

»Sie können sprechen«, teilte er Admiral Dakabaan mit.

Dieser griff nach dem Kommunikator und hielt ihn sich an seinen Mund.

» Hier spricht Admiral Dakabaan von der argonischen Raumüberwachung«, sprach er in das Gerät. » Ich rufe die fremden Schiffe. Stoppen sie unverzüglich ihren Flug und identifizieren sie sich. Sie befinden sich im Sicherheits-Bereich des argonischen Luftraumes. «

Kurzes Knistern füllte die Leitung.

» Ich bin Reco Kuriato, der Anführer des Piraten-Verbandes, der sich ihren Planeten nähert«, hallte es aus den Lautsprechern. » Kapitulieren sie und übergeben sie uns ihre Planeten. Sie werden ab sofort dem Planeten-Verbund der Piraten zugeordnet. Wir wissen, dass sie über keine großen Abwehr-Möglichkeiten verfügen. Vermeiden sie verlustreiche Kämpfe und die Vernichtung großer Teile ihrer Planeten. Wir beanspruchen ihre Güter, ihre Rohstoffe und ihre Dienstleistungen. Kapitulieren sie und übergeben sie uns ihre Planeten. Vermeiden sie Verluste an ihrer Bevölkerung. Wir erwarten ihre unverzügliche Antwort, ansonsten greifen wir an. «

»Es wird ernst«, sagte der Admiral. » Es kommen keine Freunde zu Besuch. «

Er zog wieder seinen Kommunikator aus der Brusttasche und informierte den wartenden Verteidigungsstab.

»Ich empfehle die Bevölkerung in die Schutz-Einrichtungen zu evakuieren«, befahl er. » Aktivieren sie sämtliche Schutz-Schirme über alle wichtigen Plantagen und Gewächshäusern. Vielleicht können wir einiges hiervon retten. «

Der Admiral beendete das Gespräch. Er blickte auf die Monitore der Raumüberwachung.

Der Kommunikator des Admirals summte erneut.

Er hob das Gerät an sein Ohr und nickte.
»Ich habe verstanden«, antwortete er.

Er schaute die Crew der Raumüberwachung an.

»Der Kriegsfall ist eingetreten«, teilte er mit. »Die Piraten haben mit dem Beschuss unserer Kampfjets begonnen. Das Verteidigungs-Ministerium hat die Feuerfreigabe erteilt. «

Fest eilte zu den Bildschirmen und sah, wie die Jets von unzähligen Laser-Salven eingedeckt wurden. Bereits erste aufflammende Lichtpunkte zeigten detonierende Kampf-Gleiter an.

»Wir schicken unsere Kampf-Jets in den sicheren Tod«, erklärte sie. »Sie haben keinerlei Kampferfahrung. «

»Wir haben nichts anderes«, antwortete der Admiral. »

Senden sie Hilferufe auf allen Frequenzen. Vielleicht ist eine natradische Patrouille in der Nähe. «

Fest blickte ihn irritiert an.
» Hat das Verteidigungs-Ministerium es immer noch nicht begriffen? «, fragte sie. » Es gibt keine Natrader mehr. Das Imperium existiert nicht mehr. «

»Der Notruf wurde gesendet«, bemerkte Siran Takabaan. »Hoffen wir einmal, dass es hilft. «

Fest wandte sich wieder den Monitoren zu, auf denen die großen Abwehr-Geschütze im Sekunden-Rhythmus ihre massiven Laser-Lanzen ins All schossen. Die Crew der Raumüberwachung erkannte, wie die Abwehr-Türme das Vorrücken der Piratenschiffe zum Erliegen brachten. Die Schirme der vordersten Schiffe glühten bereits in tiefem Rot. Die nachfolgenden Laser-Schüsse durchbohrten den Schutz-Schirm von zwei Piraten- Schiffen und verwandelten sie in heiße Kunstsonnen.

»Das hat gesessen«, freute sich Fest.

» Die Piraten schleusen Bomben aus«, bemerkte der Admiral entsetzt. »

Unzählige Bomben rasen auf unseren 3. Planeten zu. «

Den Abwehr-Geschützen gelang es zwar, die größte Anzahl der anfliegenden Bomben noch im Flug unschädlich zu machen, doch einige wenige durchbrachen das Blockade-Abwehrfeuer und schlugen verheerend auf dem Boden auf. Die Explosionen rissen tiefe Krater in den Boden und vernichteten wertvolle Pflanzen, Sträucher und alte Baume, die mühevoll herangezüchtet worden waren.

Fest schlug ihre Hände gegen ihren Kopf.
»Was für ein Wahnsinn«, erkannte sie. »Beenden sie das sofort, Admiral. Alles am Boden wird vernichtet. Das halten wir nicht lange durch. «

»Ich messe eine weitere Erschütterung in der Raumstruktur«, teilte ihr Ortungs-Offizier mit. » Die Piraten erhalten vermutlich noch Verstärkung. «

***

Die Flotte von Captain Hunter materialisierte im System der Argoner.

» Ich orte eine große Anzahl von Raumschiffen«, meldete Leutnant Groß.

» Alarm für die ganze Flotte«, antwortete Captain Hunter. » Sofort enttarnen und Schutzschirme auf Maximum stellen. «

»Es handelt sich um 250 Schiffe der Piraten«, teilte der Ortungs-Offizier mit. » Unsere KI konnte die Schiffe identifizieren. Alle vier argonischen Planeten werden angegriffen. «

»Bildschirme an«, befahl Captain Hunter. »Sofort auf Echtzeitübertragung schalten. «

Die großen Monitore flammten auf und zeigten den verbissenen Kampf der argonischen Tarin-Jets. Von der Oberfläche aller Planeten zischten starke Lasersalven heran und hinderten die Piraten-Schiffe an dem weiteren Vorrücken.

»Ich glaube, wir sind gerade noch rechtzeitig gekommen«, bemerkte der 1. Offizier.

»Wir haben Schussreichweite erreicht«, teilte Sergeant Spader seinem Captain mit.

Der nickte ihm dankbar zu und suchte mit den Augen seinen ersten Offizier.

»Leutnant Graves, geben sie bitte einen Funkspruch an die Flotte durch«, befahl Captain Hunter. »Alle Schiffe sollten eine breite Angriffs-Linie bilden. Die Schilde sind auf die maximale Leistung zu stellen. Alle Waffentürme sind auszufahren. Ich möchte, dass Gruppen zu drei Schiffen gebildet werden. Diese sollen die Angriffsboote der Piraten erfassen und ausschalten. Die laufende Antriebs-Energie wird zusätzlich auf die Waffen-Leitstelle geleitet. Die Feuerfreigabe erfolgt nur auf meinen ausdrücklichen Befehl hin. «

Der erste Offizier nickte und drehte sich ab.

Captain Hunter blickte seinen Funk-Offizier an.
»Sergeant Tannreich, öffnen sie mir einen Kanal zu den Piraten«, befahl er.

»Sie können sprechen, Captain«, antwortete der Funk-Offizier. »Die Verbindung baut sich auf. «

»Hier ist die Patrouillen-Flotte des Neuen-Imperiums von Tarid und Natrid«, sprach er in den Communicator. »Captain Hunter spricht. Sie befinden sich auf dem Hoheitsgebiet unseres Imperiums. Stellen sie sofort ihren Angriff ein. Ansonsten vernichten wir sie. Diese Nachricht wird nicht wiederholt. «

»Die Piraten antworten nicht«, bemerkte Sergeant Tannreich. » Ich erhalte keine Rückmeldung. «

»Feuer auf die vordersten Schiffe konzentrieren, Dauerbeschuss aller Waffentürme«, befahl Captain Hunter.

Die Flotte der Cuuda-Schiffe hatte sich in breiter Linie formiert. Die schweren Geschütze richteten sich auf und schwenkten auf die Gegner ein. Der Boden der Brücke des Flaggschiffes vibrierte, als die Laser-Türme gleichzeitig mit ihrem^ Beschuss begannen.

Die Schutz-Schirme der kleineren Piraten-Schiffe färbten sich schlagartig tiefrot. Die nächsten Einschläge schlugen eine Bresche in die Formation der Piraten-Schiffe. Fast gleichzeitig explodierten 15 Schiffe der Angreifer, deren Schutzschirm bereits durchlässig geworden war. Sofort justierten sich die Laser-Türme der Cuuda-Schiffe auf neue Gegner. Erneut konnte Captain Hunter das gleiche Szenarium beobachten. Mehrere einschlagende Laser-Strahlen ließen die Schirme der kleineren Piraten-Schiffe zusammenbrechen. Die nachfolgenden Strahlen durchschlugen den Schiffsrumpf, schnitten Teile hiervon heraus und fraßen sich bis zum Kern der Schiffe durch. Die Reaktoren detonierten in einem Glutball. In Sekundenschnelle schmolz die Flotte der Piraten zusammen.

Das Flaggschiff von Reco Kuriato stand etwas abseits und beobachte den beginnenden Angriff der Piraten- Schiffe.

» Sie wollen es nicht anders«, bemerkte der Clanführer. »Die Argoner hätten kapitulieren können. Unsere Übernahme wäre ohne Blutvergießen abgelaufen. «

»Ihre Kampf-Jets wehren sich tapfer, doch ihre Laser sind zu schwach«, registrierte der Ortungs-Offizier Hanjati. » Sie richten nichts gegen unsere Schutz- Schirme aus. «

»Ihre bodengebundenen Abwehr-Türme greifen in den Kampf ein«, meldete der 1. Offizier. » Die vorderste Angriffs-Linie steht unter starkem Beschuss. «

»Sie sollen sich etwas zurückziehen«, schlug der Flottenführer vor. » Den ersten Bombenteppich ausschleusen. «

Der erste Offizier drehte sich ab und übermittelte der Flotte den Befehl.

Exakt 230 Bomben rasten auf den Regierungs-Planeten der Argoner zu. Viele von ihnen wurden durch die Abwehr-Türme bereits im Flug zerstört.

»Sie sind gut«, bemerkte Reco Kuriato. »Von unseren Bomben bleiben nicht viele übrig. «

»Die wenigen die durchkommen, richten einen immensen Schaden am Boden an«, sagte Murio Gandowski. »Das wird ihnen zu denken geben. «

Reco lachte laut auf.
» Es dauert nicht mehr lange«, erwiderte er. » Dann werden sie kapitulieren. «

»Ich muss ihre Freude leider trüben«, meldete der Ortungs-Offizier. »Ich habe einen Resonanzkontakt. 50 Schiffe einer 300-Meter-Klasse sind in unserem Rücken materialisiert. Die Argoner haben Verstärkung erhalten. «

»Das ist nicht möglich«, schimpfte der Anführer der Piraten. » Die Argoner haben keine großen Raumschiffe. «

»Man ruft uns«, meldete der Funk-Offizier

»Stellen sie auf die Lautsprecher«, sagte Reco Kuriato.

» Hier ist die Patrouillen-Flotte des Neuen-Imperiums von Tarid und Natrid«, klang es in reinem Natradisch aus den Lautsprechern. » Captain Hunter spricht. Sie befinden sich auf dem Hoheitsgebiet unseres Imperiums. Stellen sie sofort ihren Angriff ein. Ansonsten vernichten wir sie. Diese Nachricht wird nicht wiederholt. «

Reco Kuriato schlug mit beiden Fäusten auf die Konsole vor ihm. Funken schlugen aus der Anlage.

» Schon wieder das Neue Imperium«, fluchte er. » Was sind das für Schiffe? «

» Sie lassen sich nicht identifizieren«, antworte der Ortungs-Offizier. » Es scheinen Neukonstruktionen zu sein. Ich messe gigantische Energiewerte an. Mit ihnen ist nicht zu spaßen. «

Der Anführer der Piraten verfiel in eine Art Starre. Er verzog sein Gesicht schmerzhaft. Die Narben auf seiner linken Wange fingen an zu stechen.

»Sie eröffnen das Feuer«, meldete der Ortungs-Offizier.

Reco hob seinen Kopf und blickte auf die Monitore. Mit Schrecken erkannte er, wie bei dem ersten Beschuss der Raumschiffe des Neuen-Imperiums, bereits 15 Schiffe seines Verbandes als Verluste zu beklagen waren. Weitere Kunstsonnen entstanden im Sekunden-Rhythmus.

» Was sollen wir machen? «, sprach der 1. Offizier ihn an.
» Wir sind ihren Waffen unterlegen. Sie knacken unsere Schutzschirme wie harmlose Seifenblasen. «

Der Anführer der Piraten erwachte aus seiner Starre. » Sofortiger Rückzug zu unserem Planet Kiras«, befahl er. » Jedes Schiff ist auf sich gestellt. Hier können wir nichts mehr ausrichten. Ich befehle den Abbruch des Angriffes. Retten wir unsere Schiffe und unsere Besatzungen. «

Der Funker beeilte sich, die Nachricht durchzugeben. Nach und nach drehten die Piraten-Schiffe ab, beschleunigten und sprangen in den Hyperraum.

»Es sind 50 Schiffe einer 300-Meter-Klasse im Rücken der Piraten materialisiert«, meldete Garn Okabaan freudig.

Er war aufgesprungen und klatschte in seine Hände.

»Die Bauform ist unbekannt. Ich messe jedoch starke Energie-Emissionen. Die fremden Schiffe rufen die Piraten. «

»Legen sie auf die Lautsprecher«, befahl Admiral Dakabaan.

Fest sprang auf und lief zu Garn, der wie gebannt auf die Monitore schaute. Sie drückte einige Knöpfe und nickte dem Admiral zu.

» Wir können mithören«, sagte sie.

» Hier ist die Patrouillen-Flotte des Neuen-Imperiums von Tarid und Natrid«, tönte es aus den Lautsprechern. » Captain Hunter spricht. Sie befinden sich in dem Hoheitsgebiet unseres Imperiums. Stellen sie sofort ihren Angriff ein. Ansonsten vernichten wir sie. Diese Nachricht wird nicht wiederholt. «

»Es sind die Natrader«, freute sich Fest. » Sie kommen uns zu Hilfe. «

»Ich dachte es gibt keine Natrader mehr?«, erwiderte der Admiral.

»Das sind die Nachkommen von ihnen«, antwortete Fest. »Sie versuchen das alte Imperium der Natrader wieder zu beleben. Lesen sie keine Berichte der Regierung? Wie wir sehen, mit viel Erfolg. Sie haben erst unsere Transport-Flotte nach Morina aus den Fängen der Piraten gerettet. «
»Schalten sie die Monitore auf Weltraumsicht um«, gestikulierte der Admiral aufgeregt.

Gerade noch rechtzeitig stabilisierte sich das Bild. Die Zuschauer in der kleinen argonischen Raum-Überwachung sahen, wie 15 Schiffe der Piraten zu kleinen Kunstsonnen aufglühten. Weitere Schiffe detonierten in kurzen Abständen.

»Die Piraten haben bereits 22 Schiffe verloren«, freute sich Fest. »Sie sind orientierungslos. «

»Nicht nur orientierungslos, auch hilflos«, ergänzte der Admiral.

» Sie drehen ab und springen in den Hyperraum«, erkannte Feist Bakadin. » Die Gefahr ist vorüber. «

Jubel brach in der Zentrale der Raumüberwachung aus. Der General griff nach seinem Kommunikator.

»Ich informiere das Verteidigungs-Ministerium. Wir müssen den Besuchern danken. «

»Funkspruch an die Flotte«, befahl Captain Hunter. » Die Piraten-Schiffe drehen ab. Alle Schiffe sollen die argonischen Planeten absichern und eine enge Umlaufbahn um die Planeten einschlagen. «

»Eingehender Funkspruch vom Regierungs-Planeten der Argoner«, teilte Sergeant Tannreich mit.

»Legen sie ihn auf meine persönliche Leitung«, antwortete der Captain.

»Hier spricht Mitro Ganbaraan, Kanzler der argonischen Planeten«, tönte es aus dem Kommunikator. »Wir möchten uns für ihre Hilfe bedanken. Das war Rettung in der letzten Minute. Dürfen wir sie mit einem Festakt ehren? «

»Danke«, erwiderte der Captain. » Mein Name ist Hunter. Ich bin der Kommandeur ihrer Schutzflotte. Es freut uns, wenn wir noch rechtzeitig zur Stelle waren. Wir sind hier, um mit ihnen über einen kontinuierlichen Schutz zu sprechen. Danach nehmen wir gerne an dem Festakt teil.«

»Wir freuen uns auf ihren Besuch«, entgegnete der Kanzler. » Möchten sie mit allen ihren Schiffen landen? Vermutlich steht uns nicht genügend Landefläche zur Verfügung. Unsere Wirtschaft ist auf eine Agrarstruktur ausgerichtet. «

»Nein«, erwiderte Captain Hunter. » Wir landen nur mit meinem Flaggschiff. Die restlichen Schiffe unserer Flotte sichern ihre Planeten. «

»Landen sie auf dem großen Platz, außerhalb der Stadt«, empfahl der Kanzler »Wir werden sie und ihre Abordnung dort abholen lassen. «

»Danke«, antwortete Captain Hunter. » Wir freuen uns auf ein Kennenlernen. «

Sombrero-Galaxie

Die Flotte der Daraner zählte exakt 5.000 Walzen-Schiffe. Alle waren in der einheitlichen Größe von 500-Metern-Länge gebaut. Diese Konstruktion schien die bevorzugte Schiffsgröße der Insektoiden zu sein. Die Königin hatte ein Teil der Schiffe von der Heimat-Verteidigung abkommandiert, entgegen zahlreichen Warnungen ihrer militärischen Berater. Sie wollte die Verrichtung ihrer Forschungs-Flotte rächen. Nur noch wenige Sprünge, dann sollte ihre Flotte die letzten Koordinaten des verschollenen Forschungs-Kommandos erreicht haben. Die stattliche Flotte materialisierte im Leerraum vor dem Sombrero-Nebel.

»Haben wir Ortungen? «, fragte die Groß-Königin ihren Ortungs-Offizier Da' Sisaajhh.

» Keine«, antwortete dieser. » Kein Raumschiffs- Verkehr, keine Energie-Emissionen, rein gar nichts. Hier ist nur leerer Raum. «

»Katalogisieren sie alles«, befahl die Königin. » Wir befinden uns zum ersten Mal in dieser Region. Jedes Detail kann wichtig sein. «

Die Bestimmungen des Status quo wurden nur von ihr bestimmt. Es spielte keine Rolle, wann die Flotte an ihrem Ziel eintraf. Doch ein anderes Problem bereitete ihr weitaus mehr Sorgen. Was war mit ihrer Forschungs-Flotte passiert? Schon lange hatten sie als evolutionäres Volk keine Niederlage mehr hinnehmen müssen. Eines ihrer Hilfsvölker, es waren tentakelige Quallenwesen, liefen zu ihrer Höchstform auf. Sie hatten gelernt, die humanoiden Rassen in der Galaxie auszurotten, oder zumindest zu versklaven. Im Rahmen der heiligen Überlieferungen aller früheren Groß-Königinnen führte sie fort, was ein Teil ihrer Bestimmung war.

Sie betrachtete das Problem der verschollenen Flotte mit wachsender Sorge. Wer könnte in der Lage sein, technisch ausgereifte Schiffe ihrer Flotte zu vernichten. So sehr sie auch nachdachte, sie fand keine Antwort. Sie musste sich persönlich dieser Angelegenheit annehmen. Irgendwann würde man sie fragen, was sie getan habe, um die verschollenen Schiffe wiederzufinden. Vorläufig hatte sie nichts vorzuweisen, als die letzten Koordinaten dieser Flotte. Ihr 1. Offizier bemerkte die innere Zerrissenheit der Groß-Königin.

»Wir werden die Mörder unserer Artgenossen noch aufspüren«, versprach er. »Noch nie war unser Volk technisch so weit fortgeschritten, wie es in unserer Generation der Fall ist. «

»Noch ist es nicht bewiesen, dass unsere Forschungs-Flotte wirklich vernichtet wurde«, entgegnete die Groß-Königin. » Vielleicht haben sie nur technische Probleme.«

Ihr 1. Offizier Da'Tamsihajaas schaute sie mitleidsvoll an.

» Die Flotte hatte Anweisung, sich an jeder neuen Koordinate zu melden«, erklärte er. » Diese Meldung ist nach der letzten Koordinaten-Registrierung ausgeblieben. Sie sollten sich mit dem Gedanken vertraut machen, dass etwas Schlimmes passiert ist, hohe Herrscherin. «

Sie blickte ihn an.

»Ich will sie haben«, flüsterte sie. » Ihre Köpfe sollen zwischen unseren Händen zerplatzen. Keine Gnade für die Mörder an unserem Volk. «

»Keine Gnade«, wiederholte der 1. Offizier und wandte sich wieder den Anzeigen zu.

» Die Sprung-Generatoren sind aufgefüllt«, meldete der Navigator. » Wir können die letzten Sprünge absolvieren. « Die Königin nickte.

» Informieren sie die Flotte«, befahl sie. » Wir springen unverzüglich weiter. «

Kunst-System Santaron

Admiral Gentrin hatte seine Flotten-Kommandeure und hohe Offiziere der Admiralität zu einer Krisensitzung gebeten.

Admiral Cartero, der Chef der Gildoren und zwei weitere Flotten-Admirale wohnten der Besprechung bei. Die 7. und 9. Flotten-Kohorte hatte das heimatliche System erreicht und verstärkte die Ressourcen der Heimat-Verteidigung.

Admiral Gentrin blickte in die Runde der geladenen Gäste. Ich begrüße Admiral Roltrin und seinen Kollegen Admiral Santrin in unserer Runde. Die Admirale wurden bereits über die Ereignisse der letzten Stunden informiert.

»Wer von ihnen hat bereits einmal Kontakt zu Schiffen dieser Bauart gehabt? «, fragte der Admiral Gentrin. Ein großes Hologramm baute sich über dem langen Tisch auf.

» Die Form ihrer Schiffe erinnert an eine große Walze«, ergänzte der Leiter der Admiralität. » Die Rasse nennt sich Daraner. Obwohl ihre Schiffe schwerfällig erscheinen, verfügen sie, über weiterentwickelte Schutz-Schirme und eine gute Waffen-Phalanx. Ein Kampf Schiff gegen Schiff ist nicht möglich. Nur im synchronisierten Dauerbeschuss von mindestens drei unserer Einheiten gelingt es, die gegnerischen Schutz-Schirm der feindlichen Schiffe aufzubrechen. «

Der General machte eine kleine Pause.
»Sind uns diese Schiffe bereits einmal begegnet? «, fragte er.

Die beteiligten Offiziere der Admiralität schüttelten ihren Kopf.

»Dann bleibt nur die Erklärung übrig, die Rasse sucht Vergeltung für die Taten von Admiral Tarin«, ergänzte Admiral Gentrin.

»Warum befragen wir den Admiral nicht direkt? «, erkundigte sich Admiral Roltrin.

Der Leiter der Admiralität schaute ihn entgeistert an.
»Ihn aus der Cyro-Kammer zu holen, das würde eine massive Umstrukturierung unserer Lebens-Hemisphäre bedeuten«, antwortete er. »Sie sollten die Gesetze unserer Verfassung kennen. Glauben sie wirklich, der Admiral wird sich später wieder freiwillig in die Cyro-Kammer legen? «

Er lachte laut auf.
»Wir alle wissen, dass er die Macht an sich reißen würde«, sagte Admiral Gentrin. »Der Admiral und seine Raumsoldaten würden hier alles umkrempeln und konsequent aufrüsten. «

»Manchmal wünscht man sich eine starke Hintermannschaft«, entgegnete Admiral Santrin. »Die militärische Abrüstung ist mir schon lange ein Dorn im Auge. Sie treibt uns zwangsläufig ins Hintertreffen zu anderen Rassen. «

»Ich weiß, was sie meinen«, entgegnete Admiral Gentrin. » Aber die Zeit der großen Kriege ist für uns vorbei. Das große Auditorium ist derzeit unser kleinstes Problem. Ich rechne stark damit, dass die Fremden mit einer noch stärkeren Flotte zurückkehren werden. «

»Wann treffen die restlichen Flotten-Kohorten hier ein? «, fragte Admiral Cartero.

» Das wird frühestens in 2 bis 18 Tagen sein«, antwortete Gentrin. » Bis zu ihrer Rückkehr sind wir auf uns gestellt.«

»Rechnen sie so schnell wieder mit einem Angriff? «, fragte Commodore Fantrass.

» Was würden sie machen, wenn eine Flotte von uns in Bedrängnis geriet und einen Hilferuf sendet? «, fragte Admiral Gentrin

»Ich würde eine weitere Flotte als Verstärkung senden«, antwortete der Commodore.

» Genau das wollte ich allen Anwesenden hier verdeutlichen«, bemerkte Admiral Gentrin. » Dass diese Flotte noch nicht da ist, kann nur bedeuten, dass ihre erste Flotte weit ab von den heimatlichen Gefilden agiert hat. «

»Also bereiten wir uns auf einen weiteren Angriff vor? «, fragte Commodore Gartrin.

»Welche Gegenmaßnahmen erwägen sie«, erkundigte sich General Kartan.

» Das wollte ich sie gerade fragen? «, antwortete Admiral Gentrin. » Welche Möglichkeiten haben wir? «

»Zumindest konnten wir zwei weitere Flotten-Kohorten in Stellung bringen«, sagte Admiral Santrin. » Zwei weitere Kohorten bedeuten 1.200 zusätzliche Schiffe. Das bringt uns in jedem Fall weiter. Jetzt müsste man nur wissen, in welcher Flottenstärke die Daraner angreifen werden? «

»Das werden sie uns bestimmt vorher nicht mitteilen«, erwiderte Admiral Gentrin. » Wir sollten die Angelegenheit nicht zu leichtnehmen. Sie verfügen über technische Möglichkeiten, die unseren ebenbürtig sind. «

»So wie ich das sehe, müssen wir Zeit gewinnen, bis unsere restlichen Flotten-Kohorten eintreffen«, sagte Admiral Cartero. »Ferner sehe ich die innere Verminung unseres Kunst-Systems als eine gute Lösung an. Haben wir genug Sprengkörper zur Verfügung? «

»Daran sollte es nicht scheitern«, antwortete Admiral Gentrin. »Ich bezweifle eigentlich nur, ob unser Zeitfenster größer als zwei Tage sein wird. Ich rechne stündlich mit dem Einfall der Fremden. «

»Ich stelle mir das so vor«, sagte Admiral Cartero. »Wir platzieren die Minen direkt hinter unserem System-Schutzschirm. Falls die Fremden es schaffen sollten, den Schirm zu durchbrechen, wird das energetische Strukturloch auf die fremde Schutzschirm-Energie der Angreifer treffen. Ich vermute, dass sich die Energiefelder untereinander nicht vertragen werden. Wenn die Fremden durch das Strukturloch fliegen, wird für diesen Moment ihr Schirmfeld geschwächt werden. Wenn sie dann auf unser Minenfeld stoßen, wird das einen erheblichen Schaden an ihren Schiffen verursachen. Entsprechend sollten wir unsere Minen direkt an dem System-Schirm positionieren. Für die Fremden wird keine Zeit mehr bleiben, um zu reagieren. Die 500-Meter-Schiffe ihrer Armada sind auch nicht eben leicht zu manövrieren. Sie werden zwangsweise direkt in das Minenfeld fliegen. «

»Sie hoffen, dass unsere Minen und Sprengkörper die geschwächten Schutz-Schirme der Fremden aufreißen und hierdurch bereits eine große Anzahl ihrer Schiffe vernichten, oder zumindest beschädigen könnten? «, fragte Admiral Gentrin nach. » Das hört sich nach einem guten Plan an. So machen wir das. Ich leite alles in die Wege. «

»Einen Augenblick noch«, ergänzte Admiral Cartero. »Wie viel Zeit sparen wir, wenn wir die Bomben über einen Transmitter-Transport aussetzen, nicht wie gewohnt von Schiffen ausschleusen. Es könnten sich alle militärischen Transmitter am Boden hieran beteiligen? «

»Das würde schneller gehen«, antwortete Admiral Gentrin. »Wir brauchen einen Auslegeplan. Nicht das für unsere Schiffe kein Durchkommen mehr möglich ist. «
Er winkte seinen Adjutanten zu sich.

»Die Stabsabteilung soll einen Auslegeplan der Bomben erarbeiten, mit entsprechenden Einflugschneisen für unsere Schiffe«, befahl er. »Sie haben unsere Gespräche verfolgt. Wir müssen auch die noch eintreffenden

Flotten-Kohorten warnen. Nicht, dass diese ahnungslos in die Minenfelder fliegen. «

Der Adjutant salutierte und verließ eiligst den Saal. »Begeben sie sich zu ihren Flotten und programmieren sie einen Abfangkurs«, befahl Gentrin. »Admiral Cartero, sie bilden das Haupt-Kontingent. Sie platzieren ihre Schiffe auf der gleichen Position, an dem die Fremden schon einmal aufgetaucht sind. Admiral Roltrin, sie sichern die westliche Hälfte, Admiral Santrin die östliche Hälfte unseres Systems ab. Die Heimat-Flotte sende ich in den südlichen Bereich unseres Systems. Für sie alle stelle ich eine ausreichende Anzahl von Kampf-Jägern zur Unterstützung ab. Mehr ist nicht möglich. «

»Wir werden das schon hinbekommen«, antwortete Admiral Cartero.

Der Admiral Gentrin nickte bedächtig.
»Davon bin ich überzeugt«, antwortete er.

Er hob seinen rechten Arm und ballte seine Faust.
»Auf Santaron«, sagte er.

»Auf Santaron«, wiederholten die Anwesenden den Ruf.

Kontakt

Major Travis und Heran standen auf dem Panoramadeck der Termar 1 und blickten hinaus in den Weltraum. Nahe der Saturn-Umlaufbahn war ein massives Flotten-Aufkommen sichtbar. Immer mehr Kampf-Schiffe, Zerstörer und Angriffs-Kreuzer des Neuen-Imperiums versammelten sich.

»Wir können auf eine beachtliche Kampf-Flotte schauen«, bemerkte Heran. »Ich bin mir sicher, dass sie stark genug sein wird, um unser Vorhaben erfolgreich abzuschließen. «

Major Travis blickte ihn von der Seite an.
»Wir werden uns vortasten«, erwiderte er. »Ich kann keine Verluste an Personal und Material gebrauchen. Wir helfen gerne, aber es muss auch realisierbar sein. «

Heran lächelte ihn an.
»Selbstverständlich, mein Freund«, entgegnete er. »Ich meine hiermit, auch lantranische Schiffe sind nicht unverwundbar. Wenn diese kleine lantranische Wurzel der neuen Hilfsbereitschaft vernichtet wird, dann erfolgt wohl für lange Zeit ein Umdenken in unserer Regierung. Allein deswegen müssen wir vorsichtig sein. «

Heran und einige Lantraner hatten die Crew von Major Travis in die Bedienung des Wurmloch-Antriebes eingewiesen. Dank des von ihnen überspielten Koordinaten-Netzes war die Bedienung des neuen Antriebes relativ einfach. Die Steuerung wurde über lantranisches Zusatzgerät in der Zentrale der Termar 1 geleitet. In Verbindung mit dem Anwahl-Terminal konnte das Schiff jetzt jedes bekannte Wurmloch ansteuern. Die von den Lantranern benutzten geheimen Wurmloch-Koordinaten blieben jedoch weiterhin nur ihnen vorbehalten. Heran teilte seinem Freund mit, dass für diese Nutzung weitere besondere Maßnahmen erforderlich wären Der Major wusste zwar, dass dies eine Verlegenheitsantwort des Lantraner war, doch freute er sich über den regulären Antrieb zu verfügen.

»Welche Informationen habt ihr noch über die Daraner? «, fragte Major Travis seinen Freund.

Heran blickte ihn ernst an.
»Leider verfügen wir nur über sehr wenige Informationen«, antwortete er. »Wir wissen nicht, wer sie sind und wo sie ansässig sind. Erst durch die neuen Informationen von Noel, der die Zwischenfälle durch Admiral Tarin mit den Daranern geschildert hat, vermuten wir, dass sie in einem Sektor des Virgo-Sternenhaufens leben. Leider existieren keine exakten Koordinaten mehr über den Zwischenfall, das wäre dann auch zu einfach gewesen. Wir haben lediglich die Aufzeichnungen seines Bordbuches, indem der Angriff auf diese Rasse verzeichnet wurde.

Vielleicht erfahren wir bei den Santaranern mehr, vorausgesetzt sie geben uns einen Einblick in die alten Aufzeichnungen von Admiral Tarin und seiner Evakuierungs-Flotte. Erfahrungsgemäß verhalten sich die natradischen Nachkommen fremden Rassen gegenüber eher zurückhaltend. Ob sie eine große Hilfe sein werden, das ist fraglich. «

»Aber du hast meine Frage noch nicht vollständig beantwortet«, bohrte der Major nach.

Heran schmunzelte.
»Das liebe ich an euch Terranern«, sagte er. »Ihr lasst euch nicht von den gestellten Fragen abbringen. «

Er machte eine kleine Pause.
»Wie soll ich es erklären? «, fuhr er fort. » Es handelt sich um ein leidiges Thema unserer Geschichte. Vieles wird bei uns sehr gerne totgeschwiegen. Früher waren wir in vielen Regionen des Weltalls unterwegs und haben geforscht, um neue Erkenntnisse zu gewinnen. Wir waren zu selbstsicher geworden. Nur selten sind wir auf intelligente Rassen gestoßen, die uns etwas beibringen konnten. Damals waren unsere Forschungs-Schiffe noch nicht so ausgestattet, wie sie heute produziert werden. In der Erkenntnis, dass es keine ebenbürtigen Feinde gab, wurden wir leichtsinnig.

Eine unserer Forschungs-Flotten, ich glaube es waren 25 Schiffe, waren im Sternzeichen der Jungfrau unterwegs. Sie hatten den Auftrag bewohnbare Planeten zu katalogisieren, die in habitablen Zonen kleiner Sternen-Systeme lagen. Sie sollten für die Aussaat von humanoider DNA vorbereitet werden. Der größte Teil der Besatzungen war im Außeneinsatz, als unsere Schiffe angegriffen wurden. Unsere Notbesatzung war überfordert. Ohne Vorwarnung griffen Schiffe in einer Walzenform unsere Forschungs-Schiffe an und vernichteten sie. «

»Wie war das möglich? «, fragte Major Travis. » Waren die Schutz-Schirme nicht aktiv? «

Heran nickte.
»Wir fühlten uns zu der damaligen Zeit zu sicher«, erwiderte er. »Die Notbesetzungen hatten sich auf den Funkkontakt zu den Außenteams konzentriert, oder waren mit dem Transmitter-Transport von Gerätschaften beschäftigt. Leichtsinnigerweise wurden die Ortungsgeräte und die Frühwarnsysteme ebenso wie die Schutzschirme der Schiffe nicht aktiviert. Das war die schlimmste Niederlage in unserer Geschichte. Es erfolgte nicht die geringste Gegenwehr unsererseits. Ab diesem Zeitpunkt wurden die Sicherheitsbestimmungen für unsere Schiffe massiv geändert.

Wenn du willst, haben wir noch eine Rechnung mit ihnen offen. Nur drei unserer Schiffe wurden nicht vollständig vernichtet. Die Bord-Aufzeichnungen konnten später ausgewertet und analysiert werden. Wir registrierten die angreifenden Schiffe, als eine unbekannte Walzenform. Unsere hohe Empore verbot uns im Anschluss eine Straf-Expedition. Als Argumente gab sie an, dass unser Volk nicht in einen galaktischen Krieg verzettelt werden sollte. Wenn du so willst, hat unsere Regierung gekniffen. Die Schuldigen wurden nie bestraft und zur Rechenschaft gezogen. Vielleicht hätte sich die Mentalität der Daraner durch eine Niederlage geändert. So konnten sie ihren Trieb weiter ausleben. Keiner hat sie bisher in die Schranken gewiesen. «

»Eine schlimme Geschichte«, erkannte Major Travis. »Solche Völker passen nicht mehr in die heutige Zeit eines friedvollen Zusammenlebens. Wie tief ist der Hass in dir und deinem Volk noch verankert? «

Heran blickte bedrückt auf den Boden. Seine Stimme klang kalt, als er antwortete.

»Das ist eine lange Zeit her«, erwiderte er. »Doch der Name dieses Volkes ist für alle Zeit in unseren Archiven als aggressive Rasse hinterlegt. «

»Falls wir die Möglichkeit haben, sollten wir ein Schiff von ihnen aufbringen und versuchen den Kommandanten zu verhören«, schlug Major Travis vor. » Nur so können wir mehr über ihre Species, über ihre Ziele und ihr Denken erfahren. Aber sicherlich wird das wieder neue Probleme verursachen. «

»Das ist durchaus möglich«, antwortete Heran. » Aber wir befinden uns in der Position der Verteidiger und helfen einer humanoiden Rasse. Sie werden unser Eingreifen als Unterstützung für eine befreundete Rasse interpretieren. Vielleicht hält sie das von weiteren Angriffen auf das Kunst-System Santaron ab. «

»Falls die Daraner mit den Worgass kollabieren, ist es durchaus möglich, dass ihre Waffentechnik unserer unterlegen ist«, ergänzte Major Travis. »Nach unserer Vorstellung macht es keinen Sinn, Freunde und Verbündete mit einfacheren Waffen auszustatten und sie dann als Kanonenfutter zu verheizen. «

»Wir können es drehen, wie wir es wollen«, erwiderte Heran. »Die Denkweise der Fremden wird uns fremd bleiben. Es kann auch sein, dass sie bewusst einen Abstand zu ihren Verbündeten halten möchten. In mir festigt sich immer mehr der Gedanke, dass es sich bei den Daranern um keine humanoide Rasse handelt. «

»Wie ist die Kaperung eines Walzen-Schiffes möglich? «, fragte Major Travis. » Unsere Erfahrungen mit den Rigo-Sauroiden zeigen uns, dass viele dieser Fremd-Rassen gerne einen Suizid begehen, beziehungsweise die Selbstzerstörung ihrer Schiffe in aussichtslosen Situationen vorziehen. «

»Wir haben starke Paralyse-Waffen an Bord«, antwortete Heran. » Wenn wir es schaffen sollten, den Schutz-Schirm ihrer Schiffe zum Kollabieren zu bringen, dann können wir im Anschluss die Paralyse-Waffen einsetzen, um die Besatzungen auszuschalten. Wir hätten dann genügend Zeit, um die Offiziere und die Mannschaft in Fesselfelder zu nehmen, um sie an weiteren Aktionen zu hindern. Vielleicht kann uns auch unser Freund Heinze hilfreich zur Seite stehen. Ich hoffe sehr, dass er die Gedanken der Daraner lesen und uns auf diesem Wege nützliche

Informationen mitteilen kann. Heinze sollte in jedem Fall an dieser Mission teilnehmen. «

»Er wird dabei sein«, bestätigte Major Travis. »Er ist ein Mitglied der Termar 1. Sind die Paralyse-Waffen bei jeder Rasse einsetzbar? «

Heran schmunzelte.
»Bisher haben sie noch bei keiner Rasse versagt«, antwortete er. »Sie werden einwandfrei funktionieren. «
Die beiden Freunde schauten wieder aus dem Fenster, der sich sammelnden Flottenverbände zu. Ein Geräusch in ihrem Rücken holte sie aus ihren Gedanken. General Poison war zu ihnen getreten.

»Es ist ein imponierender Anblick«, bemerkte er. »Eine stolze Flotte guter Raumschiffe. «

Der Major nickte bedächtig.
»Vor wenigen Jahren hätten wir das noch nicht für möglich gehalten«, sagte er. »Wie schnell die Zukunft uns eingeholt hat. «

»Ich wollte sie informieren, dass die Einsatzflotte jetzt komplett ist und auf ihren Befehl wartet«, ergänzte der General. »Stellen sie einen Kontakt zu den Santaraner her und helfen sie ihnen. «

»Auf gehts «, drängte der General. »Begeben sie sich zu ihren Schiffen. Die Crews warten auf ihren Einsatzbefehl. «

Major Travis salutierte vorschriftsmäßig.

Heran gab dem General die Hand.
»Danke für ihr Entgegenkommen«, sagte er. »Sie haben etwas bei uns gut. «

»Nicht doch«, erwiderte der General. »Diese Mission ist auch in unserem Interesse. Bleiben sie uns weiterhin als Freund erhalten, mehr wollen wir nicht. Geht jetzt und lasst eure Leute nicht länger warten. «

Major Travis und Heran eilten von dem Panoramadeck zu den Transmitter-Abteilungen. Jeder von ihnen begab sich auf ein wartendes Schiff. Der General schaute ihnen sorgenvoll hinterher.

Als der Major die Brücke der Termar 1 betrat, wartete die Crew bereits ungeduldig auf ihn. Commander Brenzby hatte den großen Bildschirm angeschaltet und auf die wartende große Flotte ausgerichtet. Barenseigs, Sirin und Heinze standen am CIC und betrachteten die Flotte.

Der Blick des Majors fiel auf Sirin, die ihm verführerisch zuzwinkerte. Er wusste, dass sie in letzter Zeit zu kurz gekommen war. Die Ereignisse hatten sich förmlich überschlagen. Trotzdem hatte sie ihn auf allen seinen Missionen, ohne zu murren begleitet. Er nahm sich vor, nach Abschluss dieser Mission mit Sirin einige Tage Urlaub zu machen. Er wollte sich unter allen Umständen mehr Zeit für sie nehmen.

Major Travis ging zu seinem Kommando-Sessel und stellte sich davor.

»Kann ich einen Statusbericht erhalten? «, fragte er.

»Alle Schiffe sind bereit«, antwortete Commander Brenzby. »Wir warten auf ihren Befehl. «

»Sehr gut«, erwiderte der Major. »Öffnen sie mir bitte eine Leitung zu Heran. «

Die Hände von Funk-Offizier Farmer flogen über die Kommunikations-Konsole. Schnell hatte er die Verbindung hergestellt.

»Sie können sprechen, Herr Major«, erwiderte er. »Die Leitung ist offen. «

»Hier spricht Major Travis«, sprach er in sein Mikrofon. »Heran hörst du mich? «

»Hier ist Heran«, antwortete der Lantraner. »Ich höre dich klar und deutlich. «

»Öffne uns ein Wurmloch einige Klicks vor dem Kunst-System der Gildoren«, sagte der Major. »Ich möchte erst einmal die Lage sondieren. «

»Das hatte ich sowieso vor«, antwortete Heran. »Wir sind noch nie, ohne eine vorherige Prüfung in ein unsicheres System gesprungen. «

»Wie soll der Sprung ablaufen? «, erkundigte sich der Major. »Aufgrund der Menge von Schiffen werde ich fünf lantranische Commander instruieren, entsprechende Wurmlöcher zu öffnen. Ihre Schiffe halten das Portal so lange offen, bis alle eure Schiffe durch sind. Dann folgen sie uns. Alle anderen lantranischen Schiffe werden als Vorhut durch das Tor fliegen. Folgt ihnen in einem kurzen Abstand. Wir bilden fünf Gruppen zu je 200 Schiffen. Ich halte diese Vorgehensweise als die beste Lösung. Wenn wir auf der anderen Seite in Wartestellung gegangen sind, setzt du bitte auf mein Schiff über. Dafür kannst du den Transmitter verwenden. Unsere beiden Schiffs-Transporter koppeln sich automatisch. Wir nehmen mein Schiff, um die Lage zu sondieren. Die Signatur eines Evolutions-Schiffes ist für fremde Rassen nicht zu orten. «

»So machen wir das«, bestätigte der Major. »Ich informiere meine Flotte. Wir treffen uns auf der Rückseite des Wurmloches. Gutes Gelingen. «

»Euch auch«, antwortete Heran.
Die Leitung erstarb.

Major Travis blickte Sergeant Farmer an.
»Leutnant Farmer, öffnen sie mir bitte den Flottenfunk«.

Der Funkoffizier nickte.
»Sprechen sie Herr Major«, erwiderte er. »Die Leitung steht. «

»Hier spricht Major Travis, Flottenleitung der Santaraner-Mission«, sprach er in seinen Communicator. »Hören sie mir bitte alle genau zu. Es ist wichtig, dass jedes Schiff sich an meine Anweisungen hält. Wir stehen vor einer gefährlichen Mission. Endlich ist es uns möglich, einen Kontakt zu den Nachkommen der evakuierten Natradern herzustellen. Dieses Volk war lange vor uns in dem Sol-System beheimatet. Ihnen haben wir es zu verdanken, dass es uns möglich war, schneller als es unsere Evolution erlaubt hätte, in den Weltraum vorzustoßen. Sie alle kennen zum größten Teil die spannende Geschichte dieses Volkes. Sie kennen den Grund ihrer Evakuierung aufgrund des großen galaktischen Krieges gegen die Rigo-Sauroiden, welches das Volk der Natrader an den Abgrund ihres Daseins geführt hatte.

Ihre Entscheidung, für die wenigen Überlebenden ihres Volkes einen neuen Lebensraum zu suchen, ist für uns nachvollziehbar. Sie sind aus unserem Sichtfeld verschwunden und haben weit entfernt, in der Nähe des Sombrero-Nebels, eine neue Heimat gefunden. Unser Freund Barenseigs konnte nur schweren Herzens diese Informationen an uns weitergeben. Es war ihm streng verboten, diese Informationen preiszugeben. Sein Vertrauen in unsere Kultur hat ihn jedoch umdenken lassen. Er als direkter Nachkomme der ehemaligen Natrader, musste die technische Entwicklung der Barbaren von der dritten Welt des Sol-Systems respektvoll anerkennen. Wir werden sein Vertrauen nicht missbrauchen und ihn vor seiner Admiralität in Schutz nehmen. Unser Freund Heran, Angehöriger einer der ersten Völker in der Milchstraße, unterstützt uns bei dem Versuch den ersten Kontakt mit den ehemaligen Natradern, die sich heute Santaraner nennen, aufzunehmen.

Die technischen Möglichkeiten seiner Rasse lassen unsere verblassen. Die Regierung seines Volkes hat uns informiert, dass die Santaraner von einem fremden Volk attackiert werden, denen sie möglicherweise unterlegen sein werden. Unsere einmalige Flotte von Groß-Kampfschiffen soll unterstützend eingreifen. Wir wissen derzeit nicht, ob die Santaraner, die sich vor fremden Rassen abgeschottet haben, unsere Hilfe annehmen werden. Wir werden uns in vorsichtigen Verhandlungen annähern, um die Mentalität dieser Rasse kennenzulernen und um möglicherweise erste Kontakte einer neuen Beziehung zu schließen. Ich erwarte von ihnen die absolute Einhaltung meiner Befehle und keine Einzelaktionen. «

Major Travis holte kurz Luft.
»Unsere lantranischen Freunde werden uns gleich fünf Wurmlöcher öffnen«, ergänzte er. »Bilden sie mit ihren Schiffen fünf Gruppen zu je 200 Schiffen. Fliegen sie in kurzen Abständen durch das Portal. Die lantranischen Lotsen werden die Wurmlöcher entsprechend lange geöffnet halten. Auf der Rückseite sammeln wir uns und gehen in den Standby-Modus. Wir werden die letzte Etappe unseres Fluges erst sondieren, bevor wir an unser Ziel springen. Viel Erfolg für uns alle. Senden sie mir ihre Bestätigungen. «

Major Travis beendete die Verbindung und legte den Communicator in die Halterung seines Sitzes zurück.

Er nickte Commander Brenzby zu.
»Geben sie Heran das Signal«, befahl er. »Wir sind bereit.«

Der Commander nickte und drückte einen Knopf an der Steuerkonsole.

Die Crew sah, wie sich fünf lantranische Schiffe in Bewegung setzten und vor der Flotte die benötigten Wurmlöcher öffneten. Grelles Licht überflutete den großen Bildschirm der Termar 1. Die Flotte hatte sich bereits in entsprechende Gruppen aufgeteilt.

»Starten wir die Antriebe«, befahl Major Travis. »Bringen sie uns durch, Sergeant Hausmann. «

Der nickte dem Major kurz zu und schob den Beschleunigungshebel leicht nach vorne. Die Termar 1 folgte den lantranischen Schiffen in das Wurmloch.

Sombrero-Nebel

Auf den Planeten des santaranischen Kunst-Systems war hektisches Treiben festzustellen. Unzählige Transport-Gleiter luden an den Transmitter-Stellen Container mit Minen ab. Lade-Roboter nahmen sie auf und fuhren sie in die Transmitter-Stationen. Die zentrale Hypertronic-KI des Regierungs-Planeten lag tief im Boden unter der Hauptstadt Santarr. Sie synchronisierte das exakte Positionieren der vielen Mienen ohne Aufwand. Die Admiralität hatte den Alarmzustand für alle Planeten angeordnet.

Unzählige, bisher fast nie aktivierte Energie-Zusatzmeiler, waren hochgefahren worden. Diese Energie sollte die Leistung des System-Schutzschirmes weiter verstärken. Das sichernde, systemumspannende Tarnfeld, war wieder aktiv. Auf allen 13 Planeten des santaranischen Systems waren die schweren Abwehr-Türme ausgefahren worden. Ihre massiven Laser-Geschütze richteten sich auf den Himmel aus.

In dem Palast der Admiralität der Gildoren herrschte Hochbetrieb. Sämtliche hochrangigen Militärs hatten den Einsatzbefehl bekommen und versahen ihre Aufgaben. Nichts mehr wurde dem Zufall überlassen. Auf den blauen Laser-Straßen schleppten Roboter und Soldaten Versorgungskisten heran. Krisenräume waren eingerichtet worden. Das unter Hausarrest befohlene große Auditorium konnte die Aktivitäten auf extra eingerichteten Bildschirmen verfolgen. Die außer Funktion gesetzte Regierung, sah die Maßnahmen der Admiralität als übertrieben an. Jedoch fehlte ihr derzeit die Regierungsgewalt. Der von Admiral Gentrin einberufene Kriegszustand setzte die Befehlskraft der Regierung außer Kraft.

Der Admiral stand in der zentralen Leitstelle der Raumüberwachung. Zahlreiche Monitore zeigten die Aktivitäten auf den unterschiedlichen Planeten an. Der Blick des Admirals richtete sich auf die anderen Schirme, die den Außenbereich des Systems anzeigten. Noch waren keine fremden Schiffe zu sehen.

An der Position des letzten Kontaktes mit den Daranern, war Admiral Cartero mit der starken Flotten-Kohorte in Stellung gegangen. Der Verband hatte sich breitflächig formiert, um den Schutz-Schirm zu sichern. Bedächtig wartete sie in dem inneren Bereich des Sicherheits-Schirmes auf weitere Ereignisse.

»Admiral Gentrin«, vernahm der Leiter der Admiralität eine Stimme.

Commodore Fantrass war an seine Seite getreten. Der Admiral blickte ihn fragend an.

»Die letzten Minen wurden transferiert«, teilte er mit. »Der zentrale Aktivierungs-Code wurde unserer KI mitgeteilt. Sie können die Minen bei Bedarf einsetzen. «

»Danke«, antwortete der Admiral. »Das sollte uns die Arbeit etwas erleichtern. «

»Hat sich etwas Neues ergeben? «, fragte der Commodore.

»Noch nichts«, erwiderte der Admiral. »Wir verfügen über keine neuen Ortungsergebnisse. «

»Vielleicht irren wir uns ja«, sagte Fantrass. »Die von uns vernichtete Flotte kann ja auch ihre ganze Angriffs- Flotte gewesen sein. «

Der Admiral lachte.
»Schön, wenn es so wäre«, entgegnete er. »Doch mein Gefühl sagt mir etwas anderes. Eine Rasse, die nach so langer Zeit noch auf Rache aus ist und nichts unversucht lässt die Verantwortlichen zu finden, wird sicherlich nicht nur mit 100 Schiffen einen Angriff auf ein fremdes Volk anzetteln. «

Der Commodore wollte etwas sagen, doch Admiral Gentrin schnitt im das Wort ab.

»Beobachten sie bitte genau unsere Anzeigen«, befahl er. »Falls ihnen etwas auffallen sollten, informieren sie mich sofort.«

Der Commodore nickte und wandte sich ab und schritt auf die zentrale Anzeigentafel zu.

Der Admiral sah ihm nach und schüttelte seinen Kopf. »Es sind alles gutgläubige Santaraner«, dachte er. »Niemand von ihnen ist bisher in einen großen Krieg verwickelt worden. «

Sein Blick fiel wieder auf die Mess-Ergebnisse der Monitore. Er schaltete die einzelnen Datenbilder durch. Plötzlich hielt er inne und studierte die Daten der verschiedenen Tiefenraum-Ortungen. Sein Blick fiel auf die Informationen einer Ortungs-Boje, die nahe dem Sombrero-Nebel aktiv war und Daten übermittelte. Der gradlinige Verlauf der Linie war unterbrochen, durch einen massiven Zickzackkurs. Er zoomte das Bild größer und erkannte, dass diese Linie insgesamt sieben schwere Ausschläge anzeigte. Er wusste, dass es sich nur um einen größeren Strukturbruch im Normalraum handeln konnte. Die Anzeige war vergleichbar mit dem Rücksturz einer Armada von Schiffen aus dem Hyperraum in den Normalraum. Das musste noch nichts bedeuten, es konnte sich auch um Schiffe handeln, die wieder ihre Generatoren aufladen wollten, um dann den nächsten Sprung zu absolvieren. Es konnte aber auch etwas anderes bedeuten.

Admiral Gentrin handelte sofort.
»Sämtliche Transmitter-Stationen abschalten und verriegeln«, befahl er. »Die Positionierung der Minen ist abgeschlossen. «

Der Befehl wurde sofort von dem Einsatzpersonal bestätigt.

»KI«, sagte der Admiral. »Die Tiefenraum-Ortung Sektor 1433 analysieren. «

»Die vorliegenden Daten werden analysiert«, meldete die Hypertronic-KI. »Das Ergebnis liegt vor. Es wurde eine schwere Strukturerschütterung registriert. Die Druckwelle stammt von einer großen Flotte von mindestens 5.000 Schiffen. «

Viele des Einsatzpersonals hoben ihren Kopf und schauten den Admiral an.

»Konzentriert euch auf diese Koordinaten«, befahl er. »Dort scheint etwas zu sein. «

Admiral Gentrin hatte das Gefühl, die Kontrolle über die Geschehnisse zu verlieren. Durch die Struktur-Erschütterung und die von der Hypertronic-KI errechnete Massenbewegung war es sehr wahrscheinlich, dass die Angreifer in einer Flottenstärke von 5.000 Schiffen den Angriff auf das santaranische System durchführen wollten.

»Falls es wieder Schiffe ihrer 500-Meter-Klasse sein sollten, dann haben wir keine guten Karten«, dachte der Admiral. »Wir werden unterlegen sein. Das Leben, wie wir es kennen, wird es nicht mehr geben. Falls wir aus dieser Geschichte herauskommen, werden wir unsere Flotte massiv aufrüsten. Es führt kein anderer Weg zu einer relativen Sicherheit. «

***

Die starke Flotte der Daraner wechselte zu den letzten Koordinaten der vermissten Forschungs-Flotte. Die Groß-Königin Da'Jijahriess war ungeduldig. Sie wollte Ergebnisse sehen.

»Haben wir Ortungsdaten? «, erkundigte sie sich.

Da' Sisaajhh hatte die Funktion eines Ortungs-Offiziers. Er hob seinen Kopf und blickte die Königin an.

»Die Sensoren scannen immer noch, Königin«, antwortete er. »Geduldigen sie sich bitte etwas. Ich bekomme gleich die Daten. «

»Außenbildschirme einschalten«, befahl die Königin.

Sofort flammten die Bildschirme auf und zeigten den umliegenden Weltraum. Nichts war zu sehen, keine Flotte, keine Planeten, nur karge Gesteinsbrocken, die unaufhaltsam ihren Kurs fortsetzten.

»Was machen die Auswertungen? «, fragte die Königin erneut. » Sie sollten doch jetzt endlich vorliegen. «

Die zwei Fühler auf dem Kopf der Groß-Königin drehten sich gefährlich dem Ortungs-Offizier zu. Er wusste allzu gut, was dies bedeutete.

»Keine Anzeichen von unserer Flotte«, teilte er mit. » Die Sensoren haben eine Menge von Metallsplittern registriert. Das Material konnte nicht identifiziert werden. Es weist frische Laserspuren auf. Vermutlich war es etwas

Größeres gewesen. Ein Stützpunkt, vielleicht auch eine Station. «

Die Königin lehnte sich in ihrem Kommando-Stuhl zurück. Sie dachte intensiv nach.

»Weiter scannen«, sagte sie. »Wir sind auf dem richtigen Weg. Es müssen Spuren existieren. Lasst die ganze Suchroutine vollständig durchlaufen. Wir brauchen endlich Ergebnisse. «

Sie drückte einige Knöpfe an ihrem Stuhl. Drei Monitore fuhren aus dem Boden aus. Die Königin aktivierte sie. Da'Jijahriess ließ die Aufzeichnungen methodisch ablaufen. Sie schaltete zwischen Zoom und Normalbild hin und her. Ein Asteroid durchquerte das Bild. Sie stutzte plötzlich und ließ das Bild zurückspulen. In dem Boden des Asteroiden steckte ein meterhohes Metallteil. Wieder zoomte sie es heran. Zwei fremdartige Zeichen waren hierauf zu lesen. Da'Jijahriess war froh, dass sie nicht so schnell aufgegeben hatte. Ihre Kopffühler richteten sich steil auf, ihre Augen bekamen einen seltsamen Glanz.

Die Königin rief nach ihren 1. Offizier.
Da'Tamsihajaas eilte zu ihr und verbeugte sich höflichst.
»Meine Königin, kann ich etwas für sie tun? «, fragte er.

Die Königin zeigte auf das Bild mit dem Asteroiden.
»Hier ist etwas eingeschlagen«, erklärte sie. »Können wir die Schriftzeichen mit unserer Datenbank abstimmen.

Prüfen sie, ob es sich um die überlieferten Zeichen der Alten handelt. Warum ist euch das nicht aufgefallen? «

Ihr 1. Offizier handelte sofort. Er gab Anweisungen an die Crew des Flaggschiffes.

Die Geduld der Königin wurde auf eine harte Probe gestellt. Ihr Stachel schlug mehrmals nervös auf den Boden ihres Schiffes auf.

Endlich kam der erste Offizier mit dem Resultat zurück. »Sie haben richtig vermutet, Königin«, antwortete er.

»Diese Zeichen sind identisch mit den alten überlieferten Zeichen unserer Ahnen. Wir haben endlich eine Spur der Zerstörer gefunden. «

Ihre Spannung löste sich und Heiterkeit breitete sich aus. »Nach diesen langen Jahren haben wir endlich eine realistische Spur gefunden«, antwortete sie. »Unsere Mission ist nicht umsonst gewesen. Jetzt können wir endlich etwas vorweisen. «

Sie wollte zumindest eine verantwortliche Rasse der Humanoiden finden und zur Rechenschaft ziehen. Alle Weiteren würden später abgestraft.

»Königin«, meldete Da' Sisaajhh. »Wir haben etwas gefunden. «

Die Groß-Königin sah ihn an.

»Wir haben minimale auseinanderdriftende Gamma-Strahlung identifiziert«, erklärte er. »Sie sind eindeutig und stammen von unserer vermissten Flotte. Die Strahlung ist nur noch sehr schwer zu orten gewesen. Aber sie ist da. «

»In welche Richtung zeigt sie? «, fragte die Königin.

Da' Sisaajhh blickte sie an.
»In einen kleinen Sektor, unterhalb des Sombrero-Nebels. «

Die Groß-Königin lachte.
»Gut gemacht«, antwortete sie. »Wir haben eine Spur. Folgen sie der Strahlung. Schauen wir einmal, wo unsere Flotte sich aufhält. «

Sternen-System der Argoner

Die Cuuda-Flotte hatte sich aufgeteilt und sicherte die Planeten des argonischen Systems ab. Captain Hunter hatte den Landeanflug auf den dritten Planeten befohlen, der gleichzeitig auch Regierungs-Planet war. Der große Panorama-Schirm gab alle Einzelheiten exakt wieder. Die übergroße Sonne des kleinen Systems leuchtete tief in der Farbe Gelb, mit einem Stich ins Rosa wechselnd. Die Cuuda-001 ging in den Sinkflug über. Die Wolkendecke des dritten Planeten verdeckte die Sicht, wie ein weißer Teppich. Die Crew merkte, wie die Absorber des Schiffes die Andruckkräfte neutralisierten. Endlich war die diffuse

Wolkendecke durchstoßen. Die Crew erkannte eine durchorganisierte Parklandschaft.

Grüne Felder wechselten mit orangen, roten und gelben Feldern ab. Zwischendurch waren kleine Wälder angelegt, in denen seltsame, unbekannte Baumarten wuchsen. Jede Gewächsinsel schien anders auszusehen. Die Argoner hatten seit ihrem Dasein, den Schwerpunkt ihrer Forschungen auf unterschiedliche Pflanzen, Gewächse, Sträucher und Bäume gelegt. Hieraus gewannen sie Arzneien und Medizin jeglicher Art.

Die Cuuda 001 sank weiter. Die Crew staunte über die weitflächigen Kräuterwiesen, Rasenflächen und die angelegten Beete. Farbenprächtige Blumen säumten breite Steinwege. Dazwischen schimmerten künstlich angelegte Teiche und Flüsse. Alles schien untereinander verbunden zu sein. Immer wieder wurden sie von kleinen Brücken und Überdachungen abgeteilt.

»Es sieht aus, wie ein globaler japanischer Garten«, bemerkte First Leutnant Graves. Er war sichtlich beeindruckt von der Fülle der Pflanzen und der Blütenpracht

Captain Hunter nickte beeindruckt.
»So etwas habe ich auch noch nicht gesehen«, erwiderte er. »Ein Paradies im entfernten Weltraum. «

Er zoomte das Bild heran. Die Sonne durchdrang die Wolken. Sie spiegelte sich in den Tautropfen, die noch in den Gewächsen hingen. Ein Funkeln, wie von tausenden ausgestreuten Diamanten drang über den Bildschirm zu der Crew. Das ansonsten so laute Gerede in der Zentrale war verstummt. In regelmäßigen Abständen waren große überdachte Zonen festzustellen. Hier wurden vermutlich die jungen Pflanzen herangezogen. Am Horizont war die Hauptstadt Argon-City zu sehen. Die gewaltigen Flachbauten erinnerten an Industriewerke, vermutlich waren sie aber alle für die Aufbereitung der Pflanzen gedacht. Zahlreiche Roboter liefen durch die Anlagen und bewässerten die Pflanzen. Andere beschnitten Sträucher, oder legten neue Beete an. Nur wenige Argoner waren zu sehen. Alles schien automatisch abzulaufen.

»Es ist tatsächlich ein Paradies«, bemerkte Captain Hunter. »Die Argoner hatten Glück, dass wir noch rechtzeitig eingetroffen sind. «

Kurz vor der Stadt lag der Raum-Flughafen. Der grüne Bodenbelag passte sich nahtlos in die Grünlandschaften ein. Drei Transportschiffe standen regungslos am Boden. Sie schienen gerade von Last-Robotern beladen zu werden.

Gemächlich setzte die Cuuda 001 auf.
» Alle Maschinen auf Standby«, befahl Captain Hunter. » Das Schiff ist dem Sicherheitsstatus der KI übergeben. Die Generatoren für den Schutzschirm blieben in Bereitschaft«.

Der 1. Offizier Leutnant Graves bestätigte den Befehl.

»Das Schiff wurde der Sicherheits-Überwachung der KI übergeben«, antwortete er.

»Ist irgendetwas von unserem Begrüßungskomitee zu sehen? «, fragte Captain Hunter.

Leutnant Groß zeigte auf den Monitor. In einem hohen Tempo näherte sich ein Gleiter von der Stadt her.

»Da kommt ihr Taxi«, lächelte er.

Captain Hunter schaute auf seinen Monitor.

»Er ist wahrlich nicht zu übersehen«, bemerkte er. Der Gleiter hob sich von der grünen Umwelt durch grelle Farben ab. Die Lackierung war in einem hellen Rot gehalten, durchzogen von blauen Streifen.

»Lassen wir die Argoner nicht warten«, befahl Captain Hunter. »Leutnant Morin, Leutnant Tannreich und First Leutnant Graves begleiten mich. «

»Sollten wir nicht einige Shy-Ha-Nardes mitnehmen? «, fragte Leutnant Morin. » Den Argonern wird zwar ein friedfertiges Verhalten nachgesagt, aber wir können nicht wissen, wie sie auf die Nachfahren der Natrader zu sprechen sind. «

Captain Hunter dachte kurz nach. Er wurde sichtlich unsicher.

»Das scheint mir keine schlechte Idee zu sein«, erwiderte er. »Sie dienen unserem Schutz. Das sollten die Argoner bei unserem ersten Besuch verstehen. Geben sie leichte Handfeuer-Waffen aus. Die werden uns hoffentlich reichen. «

Das ausgewählte Team verließ die Zentrale der Cuuda-001 und schritt auf den Turbo-Aufzug zu. Hiermit konnte das untere Landedeck schnell erreicht werden. Sechs Kampf-Roboter warteten bereits auf ihre menschlichen Kollegen. Captain Hunter wies sie kurz über ihren Einsatz ein. Letztendlich sollten sie die Augen aufhalten und alles nicht Reguläre melden. Nach kurzer Zeit schritten die vier Offiziere des Neuen-Imperiums von Tarid & Natrid, eskortiert von den Shy-Ha-Narde, die Laser-Brücke des Schiffes hinunter. Die Atemluft war mit der von der Erde vergleichbar. Sie war kaum durch Abgase belastet. Der würzige Geruch von Nadelbäumen, duftenden Wiesen und fremden Gewächsen erfüllte die Luft.

Der Captain zog die unverbrauchte Luft tief ein. Er schaute sich um. Der Raumflughafen war nicht besonders groß, schien aber für die Bedürfnisse der Argoner auszureichen.

Das war das erste Mal, das Captain Hunter mit einer neuen Flotte Cuuda-Schiffe, so weit von zu Hause entfernt im Einsatz war. Er wusste, dass Major Travis und Noel ihm und seinem Team mit dieser Mission ihr Vertrauen ausgesprochen hatten. Er musste schmunzeln, als er über sein lässiges Verhalten gegenüber den Vorgesetzten nachdachte.

»Hiermit habe ich viele hochstehende Militärs irritiert«, dachte er. »Doch ich will mich vorsehen, die Erwartungen meiner Vorgesetzten nicht zu enttäuschen. Mein Raumschiff und die hiermit verbundenen Aufgaben sind weit mehr wert als meine ehemalige Funktion als KSD-Agent im Stützpunkt Husum. «

Er dachte an seine alten Aufgaben und an die Verfolgung von kleinen Ganoven, die ihm früher das Leben schwergemacht hatten. Jetzt erschien ihm alles so klein und bedeutungslos zu sein. Die Entfernungen zwischen den einzelnen Sternen-Inseln, Galaxien und Planeten schrumpften immer weiter zusammen.

Der Schott des argonischen Gleiters schob sich zur Seite. Zwei hochgewachsene Argoner in roten Uniformen, des planetaren Sicherheits-Dienstes, stiegen aus. Sie wirkten hager und schlank. Ihre Köpfe wirkten eiförmig und waren nur mit wenigen Haaren bewachsen. Sie salutierten auf die alte natradische Art. Die Crew der Cuuda 001 erwiderte den Gruß.

»Lang lebe das Imperium«, sprach der Vorderste der Argoner die Gruppe Terraner in reinem Natradisch an. »Lang lebe das neue Imperium«, antwortete Captain Hunter. »Sie sind sicherlich unser Abhol-Service? «, ergänzte er.

Die Argoner blickten irritiert, nickten dann aber eifrig. »Wir haben die Ehre sie zu unserem Kanzler und unserer politischen Führung zu geleiten«, antwortete der

Vorderste. »Entschuldigen sie unsere Unhöflichkeit. Wir möchten uns kurz vorstellen. Ich bin Legator Daro Tankbaan, mein Kollege ist ebenfalls ein Legator des Sicherheitsdienstes und wird mit dem Namen Goon Larkbaan angesprochen. «

»Danke, dass sie Zeit gefunden haben uns abzuholen«, antwortete John. »Mein Name ist Captain Hunter, Kommandeur der Flotte, die sie gegen den Piraten-Angriff unterstützt hat. «

Er zeigte auf seine Crew.
»Ich werde begleitet von Leutnant Morin«, stellte er seine Begleiter vor. »Er ist ein Spezialist unserer Waffentechnik. Neben ihm steht Leutnant Tannreich, zuständig für den Funk und die Kommunikation. Als dritte Person sehen sie meinen 1. Offizier, Leutnant Graves. «

Der Blick der Argoner fiel auf die 2,20 Meter großen Kampf-Roboter. Ihr Gesicht verdunkelte sich etwas. Den tiefroten Augen der Roboter entging nicht die geringste Kleinigkeit. Leutnant Graves bemerkte die argwöhnischen Blicke der Argoner.

»Keine Sorge«, beruhigte er die Argoner. »Die Roboter dienen nur unserem Schutz. Es ist eine Anordnung unserer Regierung, dass bei neuen Kontakten unsere Sicherheit gewährleistet werden muss. Sie werden nur beobachten und sich diskret im Hintergrund aufhalten. Wir haben wichtige Punkte mit ihrer Regierung zu besprechen. Lassen sie uns nicht länger warten und führen sie uns bitte zu ihnen. «

Die Argoner schienen sich wieder gefangen zu haben. »Folgen sie uns«, erwiderte der Legator Tankbaan.

Sie schritten auf den geräumigen Gleiter zu, der innen angenehm eingerichtet war. Über den Sitzen lagen Felle und künstlich hergestellte Decken. Die Scheiben waren angenehm abgedunkelt und reduzierten das Licht der hellen Sonne des argonischen Systems. Die Abordnung der Cuuda ließ sich in die breiten Sitze fallen. Der Schott schloss automatisch. Die Legatoren beschleunigten den Gleiter und rasten mit ihm der nahen Stadt entgegen.

Dort angekommen verringerte er die Geschwindigkeit. Vorsichtig bog er in die breiten Straßen der Stadt ein. Am Boden hatten sich unzählige Argoner versammelt, die mit Wimpeln und Fahnen des alten kaiserlichen Imperiums winkten.

»Die Argoner möchten sie willkommen heißen«, bemerkte Legator Larkbaan. »Sie freuen sich, nach so vielen Jahren wieder Abgesandte des großen Imperiums zu sehen. «

Captain Hunter schaute ihn an.
»Es ist viel passiert in der Zwischenzeit«, antwortete er. »Ich hoffe, dass wir ihre Erwartungen nicht enttäuschen werden. «

»Machen sie sich keine Sorgen«, antwortete der zweite Legator. »Sie haben bereits genug getan. Ohne sie, hätten wir die Piraten nicht abwehren können. Der Kanzler wird ihnen vermutlich unseren Dank aussprechen. «

»Wir helfen gerne befreundeten Rassen und Angehörige des Neuen-Imperiums in Notsituationen «, antwortete John Hunter.

Der rot-blaue Gleiter, auf beiden Seiten mit Regierungs-Symbolen verziert, näherte sich einem gewaltigen Gebäudekomplex. Schon von weitem sah die Crew die unzähligen Sicherheits-Soldaten, die das Gebäude weiträumig absicherten. Ihre roten Uniformen blitzten in dem hellen Sonnenlicht. Nicht weit von der Eingangs-Pforte, die von mächtigen Säulen getragen wurde, setzte er auf. Sofort sicherten Angehörige der Sicherheits- Garde das Fluggerät. Sie bildeten eine breite Gasse zum Eingang des Regierungsgebäudes hin.

Der Schott glitt auf und die Crew der Cuuda 001 trat ins Freie. Das prächtige Farbenspiel der Sonnenstrahlen, ließ den Palast der Regierung wie einen blinkenden Juwel erscheinen. Nach der Crew traten die Kampf- Roboter aus dem Gleiter. Sie mussten zahlreiche Blicke über sich ergehen lassen. Schnell nahmen sie die Abgesandten in ihre Mitte. Die beiden Legaten gingen voraus. Langsam und andächtig schritt die Gruppe auf die Pforte des Regierungs-Palastes zu. Das Volk fing an zu toben und zu schreien. Captain Hunter war sich nicht sicher, ob die Argoner, die sich vor dem Regierungs-Gebäude versammelt hatten, nicht gleich die Barrieren überrennen würden.

»Das Volk jubelt ihnen zu«, bemerkte der Legator Tankbaan. »Winken sie ihnen zu, dann beruhigen sie sich. Sie sind außer sich vor Freude, dass die Regierung wieder Verhandlungen mit ihrem Imperium aufnehmen möchte.«

Die Crew der Cuuda 001 machte gute Miene und tat, wie es der Legator geraten hatte. Sie drehten sich um und winkten den Zuschauern zu. Es war, wie der Staatsbeamte mitgeteilt hatte. Die Geräuschkulisse nahm merkbar ab. Vier Sicherheits-Offiziere öffneten die große Pforte. Gedämpftes Licht trat nach außen. Captain Hunter und sein Team wurde in den Palast geführt. Die große Eingangshalle glich einer domartigen Kuppel. Alle Wände waren mit unzähligen Bildern behangen, die von der Vergangenheit der Argoner erzählten und auf unterschiedliche Ereignisse hinweisen. Viele gemalte Darstellungen der unterschiedlichen argonischen Künstler deuteten auf interstellare Reisen des argonischen Volkes hin, protegiert durch die Raumschiffe des ehemaligen natradischen Kaiserreiches.

Die Kaiserkaste des ehemaligen Imperiums war sich der Bedeutung der galaktischen Mediziner bewusst gewesen. Die Bilder erzählten von der Suche nach ausgefallenen und neuen Kräutern, Pflanzen und Gewächsen, die sie für ihre medizinischen Forschungen nutzen konnten. Bild an Bild reihte sich an den Wänden ein. Die Raum-Flotten des kaiserlichen Imperiums brachten die Argoner zu vielen Planeten des ehemaligen Imperiums. Zahlreiche Gruppen von Forschern untersuchten Bäume, Pflanzen, Sträucher und Gewächse, um sie zu analysieren. Wieder andere Bilder zeigten Schiffsladungen von Jungpflanzen, die zu den Heimatplaneten der Argoner gebracht wurden. Bedächtig folgte die Crew der Cuuda-001 den Legatoren. Die große Halle endete in einen breiten Flur, an dessen Ende sich wiederum mehrere Gänge abzweigten.

Wir müssen nach rechts«, wies Legator Daro Tankbaan die Gruppe ein.

Der lange Flur war dekoriert mit zahlreichen Statuen und Abbildern ehemaliger hochrangiger Führer der Argoner. Die Gruppe näherte sich einer breiten Türe, die von zehn Sicherheits-Soldaten abgesichert wurde. Sie standen rechts und links vor dem Eingang Spalier und erwarteten die Besucher. Die Ankunft der Fremden, die ihnen bei der Abwehr der Piraten geholfen hatten, war auch bereits zu ihnen gedrungen.

Legat Goon Larkbaan trat vor und meldete den Besuch an. Die Soldaten salutierten nach dem alten natradischen Gruß.

»Legator Larkbaan erbittet Einlass in die Halle der hohen Entscheidung. Der Kanzler erwartet mich und den Besuch des Neuen-Imperiums von Tarid & Natrid. «

Argwöhnisch betrachteten die Sicherheitskräfte die Kampfroboter.

»Die Roboter müssen draußen bleiben«, sagte der vorderste Soldat der Sicherheitskräfte. »Der Zugang ist ihnen nicht gestattet. «

»Das ist ein Sonderfall«, argumentierte Legato Larkbaan. » Unsere Besucher kennen uns nicht. Die Roboter sind lediglich zu ihrem Schutz dabei. «

Die Shy-Ha-Narde erfassten die Zuspitzung der Situation und rückten vor. Sie stellten sich vor die Gruppe der Offiziere der Cuuda-001.

Legator Larkbaan bemerkte dieses und wandte sich beunruhigt an den Sicherheits-Soldaten.

»Es ist eine Anweisung ihrer Regierung, dass sie ohne die Roboter keine Verhandlungen führen dürfen«, erklärte er. »Unsere Gäste werden dann abrücken und uns ohne Hilfe den weiteren Angriffen der Piraten aussetzen. Das kann sicherlich nicht in ihrem Interesse sein? Wenn das eintreffen sollte, wird die Regierung sie persönlich hierfür verantwortlich machen. «

Der Sprecher der Sicherheits-Soldaten wurde unsicher. » Ich werde nachfragen«, antwortete er.

Er zog ein Kommunikationsmodul aus seiner Uniformjacke und sprach hinein. Kurz darauf erhielt er eine Antwort.

» Der Kanzler ist einverstanden«, antwortete er kleinlaut. » Er hat eine Sondergenehmigung für ihren Besuch erteilt. Sie können passieren. «

Legator Larkbaan lächelte ihn an.
»Dachte ich es mir doch«, antwortete er. »Öffnen sie die Türen. «

Die Sicherheits-Offiziere taten wie ihnen befohlen. Die Gruppe schritt in einen großen, hellen Raum hinein. Erstaunt blickten sie sich um. Es war der Sitzungssaal der argonischen Regierung. Sämtliche Plätze waren bis auf den letzten Stuhl belegt. Etwas erhoben saßen die Vertreter der Regierung auf ihren Stühlen. Sie schauten auf die Abgeordneten hinab.

Als die Gruppe der Besucher eintrat, erhob sich ein großgewachsener Argoner, aus der Mitte der Regierungs-Vertreter. Nur wenige graue Haare fielen von seinem Kopf auf seine Schultern. Er trug eine weiße Uniform, an der rückseitig eine schwarze Stola mit goldenen Streifen und Symbolen verziert hing. Langsam schritt er die Stufen des erhobenen Podestes hinunter und kam bedächtig den Besuchern entgegen. Sein Blick zeugte von einer intensiven Musterung der Besucher. Auch das Team der Cuuda-001 beobachtete jede seiner Bewegungen. Die Shy-Ha-Narde registrierten schnell, dass von dem Argoner keine Gefahr ausging. Vor den Besuchern blieb er stehen. Er verbeugte sich höflich.

»Mein Name ist Kanzler Mitro Ganbaraan«, sagte er. »Ich bin das Regierungs-Oberhaupt der argonischen Planeten. Ich begrüße sie in unserem kleinen Sternensystem. Folgen sie mir bitte. Unsere Politiker warten bereits auf sie. «

Die Gruppe der Besucher folgte dem Kanzler und schritt die fünf Stufen zum Regierungs-Podest hinauf. Der Kanzler blieb stehen und drehte sich um. Er hob beide Hände in die Luft.

»Geschätzte Regierungsmitglieder und Abgeordnete«, sprach er die Zuhörer in dem Saal an. »Darf ich ihnen unsere Retter und Freunde in der Not vorstellen. Sie kamen gerade noch rechtzeitig, um uns vor dem Angriff der Piraten zu bewahren. Wir schulden ihnen unseren aufrichtigen Dank und unser Vertrauen. «

Kanzler Ganbaraan blickte Captain Hunter an. »Sprechen sie vor der weisen Zusammenkunft«, sagte er. »Das Parlament und die Abgeordneten würden gerne einige Worte von ihnen zu hören. Das ist bei uns so üblich. Ich hoffe nicht, dass ihnen dies unangenehm sein wird. «

Er drehte sich um und trat einige Schritte in den Hintergrund.

Captain Hunter verzog sein Gesicht und schaute seine Crew an.

Leutnant Graves lächelte ihn an.

»Damit mussten sie rechnen, Captain«, flüsterte er. »Sie machen das schon. «

Der Blick des Captain sagte alles aus. Schließlich drehte er sich den argonischen Politikern zu.

»Geschätzte Anwesende«, sagte der Captain. » Mein Name ist Captain Hunter, Kommandeur der kleinen Flotte, die sie vor den Piraten schützen konnte. Ich überbringe ihnen Grüße von dem Neuen-Imperium von Tarid & Natrid. Sie erkennen in uns die direkten Nachkommen, der ehemaligen ausgewanderten Natrader. Wir stammen von dieser Rasse ab, genauer gesagt von den wenigen Überlebenden, die sich auf den dritten Planeten des Sol-Systems gerettet, oder niedergelassen haben. Sie alle haben Kenntnis von dem großen Krieg der Natrader gegen die Rigo-Sauroiden. Heute wissen wir, dass der Krieg falsch geführt wurde.

Er hat das ehemalige kaiserliche Imperium in seinen Grundfesten erschüttert. Ich möchte auf die Geschichte hier nicht weiter eingehen und ihnen nur so viel mitteilen, dass wir nach dieser langen Zeit die Hinterlassenschaften des großen Imperiums übernommen haben. Wir versuchen es wieder zu beleben. Das Neue-Imperium von Tarid & Natrid ist auf dem Weg ein Machtfaktor zu werden. Das Ziel ist es, wieder Ordnung in der Milchstraße zu bringen und nach den vielen ehemaligen Planeten des Imperiums zu schauen, zu denen kein Kontakt mehr existiert. Nicht alle bewohnten Welten wurden zerstört oder vernichtet. Viele Rassen haben sich zurückgezogen und vermissen den Schutz durch das große Imperium.

Alte Feinde haben das erkannt und wollen sich hiergegen auflehnen. Sie wurden bereits in ihre Schranken gewiesen. Das Neue-Imperium ist ein Verbund alter und neuer Planeten. Sie alle wünschen sich Schutz vor Piraten, andersdenkenden Rassen, aber auch vor feindlichen Aggressoren. Das Neues-Imperium orientiert sich zwar an den Grenzen des ehemaligen Kaiser-Imperiums, doch es baut sich auf völlig neuen Grundsätzen auf. Es gibt keinen Kaiser mehr, die Regierung unseres Planeten ist frei gewählt, das Volk bestimmt die Vertreter. Es gibt keine Diktatur und keine eigennützigen Befehle mehr, lediglich Vorschriften und Richtlinien für ein freies und gutes Miteinander. Jeder Planet und jede Rasse, die dem Neuen-Imperium beitritt, ist für sich selbst verantwortlich. Hoheitliche Fragen sollten verhandelt und besprochen werden. Jede Rasse kann sich frei entwickeln und ihre staatlichen und religiösen Ziele verfolgen.

Wir wünschen ein reges Miteinander, Informationsaustausch und den freien Reise- und Handelsverkehr in dem Planetenverbund des Neuen-Imperiums. Wir werden nach unseren Möglichkeiten die Unterstützung und den Schutz der Rassen des Imperiums gewährleisten. Trotzdem werden alle Rassen und Völker völlig frei in ihrer Entwicklung sein und ihre bisherigen Ziele nach eigenen Regeln weiterleben können. Sie selbst bestimmen, ob es hilfreich für sie ist, diese Verbindung einzugehen, oder auch nicht. «

Der Captain machte eine kurze Pause. Dann fuhr er fort.

»Wir wissen aus alten Geschichtsarchiven, dass sie lange Zeit der Lieferant für hochwertige Arznei und Medizin des natradischen Imperiums waren«, sagte er. »Die Zivilisationen des Neuen-Imperiums haben ebenfalls ein Interesse hieran. Sehen sie in uns neue Abnehmer für ihre Produkte. Wir wissen zwar, dass sie bereits mit den Morina Verträge geschlossen haben, die aber auch wiederum für uns tätig sind. Es spricht also nichts dagegen, eine direkte Verbindung mit dem Neuen-Imperium einzugehen. Wir möchten sie bitten, für das Neue-Imperium entsprechende Produkte bereitzustellen. An ihren speziellen Fähigkeiten und ihrer Erfahrung an wirkungsvollen Medizin-Produkten sind wir sehr interessiert. Bedenken sie bitte, dass die Morina sie bei einem Angriff nicht schützen können. Über diese Möglichkeiten und Fähigkeiten verfügen nur wir. Ihnen sollte klar sein, dass wir zwar im Moment die Piraten vertrieben haben, diese aber vermutlich nur auf den Abzug unserer Flotte warten, um sie zu erneut attackieren zu können. Ihre letzte Transportflotte nach Morina konnten wir aus den Fängen der Piraten befreien. Sie sehen also, dass die Möglichkeiten unseres Neuen-Imperiums groß sind. «

Der Captain ließ eine weitere Pause vergehen.
Er blickte die Argoner an und erkannte nachdenkliche Gesichter.

»Neue Technologien, wie der Wurmloch-Antrieb, ermöglichen es uns in kürzester Zeit bei ihnen zu sein, um sie im Angriffsfall zu verteidigen«, erklärte er. Bis zu einer Serien-Fertigung dieses Antriebes bieten wir ihnen an, eine Schutzflotte bei ihnen zu stationieren, um mögliche Piraten abzuwehren. In der langen Zeit von 100.000 Jahren, in der kein Kontakt mehr zu dem kaiserlichen Imperium existierte, konnten sich auf unseren Welten neue Bäume, Pflanzen, Kräuter und Gewächse entwickeln, die ihnen völlig unbekannt sind. Wir. vermuten, dass diese ihnen sicherlich für ihre Forschung hilfreich sein werden. Wir bieten ihnen an Forscher zu entsenden, um in aller Ruhe diese Pflanzen und Kräuter zu analysieren. «

Ein lautes Raunen ging durch den Saal. Die Argoner waren sichtlich erfreut.

Captain Hunter fuhr fort.
»Ferner können wir uns vorstellen, ihnen sichere Forschungsschiffe zur Verfügung zu stellen, die sie zu Mitgliedswelten begleiten. Dort dürfen sie nach weiteren interessanten Pflanzen zu suchen«, sagte er. »Wir sind hier, weil der Kommandeur ihrer Transport-Schiffe uns ihren Wunsch nach einem Kontakt offiziell mitgeteilt hat. Sie sehen an unserer Seite einige Kampfroboter. Es sind schlagkräftige Kampf-Maschinen, die aber lediglich zu unserem Schutz hier sind. Verstehen sie dies bitte als eine Anordnung von unserer Regierung, bezogen auf Erstkontakte mit neuen Rassen.

Bei dem nächsten Besuch werden wir hierauf verzichten können. Dann haben wir uns bereits ein wenig kennengelernt. Unser Wunsch ist der gleiche, wie der ihre. Kommen sie zurück in das neue Imperium von Tarid und Natrid. Wir werden es besser machen als die ehemaligen Natrader, auch weil unsere Denkweise eine andere ist. Wir suchen Freunde, Verbündete und Rassen, die das ganze Imperium weiter nach vorne bringen. Hierzu gehören auch ihre geistigen Künste und Entwicklungen in der Medizin-Forschung. Wir sind hier, weil wir ihr Volk schätzen und würdigen möchten. Treten sie dem Neuen-Imperium bei. Sie werden ein gleichberechtigter Partner sein.«

»Wie könnte das aussehen? «, fragte einer der Abgeordneten. » Unsere Planeten liegen weit auseinander? «

Captain Hunter schaute in seine Richtung.
»Wie ich schon erwähnt habe, ermöglicht uns die neue Antriebstechnologie in nur wenigen Sekunden bei ihnen zu sein, falls es notwendig werden sollte. Machen sie es so, wie andere Planeten auch. Wir bieten ihnen an, ein Konsulat auf unserem Planeten zu errichten. Dieses kann kontinuierlich alle Informationen mit ihrer Regierung austauschen. Bei den Morina und anderen Rassen funktioniert das problemlos. Berücksichtigen sie, dass sie derzeit ohne einen Schutz sind. Es gibt immer noch Völker im Universum, die viele ungeschützte Planeten als leichte Beute verstehen. Auch gibt es einige wenige Rassen, die

alles humanoide Leben in der Galaxis auslöschen möchten.

Sie alle haben den neuen Geist des friedlichen Miteinanders noch nicht verstanden. Wie ich bereits anfänglich erwähnte, wurden einige dieser Rassen bereits von uns in die Schranken gewiesen. Es handelt sich um Insektoiden, Sauroiden, oder andere noch näher zu spezifizierende Lebensformen, denen unsere Denkweise fremd ist. Es gibt viele Gefahren in dem großen, noch nicht bekannten Universum. «

In dem Rücken von John Hunter trat die aragonische Wissenschaftlerin Fest Bakadin, seitlich die Stufen des Regierungs-Podestes hinauf. Der Kanzler drehte sich kurz um und lächelte sie an.

Er nutzte die Pause in Captain Hunters Ausführungen, um auf sie hinzuweisen.

»Sie alle kennen Fest Bakadin als Wissenschaftlerin unserer Raumaufklärung«, sagte er. »Ihr ist es zu verdanken, dass wir rechtzeitig vor dem Piraten-Angriff gewarnt wurden und Sicherheitsmaßnahmen einleiten können. Ich erteile ihr kurz das Wort. «

Fest Bakadin verbeugte sich vor den Politkern und begrüßte sie.
»Ich ehre die weise Zusammenkunft«, sagte sie. »Sie haben mich immer belächelt und mir unterstellt, kein Interesse an der gemeinschaftlichen Medizinforschung

entwickelt zu haben. Ganze 80 Prozent unserer Bevölkerung sind hiermit beschäftigt. Nach meiner Meinung sind das genug Argoner unseres Volkes. Aus diesem Grund widmete ich mich der Erforschung der Planeten und des umliegenden Weltraumes. Ich habe gesehen, wie die Flotte des Neuen-Imperiums die Angriffsboote der Piraten zurückdrängt haben.

Die Schiffe der Piraten hatten keine Chance. Die Waffentechnik des Neuen-Imperiums war ihnen haushoch überlegen. Aufgrund ihrer starren Haltung mussten die Piraten erst viele Schiffe und die Besatzungen verlieren, bis sie zu einem Umdenken gezwungen wurden. Ich persönlich fühle mich in dem Neuen-Imperium gut aufgehoben. Ihre technische Überlegenheit ist unserer Schiffs- und Waffentechnik weit voraus. «

Beifall hallte von den Rängen der Abgeordneten herüber. Fest drehte sich Captain Hunter zu.

»Ich habe eine Frage an sie«, bemerkte sie. »Werden sie uns auch wieder Techniker und Wartungs-Teams senden, die unsere veralteten natradischen Schiffe und Gerätschaften modifizieren? «

Nach kurzem Überlegen nickte Captain Hunter.
»Nicht nur das, sie werden selbstverständlich auch mit einer modernen Technik ausgestattet und an die heutige Zeit angepasst«, antwortete er. »Wie ich schon mitteilte, liegt uns die Sicherheit unserer Verbündeten und Partner

sehr am Herzen. Es ist zu ihrem eigenen Vorteil, wenn sie eine positive Entscheidung treffen. «

Der Kanzler hob die Arme und seine Hände in die Luft.

Die Geräuschkulisse verstummte. Er blickte die Abgeordneten und Politiker an.

»Unsere Gremien haben bereits im Vorfeld hierüber eingehend beraten«, sagte er. »Wir können von wirklichem Glück reden, dass unser kleines Planeten-System von keiner fremden Rasse entdeckt wurde. Außer den Morina, die erst kürzlich Handelsverträge mit uns abgeschlossen haben, konnten wir in den langen Jahren der Abgeschiedenheit keine Fremdkontakte verzeichnen. Das muss aber nicht immer so bleiben. Wir allein sind auf uns gestellt und schutzlos. Es geht um den Erhalt unserer Planeten und um den Erhalt des Erreichten. Wir alle wissen, wie lange der Weg hierhin gedauert hat.

Es geht auch um unser Volk, die Bewohner, um unsere Familien und um die zukünftigen Generationen unserer Planeten. Wollen wir in Ungewissheit leben, uns möglicherweise einem Angriff Andersdenkender aussetzen, oder in den sicheren Hafen des großen Imperiums einlaufen? Dort werden wir den Schutz erfahren, den wir uns selbst nicht gewähren können. Das ist der entscheidende Punkt, über den wir heute abstimmen werden. Aus diesem Grund wurden sie alle einberufen, um mit der Regierung zu beraten und zu beschließen. «

Respektvoll drehte er sich wieder den Besuchern zu. »Captain Hunter, wir werden heute eine Entscheidung treffen«, sagte der Kanzler freundlich. »Das braucht etwas Zeit. Fest Bakadin wird sie auf unserem Planeten herumführen, sie zum Essen einladen und ihnen die Schönheiten unseres Lebensraumes zeigen. Sie wird sie auch am heutigen Abend wieder vor diese Zusammenkunft geleiten. Hier werden wir ihnen abschließend unsere Entscheidung mitteilen. «

Seine Stimme wurde leise. Er flüsterte Captain Hunter noch einige Worte zu.

»Machen sie sich keine Sorgen«, erklärte er. »Die Entscheidung ist eine reine Formsache. Es gibt keine andere Lösung für uns. Wir sind froh, dass ihr neues Imperium uns aufnehmen möchte. Wir leben ebenfalls in einer Demokratie. Unsere Abgeordneten und Politiker erwarten ein Mitspracherecht. Das wird auf ihren Planeten auch nicht anders sein, wie ich vernommen habe. «

Captain Hunter lächelte.
»Das kennen wir zu Genüge«, erwiderte er. »Lassen sie sich mit ihrer Entscheidung Zeit und teilen sie uns diese später mit. «

Der Kanzler nickte.
»Gehen sie mit Fest Bakadin und lassen sich von der Schönheit unseres Planeten überraschen«, lächelte er.

Der Kanzler verabschiedete die Gäste und wartete, bis sie den Raum verlassen hatten.

Außerhalb des Regierungs-Palastes lachte Fest ihre Gäste an.

»Ich war beeindruckt von ihrer Abwehr der Piraten-Schiffe«, sagte sie. » Die fremden Schiffe hatten keine Chance. «

Captain Hunter verzog sein Gesicht.
»Sie haben Recht«, antwortete er. »Doch uns widerstrebt es eigentlich, andere Leben auszulöschen. Nur weil diese Rassen es nicht gelernt haben einsichtig zu sein und ihre Nachbarn zu respektieren. Hätten sie direkt auf uns gehört und abgedreht, dann wäre eine Vernichtung ihrer Schiffe nicht nötig gewesen. «

»Ich kenne das Problem«, antwortete Fest. »Es ist bei uns nicht anders. Nur stichhaltige Tatsachen ermöglichen ein Umdenken bei vielen Personen. «

Der große Platz vor dem Regierungspalast war wie leergefegt. Die anfänglichen Besucher hatten sich wieder zurückgezogen. Fest zeigte nach links. Dort war ein gemütliches Gebäude zu erkennen, welches einer Gaststätte ähnelte.

»Das ist ein Ort der Einkehr«, erklärte Fest. »Wollen sie bitte meine Gäste sein. Ich möchte sie zu einem kleinen

Getränk einladen. Es handelt sich um eine Köstlichkeit unseres Planeten. «

Einige Sitzgelegenheiten waren vor dem Haus aufgebaut. Jedoch es war kein Platz belegt.

»Warum ist niemand hier? «, fragte Leutnant Graves.

»Vormittags gehen alle Argoner ihrer Beschäftigung nach«, antwortete Fest. »Wir haben viel zu wenig Personal. Alle Einwohner unseres Planeten möchten irgendeine Aufgabe zum Wohl des Ganzen ausführen. Erst am späteren Tage werden sich hier viele unserer Bewohner einfinden. «

Die Gruppe suchte sich einen schönen Platz, der etwas vor der Sonne geschützt lag. Die Shy-Ha-Narde hielten sich bewusst etwas im Hintergrund. Ein Service-Roboter kam aus dem Gebäude und eilte mit einer Karte herbei. Auch er war in grellen Leuchtfarben lackiert. Er reichte Fest die Speisekarte.

»Die brauchen wir nicht«, entschied sie. »Bring uns bitte fünf Gläser Dukart. «

Der Roboter zog sich zurück.

» Was ist Dukart? «, erkundigte sich Leutnant Graves.

Fest lachte und schaute ihn an.

»Das ist ein sehr hochwertiges Getränk, welches wir auf unseren Planeten herstellen«, entgegnete sie. » Es ist sehr schmackhaft und hat noch zusätzliche Eigenschaften. Es aktiviert die Lebensgeister und macht den Blick für neue Dinge offen. «

Captain Hunter und sein 1. Offizier schauten sich verhalten an.

»Vertragen wir dieses Getränk? «, fragte Captain Hunter. Fest lachte wieder.

»Das fragen alle Rassen, die unseren Planeten zum ersten Mal besuchen«, entgegnete sie. »Es wurde schon von den Natradern getrunken. Das Getränk ist alt und völlig harmlos. Wir haben bei keiner Rasse irgendwelche Nebenwirkungen registrieren können. Sie werden begeistert sein. «

Der Robot reichte die Getränke und forderte die Bezahlung ein.

»Das geht auf die Regierung«, sagte Fest.
Sie reichte ihm eine ID-Card. Der Roboter steckte diese in einen Schlitz an seiner Brust und gab sie Fest zurück. Die Wissenschaftlerin hob ihr Glas und schaute die Gäste an.

»Auf unsere Zukunft, Gonras«, sagte sie. »Das bedeutet, lassen sie es sich schmecken. «

Captain Hunter und sein Team wiederholten den Trinkspruch.

»Auf unsere Zukunft, Gonras«, sagten sie. »Vorsichtig nippten die Offiziere des Neuen-Imperiums an dem Getränk.

Die Gesichtszüge entspannten sich merklich. »Es schmeckt wie Waldmeister mit Alkohol«, erkannte Leutnant Morin.

Die anderen nickten beiläufig.
»Sehr gut«, sagte Captain Hunter. »Diesen Geschmack kennen wir auch auf der Erde. «

»Was bedeutet der Ausdruck Erde? «, fragte Fest.
Sie hatte intensiv zugehört.

»Das ist der Name unseres Planeten«, antwortete der Captain. »Sie kennen ihn unter dem Namen Tarid.

»Ich verstehe«, antwortete Fest. »Diesen Namen kenne ich aus unseren Archiven. «

Die Gruppe trank einen weiteren Schluck aus den Gläsern. Die Besucher des Neuen-Imperiums merkten eine spürbare Veränderung. Der erfrischende Geschmack wich einer wohltuenden Entspannung. John Hunter lehnte sich in seinem Stuhl zurück und genoss die Sonne.

»Ein schönes Plätzchen«, sagte er. »Hier lässt es sich leben. «

Die anderen Crewmitglieder empfanden das Gleiche. Die Sonnenstrahlen wärmten den Platz auf.

»Sie bemerken, dass sich das Getränk positiv auf ihren Gemütszustand auswirkt«, sagte Fest. »Das ist nur eine der vitalisierenden Wirkungen dieser Flüssigkeit. «

»Ich könnte jetzt die ganze Zeit hier sitzen bleiben und die schöne Stadt anschauen«, sagte Leutnant Morin.

Captain Hunter stand auf.
»Dafür sind wir aber nicht gekommen«, erwiderte er. »Zeigen sie uns die Schönheiten ihres Planeten«, forderte er Fest auf.

Die junge Frau schmunzelte ihn an.
»Es ist faszinierend, wie sie die Wirkung des Getränkes ignorieren«, antwortete sie. »Dukart ist ein erfrischendes Getränk, nach dem man sich intensiv fit und frei fühlt. Man strotzt nur so vor Unternehmungsdrang. «

Sie winkte einem Gleiter, der vor dem Haus der Zusammenkunft hielt. Er war das gleiche Gefährt, das die Gäste bereits von dem Raum-Flughafen abgeholt hatte. Aragonische Sicherheits-Offiziere stiegen aus. Captain Hunter erkannte die Legatoren Tankbaan und Larkbaan.

»Ich zeige ihnen jetzt ein wenig von unserem Planeten«, sagte Feist.

Sie stand auf und folgte dem Beispiel von Captain Hunter. Die restlichen Crew-Mitglieder der Cuuda erhoben sich widerwillig von ihren Stühlen. Die Gruppe schritt auf den wartenden Gleiter zu. Captain Hunter begrüßte die Legatoren.

»Sie sind den ganzen Tag für unsere Betreuung abgestellt? «, fragte er.

»Das machen wir gerne«, antwortete Legat Tankbaan. »Wir haben hier nicht allzu oft Gäste. Hoffentlich ändert sich das bald wieder. «

Er wartete, bis Fest in Begleitung ihrer Gäste eingestiegen war, dann sprang er selbst in den Gleiter schloss den Schott. Fest gab den Befehl zum Abheben.

Völlig geräuschlos hob der Gleiter vom Boden ab und flog durch die Straßen der Hauptstadt. Sie wirkten wie leer, kein Argoner war zu sehen. Schnell hatten die Piloten die Stadt hinter sich gelassen. Der Gleiter nahm an Höhe zu und beschleunigte. Die Straßen außerhalb der Hauptstadt mündeten alle in unterschiedliche Richtungen. Die Crew der Cuuda blickte aus den großen Fenstern des Gleiters und erkannte ein Farbenmeer von Feldern und Beeten.

»Alles ist in geordnete Pflanzen-Reservate eingeteilt«, erklärte Fest.

Vor ihnen lagen große Flächen und abgeteilte Pflanzbereiche, die alle eine unterschiedliche Farbe aufwiesen. Sie flogen über einen Sektor, wo großräumig unterschiedlich große Flachdach-Hallen sichtbar wurden. Der Gleiter verringerte die Höhe. Jetzt erkannte die Crew, dass es sich um mehrere Bauten handelte, die dicht an dicht angereiht waren. Vor den Hallen waren große Plätze angelegt. Zahlreiche Transport-Gleiter standen hiervor. Eine Menge Roboter, Lademaschinen transportierten Container hin und her.

»Das sind unsere Nachzucht-Stationen«, teilte Fest mit. »Hier wird jede Pflanze auf Reinheit geprüft und zertifiziert. Teilweise wird der Samen der Pflanzen entnommen und eingelagert. Später können hiervon Kreuzungen mit anderen Gewächsen vorgenommen werden. «

»Das sind über 50 Kilometer bebauter Fläche «, schätzte der Captain erstaunt.

Fest blickte ihn von der Seite aus an.
»Bedingt durch immer neue Einfuhren, Kreuzungen und Züchtungen, reichten die Gebäude nicht mehr aus«, erklärte sie. »Sie wurden kontinuierlich erweitert. Die Fläche dieses Bereiches beträgt exakt 83 Kilometer. «

Der Gleiter vollführte eine Kurve und bog nach links ab. Von vorne wurden die Konturen von hohen Wäldern sichtbar.

»Was sind das für riesige Bäume? «, erkundigte sich Leutnant Graves.

»Das sind unsere besonderen Prachtstücke«, antwortete Fest. »Exemplare dieser Riesenbäume haben unsere Forscher auf einem Planeten entdeckt, der leider nicht mehr existiert. Sie werden maximal 180 Meter hoch. Die Ältesten von ihnen sind über 9.000 Jahre alt. Ihr Stamm-Durchmesser kann bis 35 Metern betragen. Von ihnen werden ausreichend Setzlinge gezogen, da wir nicht mehr auf ihren Ursprungs-Planeten zugreifen können. Diese Bäume werden von uns gemolken. Sie scheiden ein Extrakt aus, der Grundlage für eine Medizin ist, die den Zellzerfall verlangsamt. Hierdurch können Lebewesen, bei einem täglichen Konsum, das 3-fache Lebensalter erreichen.

Natürlich werden noch Zusätze von anderen Gewächsen in diese Substanz integriert. Aus unseren Geschichtsbüchern wissen wir, dass die alten Natrader sehr begeistert hiervon waren. Unsere Forscher und Medizintechniker blicken auf eine lange Zeit der Forschung und Entwicklung zurück. Sie können sich vorstellen, dass unsere Medizin bereits im natradischen Kaiser-Imperium sehr begehrt war. «

»Davon habe ich gehört«, entgegnete Captain Hunter. Wieder wendete das Fluggerät seine Richtung. Die Sonne wanderte langsam zum Heck des Gleiters vor. Vor ihnen zeichnete sich eine Anhäufung von Turm-Bauten ab, die sich strahlend gegen den blauen Horizont erhoben. Sie wirkten wie eine ganze Schar von Lanzen, die zum Himmel aufgerichtet waren.

»Diese dünnen Türme sind Wurzel-Türme«, erklärte Fest. »Hier werden lange Wurzeln gezüchtet, die ab einer gewissen Größe veredelt werden. Nach einer Aussaat sprießen an unterschiedlichen Stellen der Wurzel neue Gewächse aus dem Boden. «

Die Crew des Cuuda-Schiffes war von dem technischen Wissen von Fest und über die von ihr vermittelte Pflanzenkunde begeistert.

Diese argonischen Planeten waren einzigartig und vermutlich in der ganzen Milchstraße nicht ein zweites Mal zu finden.

Vor dem Gleiter breitete sich eine weite, flache Ebene aus. Die großen Grünflächen wurden von Teichen und kleinen Seen unterbrochen. In ihnen bewegten sich Wasserpflanzen hin und her.

»Das sind unsere Reservate mit Bodenkräutern und Kriechgewächsen«, sagte Fest. »Die eingearbeiteten Straßen dienen lediglich zur Pflege und zum Abtransport der Pflanzen. «
Fest zeigte mit ihrer Hand nach vorne. Neue Gebäude kamen in Sicht, die keiner irdischen Architektur ähnelten. Alle Bauten waren in hellem Rot gehalten und erinnerten an übergroße Tomaten. Auch hier waren große Flächen

vor den Gebäuden angelegt, auf denen zahlreiche Transport-Gleiter standen. Der Gleiter verringerte seine Höhe. Die Besucher des Neuen-Imperiums sahen, wie vor den Gebäuden viele Argoner ihre Arbeit verrichteten. Zahlreiche Anti-Grav-Plattformen standen auf dem Platz. Sie wurden mit großen Containern beladen. Unterschiedliche Roboter trugen Boxen heran und stapelten diese auf Plattformen.

»Das sind die sogenannten Prüfstellen unseres Planeten«, schmunzelte Fest. »Die Qualitätskontrollen auf den unterschiedlichen Produktionsstufen wurden sehr hoch angesiedelt. Es erfolgt immer wieder eine Zwischen-Kontrolle des Fertigungsgutes. Eine Verunreinigung durch andere Blütensamen wird hierdurch vermieden. Erst nach einer bestandenen Prüfung dürfen die ursprünglichen reinen Pflanzen der medizinischen Verarbeitung übergeben werden. «

Die Besucher von der Cuuda-001 nahmen alles in sich auf. Der Gleiter beschleunigte und gewann wieder an Höhe. Unter ihnen lagen jetzt bunte Felder, die alle in anderen Farben blühten.

» Wie viele unterschiedliche Gewächse und Pflanzen gibt es auf ihrem Planeten? «, fragte John Hunter.

»Da muss ich kurz überlegen«, antwortete Fest Bakadin. Sie überlegte einen Augenblick.

» Nach der letzten Zählung wachsen bei uns 84 Millionen Arten von Pflanzen«, teilte sie mit. » Sie alle dienen auf irgendeiner Art der Produktion von unterschiedlichen Medizin-Produkten. Sie können sich vorstellen, dass unsere Vorfahren, auch in Begleitung der natradischen Kaiser-Flotte, die zehnfache Menge von Pflanzen eingesammelt und geprüft haben muss. Jedoch konnten viele dieser Gewächse keinem medizinischen Zweck zugeordnet werden. Bei diesen Pflanzen hatte sich eine Nachzucht als nicht lohnend gezeigt. Das ist aber noch nicht alles.

Wir können auf einen Bestand von 820.000 Färberpflanzen zurückschauen, die für die Einfärbung von Arzneimedikamenten, Textilien oder anderen Dingen des täglichen Lebens gebraucht werden. Alle sind gesundheitlich bedenkenlos. Sie scheiden biologisch abbaubare, aber intensive Farbstoffe aus. Die ganzen Pflanzen sind in unterschiedlichen Reservaten und Sektoren zusammengefasst. Es gibt auf unseren Planeten urwaldtypische Feuchtzonen, Trockenzonen oder auch gemäßigte Klimazonen, die alle mit entsprechenden Insekten angereichert wurden. Auch sie sind notwendig, um langfristig den Erhalt der Pflanzen zu sichern. «

Sie ließ eine kurze Pause vergehen.
»Da wir durch den großen Krieg in der Milchstraße auf uns allein gestellt waren, gibt es auch reichlich viele Ernährungspflanzen, die wir aber nur für unsere eigene Verwertung anbauen«, sagte sie. »Diese Pflanzen sichern unseren Fortbestand. «

Die Besucher der Cuuda-001 waren begeistert von der abwechslungsreichen Landschaft.

Der Gleiter erreichte die maximale Flughöhe von 200 Metern. Im Vergleich zu den bisherigen Park-Landschaften näherte sich der Gleiter jetzt einer der vielen urweltlichen Grünzonen, die unter einer dichten Wolkendecke sichtbar wurden. Es sah aus, als ob Regen in die Gebiete tropfte. Sie waren umgeben von unzähligen runden Gebäuden, die anscheinend die Aufgabe hatten, das intakte Klima für diesen Sektor aufrechtzuerhalten.

Der Planet Argon war von einer gewissen Betriebsamkeit erfüllt, doch nicht von dem pulsierenden Leben einer der vielen Industriewelten alter natradischer Gattung. Der Planet war überwiegend ein blühender Garten, auf denen die Bewohner bislang weder Angst noch Sorgen kannten.

Der Gleiter flog eine breite Schleife nach rechts und näherte sich den am Horizont erkennbaren hellen Flecken.

»Dort beginnt der Trockenbereich unseres Planeten«, lächelte Fest. »Er ist vergleichbar mit einem Wüstengebiet. Unter dem Sand verbergen sich weitere seltsame Pflanzen, die ebenfalls wieder eine wichtige medizinische Funktion haben.
» Wie viele Einwohner gibt es auf ihrem Planeten? «, fragte Leutnant Morin,

»Aufgrund der medizinischen Expansion unserer Pflanzen, wurde die Einwohnerzahl auf 5 Millionen Einwohner beschränkt«, antwortete sie. » Jeder unserer Planeten darf maximal 5 Millionen Argoner beheimaten. Die Zahl kann zwar leicht nach oben und nach unten variieren, aber unsere Geburtenkontrolle drückt die Einwohnerzahl exakt in diesen Rahmen. Das alles ist harmonisch mit der Natur in Einklang gebracht. «

»Wünschen sich ihre Einwohner nicht mehr Nachwuchs? «, fragte schon Captain Hunter.

Fest schaute ihn irritiert an.
»Der Wunsch nach Nachwuchs muss erst einmal von unserer Regierung genehmigt werden«, erwiderte sie. »Es folgt eine Bedarfsanalyse, über welche freie Stellen irgendein Planet unseres Systems zum Zeitpunkt der Geburt verfügt. Dann erfolgt eine Hochrechnung, wie viele ältere Argoner in naher Zukunft altersbedingt unsere Planeten verlassen werden. Nur diese Zahl kann für Nachkommen freigehalten werden. Sie können sich vorstellen, dass die Nachwuchsregelung über einen Verteilungsplan der freien Stellen erfolgt. Nur Familien, mit einem ausgeprägten Sinn für die Aufzucht des Nachwuchses, haben gute Chancen den Zuspruch der Regierung zu erhalten. «

»Das scheint mir ein kompliziertes Verfahren zu sein«, bemerkte John Hunter.

Fest schaute ihn traurig an.

»Da haben sie Recht«, antwortete sie. »Aus diesem Grunde verzichten viele Familien, einen Antrag auf Nachwuchs zu stellen. «

»Entsteht kein Unmut in der Gesellschaft? «, fragte Leutnant Morin.

»Bisher nicht«, erwiderte Fest. »Unsere ganze Bevölkerung scheint hiermit zufrieden zu sein. Sie fügt sich harmonisch in die Bestimmung des medizinischen Aspektes ein. «

»Höre ich da etwas Unmut in ihrer Stimme? «, fragte Captain Hunter.

Fest drehte ihr Gesicht ab und schaute aus dem Fenster. Sie verzichtete auf eine Antwort.

» Seit wie vielen Jahren wird das praktiziert? «, fragte John nach.

»Ich kenne es nicht anders«, antwortete Fest. »Dieses Verfahren wird schon sehr lange praktiziert. Wie ich informiert bin, wurde es einige Dekaden vor dem ersten Kontakt mit dem kaiserlichen Imperium beschlossen. «

Fest dreht ihren Kopf wieder John zu. Er sah, dass Tränen ihre Wangen hinunterliefen.

Er zog sie an sich und legte seinen Arm um ihre rechte Schulter. Dann näherte er sich mit seinem Mund ihrem Ohr und flüsterte ihr zu.

»Es gibt für alles eine Lösung, wenn nicht hier, dann bei uns«, beruhigte er sie.
Ihr Gesicht hellte sich merklich auf.

»Eingehender Funkspruch«, teilte einer der Piloten mit. »Es ist der Palast der Regierung. Man möchte sie sprechen. Ich lege das Gespräch nach hinten. «

»Machen sie das«, antwortete Fest.
Sie nahm den Kommunikator von der Wand ab.

»Hier ist Fest Bakadin«, sprach sie in das Gerät. »Wer ruft? «

»Hier ist das Büro des Kanzlers«, kam die Antwort durch die Leitung. »Bitte kommen sie zurück. Unsere Entscheidung ist gefallen. Das Parlament hat abgestimmt. Bringen sie ihre Gäste mit, damit wir ihnen unsere Entscheidung verkünden können. «

»Wir kommen zurück«, antwortete Fest. »Danke für ihre Nachricht. «

Sie unterbrach die Leitung.
» Es ist so weit«, verkündete sie. » Die weise Zusammenkunft hat entschieden. Wir fliegen zurück zum Palast. «

Sie gab den Piloten die Anweisung umzukehren. Der Gleiter flog eine Schleife und leitete die Kehrtwendung ein. Schnell gewann er an Höhe und beschleunigte. Das Fluggerät schwebte der Hauptstadt des dritten Planeten entgegen. Die Regierung wollte die Gäste nicht länger warten lassen.

Die Crew der Cuuda-001 wurde diesmal in einen kleineren Saal geleitet. Es schien eher ein Arbeitszimmer zu sein. Der Sekretär des Kanzlers empfing die Gruppe.

»Bitte gedulden sie sich einen Augenblick«, teilte er mit. »Der Kanzler wird ihnen gleich seine Aufwartung machen.«

Nach diesen Worten verließ er den Raum. Fest zeigte auf die Stühle.

»Möchten sie Platz nehmen? «, fragte sie.

Captain Hunter und sein Team folgte ihrem Wunsch und machten es sich in den Sesseln gemütlich.

»Darf ich ihnen etwas zu trinken anbieten? «, ergänzte sie.

»Etwas Wasser wäre gut«, antwortete Hunter. »Mehr brauchen wir nicht. «

Fest füllte die Gläser der Gäste.

Die Türe öffnete sich und der Kanzler trat ein. Ihm folgten sein Sekretär und ein weiterer Bediensteter.

»Sie sind schon da«, freute sich der Kanzler. »Sehr schön, ich hoffe, sie haben den Flug über unseren Planeten genossen und konnten einiges kennenlernen. «

»Wir sind begeistert von der Vielfalt ihrer Pflanzen und Gewächse«, sagte Captain Hunter. »Für uns wirkt ihr Planet wie ein Paradies. «

»Nicht nur für sie«, antwortete der Kanzler. »Auch wir Argoner sind stolz auf die Blütenvielfalt und die große Anzahl von Gewächsen, die wir hier über viele Jahre züchten konnten. «

Sein Gesicht wurde plötzlich ernster.
»Kommen wir zu dem eigentlichen Thema ihres Besuches«, sagte er. »Unsere Regierung und die Abgeordneten der weisen Zusammenkunft haben entschieden. Mit großer Mehrheit wurde meiner Empfehlung zugestimmt und der Beitritt zu dem Neuen-Imperium von Tarid & Natrid beschlossen. Wir haben erkannt, dass es ohne einen gewissen Schutz nicht geht. Wir möchten unsere Planeten, die Pflanzen und Gewächse, aber auch unsere Sicherheit und Existenz, langfristig erhalten. Wir sind zu allem bereit und bieten ihnen umfangreiche Handelsverträge an.

Wir sehen einer intensiven Zusammenarbeit mit dem Neuen-Imperium gerne entgegen. Ihr Angebot, ein

Konsulat im Soll-System zu eröffnen, nehmen wir gerne an. Den letzten Ausschlag hierfür gab die von ihnen angesprochene neue Arten-Vielfalt von Pflanzen und Gewächsen in ihrem System, die wir vermutlich noch nicht kennen. Die Forscher und Wissenschaftler unseres Planeten werden in den nächsten Jahren genug zu tun haben, die Flora der Welten des Neuen-Imperiums zu analysieren, zu bestimmen und diese medizinischen Zwecken zu zuordnen. Wir freuen uns, wieder ein Mitglied des Neuen-Imperiums sein zu dürfen. «

Captain Hunter und seine Crew lächelte.
»Ihre Entscheidung ehrt uns sehr«, antwortete John. »Einen Wunsch habe ich noch. Ich habe bemerkt, das Fest an einer Weiterbildung und an der Erforschung des Universums sehr interessiert ist. Auf ihrer Welt kann sie nicht weiterkommen. Darf sie zu einer Ausbildung ins Sol-System kommen. Wir haben die Möglichkeiten ihre Fähigkeiten entsprechend zu fördern. «

John bemerkte, wie die Augen von Fest anfingen zu leuchten.

»Ist das ihr eigener Wunsch? «, fragte der Kanzler die Wissenschaftlerin.

Fest Bakadin nickte.
»Aber nur, wenn ich als abkömmlich bezeichnet werde«, antwortete sie. »Ich möchte nicht den Produktions-Prozess der Medizin beeinträchtigen. «

»Sie haben mit dem Produktions-Prozess nichts zu tun«, antwortete der Kanzler. »Ich sehe in ihren Wunsch nach Weiterbildung keine weiteren Probleme für unsere Produktion. «

Er blickte wieder Captain Hunter an.
»Ihrem Wunsch kann entsprochen werden«, entschied der Kanzler. »Fest Bakadin kann ihre Fortbildung bei ihnen im Sol-System durchführen. «

»Ich werde eine Nachricht an unsere Regierung übermitteln, dass sie uns ihre Zustimmung gegeben haben«, antwortete Captain Hunter. »Die Verträge werden durch unsere und ihre Politiker erstellt. Danke für ihren Entschluss, Fest ihren Wunsch zu ermöglichen. Ich ziehe mich mit meinem Team auf unser Schiff zurück. Wir werden so lange in ihrer Umlaufbahn bleiben, bis die Sicherungs-Flotte des Neuen-Imperiums eingetroffen ist und den Schutz für ihre Welt offiziell übernimmt. Wir möchten uns bei ihnen bedanken und sie als neuen Verbündeten und Mitglied des Imperiums herzlich begrüßen. «

Der Kanzler verbeugte sich.
»Der Dank ist auf unserer Seite«, antwortete er. » Diesen Wunsch hatten wir schon lange gehegt, konnten ihn nur nicht umsetzen. Der Weg ins Sol-System war für unsere Schiffe zu weit. Sie persönlich und ihr Team möchte ich gerne einladen, wieder unseren Planeten zu besuchen. Sie sind ein gern gesehener Gast. Sicherlich werden sie Fest zu gegebener Zeit abholen. Sie wird einiges von ihnen

lernen können. Kommen sie bald einmal wieder oder machen sie bei uns Urlaub und bringen sie ihre Familien mit. «

»Sofern unsere Arbeit es zulässt, machen wir das gerne«, antwortete John Hunter.

Er verabschiedete sich mit dem alten natradischen Gruß. Der Kanzler des argonischen Systems wiederholte diesen respektvoll.

»Ich begleite sie noch zu ihrem Schiff«, sagte Fest.
Sie nickte dem Kanzler zu. Dann verließ sie mit den Gästen den Saal und näherte sich dem vor dem Palast wartenden Gleiter.

»Sie waren meine Rettung«, verabschiedete Fest Captain Hunter. »Ich freue mich wirklich im Sol-System auf die weiteren Schulungen. «

Captain Hunter lächelte sie an.

»Wir sehen uns«, antwortete er. »Ich habe das nicht nur wegen den Schulungen vorgeschlagen. «

Fest schaute ihn irritiert an.
Die Crew der Cuuda-001 war wieder auf ihrem Schiff. John Hunter saß in seinem Kommando-Stuhl und blickte auf die Monitore. Sein 1. Offizier stand neben ihm.

»Wenn alle fremden Rassen so freundlich wären«, dann würde es keine Probleme in der Milchstraße geben«, sagte Leutnant Graves

»Leider ist es nicht an dem«, antwortete der Captain. »Gerade die Piraten werden wir zukünftig einer besonderen Beobachtung unterziehen. Wie ich weiß, stehen sie bereits auf der Liste von Major Travis. Wir werden in Kürze mit ihnen ernste Gespräche führen. Sie sind immer noch ein Krisenherd in der Milchstraße. «

Sein Blick fiel auf den Funk-Offizier.
»Leutnant Tannreich, öffnen sie mir bitte eine Hyperkomm-Funkverbindung ins Sol-System«, befahl er. »Stellen sie die Kommunikation über die Transponder-Stationen 39 und 17 her, direkt in die imperiale Zentrale von Tattarr. «

»Trotzdem wird der Funkspruch einige Zeit brauchen, bis er ankommt«, antwortete Leutnant Tannreich.

»Das macht nichts«, erwiderte John Hunter. »Wir haben Zeit und sichern das System ab, bis General Poison die Schutzflotte geschickt hat. «

»Sie können sprechen«, antwortete der Funk-Offizier. » Die Leitungen sind offen, die Relaisstationen 39 und 17 haben eingerastet. «

»Danke«, sagte John.

Er öffnete den Communicator und hielt ihn an seinen Mund.

»Hier spricht die Cuuda-001, unter dem Kommando von Captain Hunter«, sprach er in das Gerät. »Ich habe eine wichtige Nachricht für General Poison. Unsere Mission wurde erfolgreich beendet. Die Argoner haben zugesagt, dem Neuen-Imperium beizutreten. Sie werden mit uns intensive Beitrittsverhandlungen aufnehmen und über alle Handelsbeziehungen verhandeln. Sämtliche besprochenen Punkte wurden akzeptiert und vom Parlament abgesegnet. Sie erwarten den Besuch unserer Politiker zu Beitritts-Verträgen. Übersenden sie bitte die zugesagte Schutzflotte von Raumschiffen, um das System der Argoner zu sichern. Die Flotte meiner Schiffe konnte einen Angriff der Piraten vereiteln und zurückschlagen. Die Situation ist instabil. Wir nehmen so lange eine Schutzposition ein, bis die von ihnen zugesagte Flotte des Imperiums eintrifft. Captain Hunter, Ende der Übermittlung. «

Die Suchflotte der Daraner

Die daranische Flotte, exakt 5.000 Schiffe stark, materialisierte an den ermittelten Koordinaten der Gamma-Strahlung. Hier wurde der letzte Standort der Forschungs-Flotte ausgemacht. In breiter Formation verharrte die Flotte und aktivierte ihre Sensoren.

» Statusbericht«, fragte Königin Da'Jijahriess. »Was haben wir? «

Der Ortungs-Offizier Da' Sisaajhh schüttelte seinen Kopf. »Nichts«, antwortete er. »Es wird nur leerer Raum angezeigt. «

Die Königin war ungehalten.
»Es muss etwas hier sein«, schimpfte sie. »Intensivieren sie die Scans. Wir brauchen dringend Ergebnisse. Die Forschungs-Flotte umfasste 100 Schiffe. Sie kann nicht einfach verschwunden sein. Schalten sie die neuen Tiefenraum-Scanner hinzu. «

Enttäuscht stellte Da'Jijahriess fest, dass ihre Anstrengungen vergeblich gewesen waren. Es gab keinen einzigen Hinweis auf die vermisste Flotte. Sie musste die Schiffe finden.

»Sollte ich mich persönlich an der Suche beteiligen? «, dachte sie. » Vielleicht kann ich versuchen, sie auf eine ganz andere Weise zu finden? «

Die Königin aktivierte ihre zahlreichen Monitore und schaltete zusätzliche Sensoren ein. Sie zeichnete die aufgenommenen Bildsequenzen als Hologramme auf, so dass sie diese auch in anderen Teilen des Schiffes jederzeit abspielen konnte. Einen Vorteil hatte sie jedoch erkannt. Sie hatte bereits Sequenzen aufgezeichnet, an denen sich Spuren der Flotte feststellen ließen. Die aufgezeichnete Gamma-Strahlung hatte ihre Flotte direkt in diesen Sektor verwiesen. Dennoch war die Königin unzufrieden. Sie hatte vor dem letzten Sprung mehr erwartet. Ihr fehlten die Resultate.

Sie dachte an die Unter-Königinnen, die darauf aus waren, sie zu Fall zu bringen. Sie wusste, dass sie etwas vorweisen musste. Nur so konnte sie die Anwärterinnen auf ihr Amt auf Distanz halten. Es spielte keine Rolle, wie wertvoll die verschollene Flotte gewesen war. Sie war mit ihrer Hilfs-Flotte jetzt hier und versuchte die verschollenen Schiffe zu finden. Sie konnte etwas vorweisen, was die Anderen nicht besaßen, darauf kam es an.

»Als Königin bin ich etwas schlauer als ihr«, dachte sie zu sich selbst. »Das habe ich aber immer versucht, euch mitzuteilen. «

Sie blickte auf ihre Monitore. Die Scanner arbeiteten intensiv. Jede einzelne Kleinigkeit war interessant. Sie ließ die Sensoren kreisen und suchte den leeren Raumsektor ab.

» Königin«, meldete der Ortungs-Offizier. » Unsere Anzeigen schlagen aus. Der Tiefenscan hat scheinbar eine unzählige Menge von Metallsplittern geortet. «

Sie blickte ihn fragend an.
»Was bedeutet das? «, erkundigte sie sich.

»Die Metallsplitter sind eindeutig daranischen Ursprungs«, ergänzte der Ortungs-Offizier. » Die Metalle wurden einwandfrei identifiziert. Es scheinen minimale Reste unserer Flotte zu sein. Hier in diesem Sektor ist etwas Schlimmes passiert. Der Raum wurde hiernach eindeutig gesäubert. Wir können keine größeren Bruchstücke mehr ausmachen. «

Die Königin bemerkte, wie ein Schmerz ihren Körper durchdrang. Ähnlich wie der Stich eines scharfen Stachels, den sie Feinden in ihren Körper stieß. Sie hielt sich mit ihren Krallen an dem Kommando-Stuhl fest.

»Die ganze Flotte wurde zerstört? «, fragte sie nach.

»Es sieht tatsächlich danach aus«, antwortete ihr 1. Offizier.

» Was kann das bewirkt haben? «, fragte sie. » Unsere Schiffe waren bestens ausgerüstet. «

Die Königin war außer sich. Ihre ganzen Hoffnungen lagen am Boden. Ihr Traum, die verschollene Flotte nach Hause zu führen, hatte sich in Luft aufgelöst.

»Vielleicht sind sie in eine Falle geraten? «, antwortete Da'Tamsihajaas. » Sie scheinen unvorbereitet gewesen zu sein. Möglicherweise waren ihre Schutz-Schirme nicht aktiviert, als der Angriff auf sie erfolgte. «

»Das ist nicht möglich«, antwortete die Königin. » Gerade in unbekannten Sektoren haben alle Schiffe die Anweisung, ihre Schirme zu aktivieren. «

Sekundenlang blickte sie wie benommen auf ihre Bildschirme.

»Wir brauchen Ergebnisse«, sprach sie ihre Offiziere an. »So können wir den Nestern der Da'Ranaihijrs nicht gegenübertreten. Die Schuldigen müssen zur Rechenschaft gezogen werden. «

Ihr Stachel schlug rhythmisch mehrmals auf dem Boden auf.

Die Offiziere traten bei dem Wutausbruch der Königin einen Schritt zurück. Sie nickten und wandten sich wieder ihren Instrumenten zu.

Die Königin erhob sich aus ihrem Stuhl. Die Fühler ihres Kopfes wandten sich aufgeregt in Richtung der Crew.

»Alle Schiffe sollen ihre Späh-Drohnen ausschleusen«, befahl sie. »Jede noch so kleine Anomalie muss überprüft werden. Wir werden weitere Spuren finden. «

Sie erkannte, wie ihre Offiziere ihre Befehle an die wartenden Schiffe der Flotte weitergaben.

» Haben wir weitere Spuren der Gammastrahlung gefunden? «, fragte sie.

Der Ortungs-Offizier schüttelte seinen Kopf.
»Die Strahlen enden alle in diesem Sektor«, antwortete er schnell.

Die Königin spürte, wie ihre Beine zitterten. Sie war die Kommandantin der Flotte. Doch jetzt drohte sie unter der schweren Last der Verantwortung zusammenzubrechen.

»Ich bin dazu bestimmt worden unser Volk zu führen«, dachte sie. »Nicht um Kriege im Weltraum mit fremden Rassen zu führen. «

Sie verfluchte die Vorgaben ihrer Ahnen. Nur ihre Niederschriften und ihr Geltungsdrang hatten sie in diese Situation gebracht. Schnell fing sie sich wieder.

»Diese spezielle Situation erfordert meine Anwesenheit«, dachte sie. »Das wird von mir erwartet. Vielleicht hätte ich Hilfsflotten der quallenartigen Tentakel-Wesen mitnehmen sollen. Diese Rasse war für niedrige Arbeiten immer gut gewesen. Ich hätte überlegter agieren sollen. «
Sie schaute wieder auf ihre Monitore. Bisher hatte sie Glück gehabt und konnte es kaum fassen, wie sich die

Dinge entwickelt hatten. Es schienen tatsächlich fremde Wesen ihre moderne Forschungs-Flotte angegriffen und vernichtet zu haben. Sie konnte das nicht verstehen.

»Bisher sind wir immer davon ausgegangen, dass keine der minderen Lebensformen uns etwas anhaben konnte«, überlegte sie.

Wieder kamen ihr die verhassten humanoiden Wesen in den Sinn.

»Vermutlich waren es humanoide Wesen gewesen«, dachte sie. »Wo sind sie hergekommen? Sollten die ganzen Bemühungen meines Volkes über die vielen Jahre alle umsonst gewesen sein? «

Sie überlegte intensiv, kam aber zu keinem Ergebnis.

»Warum haben meine Soldaten die ganzen Jahrtausende humanoide Zivilisationen ausgelöscht, wenn wir jetzt von ihnen mit so viel Schmerz überhäuft werden«, fragte sie sich. »Waren unsere ganzen Bemühungen umsonst gewesen? «

Sie ertrug es nicht länger, mit ihren Gedanken allein zu sein. Die Königin besaß eine geschulte Crew. Sie beschloss die Vorgänge auf der Brücke ihres Flaggschiffes zu beobachten. Von hier aus konnte sie die weitere Entwicklung der Dinge steuern.

Längst wusste sie, dass nicht alle Besatzungs-Mitglieder bereit waren, den Kampf gegen humanoide Rassen fortzuführen. Doch immer wieder befahl sie mit scharfer Stimme die Richtung. Sie war die Kommandantin des Schiffes und der Flotte. Sie allein besaß die Befehlsgewalt und die Verantwortung des Reiches.

» Haben wir etwas? «, fragte die Königin ungeduldig.

»Nichts«, antwortete ihr 1. Offizier. »Die Situation ist unverändert. Sollen wir abbrechen und nach Hause fliegen? «

Die Königin schaute ihn irritiert an.

»Wie kannst du nur so eine Frage stellen? «, fauchte sie ihn an. » Wir haben keinen Erfolg vorzuweisen. Eine Rückkehr bedeutet Schande für uns und für diese Mission. Das ist dir doch hoffentlich auch bewusst. «

Sie ließ ihre Worte kurz wirken.
» Wir warten auf etwas«, stellte die Königin fest.

»Ja, aber auf was oder wen, das ist nicht klar«, entgegnete der 1. Offizier. »Wir laufen einem Gespenst nach. «

»Das Gespenst hat dann wohl auch unsere Flotte vernichtet«, erkundigte sich die Königin. »Ich frage mich ernsthaft, ob du als 1. Offizier in der geeigneten Position bist? Es ist für uns nicht möglich, so leicht aufzugeben. «

Die Roboter-Drohne explodierte in einer grellen Stichflamme, die sich schnell ausbreitete. Sie war gegen ein Energieschild geflogen, das sie nicht durchdringen konnte. Die schnellen Drohnen waren die Spürhunde der daranischen Flotte. Sie drangen in Gebiete vor, die von der Flotte vorher nicht angepeilt wurden. Die Explosion der Drohne ließ die Sensoren auf den daranischen Schiffen bis zum Anschlag ausschlagen.

» Wir haben etwas, Königin«, meldete der Ortungs-Offizier Da'Sisaajhh aufgeregt.

Die Königin und ihr 1. Offizier Blick blickten sich an. »Sprechen sie bitte«, befahl die Königin.

»Eine unserer Drohnen wurde vernichtet«, erklärte der Ortungs-Offizier. »Die Position liegt 1,5 Lichtjahre südwestlich von uns. «

»Verzeichnen wir dort ein starkes Flottenaufkommen? «, fragte die Königin.

» Nein«, lautete die Antwort. » An diesen Koordinaten orten wir nicht das Geringste. Es ist leerer Raum. «

»Etwas muss die Drohne zerstört haben«, erwiderte die Königin. » Das ist uns hoffentlich allen klar. Sofort geringen Schub aufnehmen und sich den Koordinaten nähern. Irgendetwas muss an dieser Stelle sein. «

Kunst-System Santaron

»Ich habe eine starke Struktur-Verschiebung an der Position unseres zerstörten Horch-Postens registriert«, meldete der Ortungs-Offizier der santaranischen Raumüberwachung.

Admiral Gentrin schaute ihn an.
»In welchem Sektor«, fragte er.

»Die Koordinaten liegen 1.5 Lichtjahre vor unserem Kunst-System«, antwortete Offizier Woltrin. »Die Daten aktualisieren sich. Eine Flotte von 5.000 Schiffen fremder Herkunft, ist materialisiert. Die Energie-Emissionen sind identisch mit der von uns vernichteten Flotte der Daraner. Sie haben Recht behalten, Admiral. Es ist eine weitere Flotte der Fremden. «

Admiral Gentrin sah seine schlimmsten Erwartungen bestätigt. Eine neue Flotte der Fremden, diesmal in einem Umfang von 5.000 Schiffen, war ein nicht zu übersehender Machtfaktor. In dem Admiral liefen die Daten ab, wie in einem Computer.

» Wir können ihnen derzeit nur 3 schwere Schiffs-Kohorten entgegenwerfen«, dachte der Admiral. » Die leichten Verbände der Heimatverteidigung werden keine große Chance gegen die Schiffe haben. «

Er wusste, dass dies kein ausgewogenes Verhältnis war. Der Schutzschirm der fremden Schiffe konnte nur mit einem konzentrierten Beschuss von drei Schiffen aufgerissen werden.

» Was macht die Flotte? «, fragte Admiral Gentrin.

»Sie steht still auf einem Fleck«, antwortete der Ortungs-Offizier Woltrin. »Vermutlich scannen sie die Umgebung. «

»Hoffen wir einmal, dass sie unseren Tarnschild nicht identifizieren können«, erwiderte der Admiral.

» Ich messe erhöhte Energie-Emissionen«, ergänzte der Ortungs-Offizier. » Sie schleusen eine Unmenge von Drohnen aus ihren Schiffen aus. Alle erdenklichen Richtungen werden angeflogen. «

Admiral Gentrin ereilte eine Vorahnung. Er wusste, dass die Entdeckung ihres Kunst-Systems nur noch eine Frage der Zeit war.

»Sind die Drohnen auch in unsere Richtung unterwegs? « »Ja«, antwortete der Offizier Woltrin. » Eine ganze Menge bewegt sich in unsere Richtung. «

»Beobachten sie diese Drohnen weiter«, befahl der Admiral. »Ich brauche eine Leitung zur Admiral Cartero. Verbinden sie mich mit der 3. Flotten-Kohorte. «

»Die Leitung ist offen«, antwortete Funk-Offizier Dantrin. » Sie können sprechen, Herr Admiral. «

»Hier spricht die Admiralität von Santaron«, sprach der Admiral in den Kommunikator. » Ich rufe Flotten-Admiral Cartero. Hören sie mich Cartero? «

»Klar und deutlich«, erwiderte der Flotten-Admiral. »Was gibt es so Dringendes? «

»Admiral Gentrin spricht«, antwortete die Flottenführung. »Wir haben 5.000 Schiffe der Daraner geortet. Sie stehen 1,5 Lichtjahre vor unserem System. «

»Wir haben sie auch auf unseren Schirmen«, antwortete Cartero gelassen. »Noch haben sie unseren Tarnschirm nicht geortet. «

»Das wird aber vermutlich nicht mehr lange dauern«, teilte Admiral Gentrin mit. »Die Schiffe sind mit hochsensiblen Sensoren ausgestattet. Zusätzlich beginnen sie mit der Ausschleusung einer Unmenge von Drohnen. Diese fliegen in alle Richtungen. Ich vermute stark, dass in Kürze eine Drohne auf unseren Schutzschirm aufschlägt. Die hieraus resultierende Explosion des Aufschlages wird unseren Standort verraten. «

»Wir können es leider im Moment nicht ändern«, antwortete Admiral Cartero. »Auch wenn wir die Drohnen vorher zerstören würden, wird uns die Explosion verraten. Warten wir ab, ob etwas passiert. Uns beiden war doch schon lange klar, dass dieser Zeitpunkt irgendwann eintreten musste. «

»Soll ich ihnen Verstärkung senden? «, fragte Admiral Gentrin. » Sie stehen immerhin 5.000 Schiffen gegenüber.«

»Eine fast aussichtslose Position meinen sie? «, antwortete Admiral Cartero. » Das ist ihre Entscheidung. Sie schwächen hiermit andere Sektoren unseres Systems. Natürlich können wir Hilfe gebrauchen. «

»Ich veranlasse alles Notwendige«, sagte der Admiral. Er unterbrach das Gespräch und blickte seinen Funk-Offizier an.

»Ich brauche eine Doppelverbindung zu der 7. und 9. Flotten-Kohorte«, befahl er.

»Sir können sprechen, Admiral«, antwortete Offizier Dantrin. »Die Verbindung wird bereits aufgebaut. «

»Hier ist die Admiralität von Santaron«, sprach er in seinen Kommunikator. »Ich rufe Admiral Roltrin und Admiral Santrin. Hören sie mich? «

Die angesprochenen Flotten-Admirale bestätigten die Stabilität der Verbindung.

»Wir haben eine Flotte von 5.000 daranischen Schiffen ausgemacht«, teilte er mit. »Admiral Cartero stellt sich ihnen mit seiner Flotten-Kohorte entgegen. Sie wissen, was dies bedeutet. Verlassen sie unverzüglich ihre Positionen und unterstützen sie ihn. Das ist ein Befehl der obersten Admiralität. Die 3. Flotten-Kohorte von Admiral Cartero ist der Menge der Angreifer allein nicht gewachsen. Ich wiederhole nochmals den Befehl. Verlassen sie sofort ihre Position und fliegen sie mit Höchstgeschwindigkeit an die Position der 3. Flotten-Kohorte. «

Die Flotten-Admirale bestätigten den Befehl. Admiral Gentrin beendete die Leitung. Er blickte auf seine Monitore und erkannte, wie die 7. und die 9. Flotten-Kohorte beschleunigte und im Hyperraum verschwand.

Sein Blick wendete sich wieder den Monitoren zu, welche die wartende Flotte der Daraner zeigte. Gerade noch rechtzeitig sah er, wie sich eine Drohne mit Höchstgeschwindigkeit der Position des Tarn-Schutzschildes näherte und auf ihm aufschlug. Eine grelle Explosion zeigte die Zerstörung der Drohne an.

»Jetzt werden sie die Position ermittelt haben«, murmelte Admiral Gentrin.

»Die fremde Flotte setzt sich in Bewegung«, teilte der Ortungs-Offizier mit. »Sie hat eine minimale Geschwindigkeit aufgenommen. Achtung, sie ist auf einen direkten Kollisionskurs eingeschwenkt. «

Flotte des Neuen-Imperiums

Die Flotte des Neuen-Imperiums von Tarid & Natrid materialisierte im Leerraum, unterhalb des Sombrero-Nebels. Der Schiffs-Verband ging in geordneter Formation in den Standby-Modus und wartete auf neue Befehle der Flottenführung. Die lantranischen Evolutions-Schiffe hatten sich an die Spitze der Speer-Formation gesetzt.

Sind alle Schiffe durchgekommen? «, fragte Major Travis.

»Ich bekomme gerade die neuen Ordnungsdaten«, antwortete Sergeant Dantow. » Die Anzeigen bauen sich auf. «

Er blickte intensiv auf seinen Monitor und wartete die Zählung der Schiffe durch die Hypertronic-KI ab.

»Alle Schiffe sind durch«, entgegnete er. »Wir haben keines verloren. «

»Danke Sergeant Dantow«, sagte Major Travis.

Sein Blick fiel auf Sergeant Farmer. Dieser kannte die Wünsche des Majors bereits von den früheren gemeinsamen Missionen. Er blickte ihn an.

»Öffnen sie mir eine Verbindung zu Heran«, bat der Major.

» Die Leitung steht«, antwortete Sergeant Farmer. » Sie können sprechen. «

»Heran, hörst du mich? «, sprach der Major in seinen Communicator.

» Klar und deutlich«, kam die Antwort zurück. » Der nächste Sprung bringt uns kurz vor das Kunst-System Santaron. Dann sehen wir, was da los ist. «

»Schalte deinen Personen-Transmitter ein«, erwiderte Major Travis. » Wir setzen zu dir über. «

»Der Transmitter wurde aktiviert«, antwortete Heran. »Die KI und meine Wenigkeit erwarten euch«, erwiderte er. »Wir sind bereit. «

»Bis gleich«, antwortete Major Travis und unterbrach die Verbindung.

Er blickte in die Runde seiner Crew.

»Heinze, Barenseigs, ihr beide begleitet mich«, sagte er.

Der Gildor hob erstaunt seinen Kopf, scheinbar hatte er nicht erwartet, ebenfalls auf das Schiff von Heran übersetzen zu dürfen.

Major Travis erhob sich aus seinem Kommando-Sessel. Zusammen mit Heinze und Barenseigs trat er aus dem Schott der Kommando- Zentrale heraus. Schnellen Schrittes eilte die Gruppe zu dem zentralen Turbolift. Er brachte sie zu der Transmitter-Zentrale. Der zuständige Offizier salutierte bei dem Eintritt der Gruppe. Er hatte bereits die Anlage aktiviert, Commander Brenzby hatte ihn informiert.

»Haben sie das Schiff von Heran erfasst? «, fragte der Major.

Der Transmitter-Experte nickte.

»Die Anlagen haben sich bereits synchronisiert«, antwortete er. »Die Koordinaten des lantranischen Schiffes wurden einprogrammiert. «

Vor ihnen leuchtete der Durchgang des Transmitter-Bogens in dem bekannten hellblauen Licht auf. Nacheinander schritten Major Travis, Barenseigs und Heinze in den künstlichen Durchgang.

Nur Sekunden später traten sie auf der Gegenseite wieder heraus. Der Lantraner erwartete sie bereits freudig.

» Es ist schön euch zu sehen«, begrüßte er die Freunde von der Termar 1. »Folgt mit in die Zentrale. «

Es dauerte nicht lange, bis die Gruppe die Zentrale des Evolutions-Schiffes erreicht hatte.

» KI, wir brauchen drei zusätzliche Sitzplätze«, befahl Heran beim Durchschreiten des Schotts.

»Sitzgelegenheiten werden modelliert«, antwortete die KI.

Aus dem Boden formten sich drei feste Schalensitze. Major Travis war immer wieder von den Möglichkeiten des Evolutions-Schiffes fasziniert.

»Bitte setzt euch«, sagte Heran.

Die Gäste nahmen ihre Plätze ein. Sie bemerkten, wie die Sitze sich fest an ihren Körper anlegten.

»Es geht los«, sagte Heran. »KI, schalte die Tarnung ein und aktiviere ein kleines Wurmloch für unser Schiff. Die Koordinaten sind das Santaron-System. «

»Dein Wunsch wird ausgeführt«, antwortete die KI.

Heran beschleunigte sein Schiff und flog in das Wurmloch hinein. Sekunden später traten sie an der programmierten Position wieder aus. Nur ein heller Blitz zeigte für mögliche außenstehende Beobachter die Öffnung des Wurmloches an. Dieses Phänomen konnte auch von galaktischen Sonnenstürmen erzeugt werden.

Das Evolutions-Schiff von Heran bezog eine Position, etwas unterhalb des Kunst-Systems Santaron.

»Außenmonitore aktivieren«, befahl Heran.

»Dein Wunsch wird ausgeführt«, erwiderte die weibliche Stimme der Hypertronic-KI.

Major Travis musste schmunzeln, als er erkannte, dass die KI Heran nicht mehr mit unterschiedlichen Namen betitelte.

»Hast du Änderungen an der KI des Schiffes vorgenommen? «, fragte er Heran.

Der schaute ihn lächelnd an.

»Ich habe ihr verboten, mich Lieber, Gebieter oder Herrscher, zu nennen«, antwortete er. »Es kann nicht sein, dass sich eine lantranische Hypertronic-KI immer neue Namen für mich ausdenkt. «

»Das ist der Vorteil einer hochgenerierten Hypertronic-KI«, antwortete der Major. » Sie vermittelt dir eine gewisse Art der Verbundenheit. «

Heran verzog sein Gesicht. Bevor er antworten konnte, wechselte der Major das Thema.

»Wo liegt das Kunst-System Santaron? «, erkundigte er sich

Barenseigs schaute ihn an.

»Mir wirkt hier alles sehr vertraut«, antwortete er. »Es liegt 30.000 km vor uns. Unser Tarn-Schutzfeld ist aktiv. Wir können es nicht sehen. «

»Das werden wir gleich ändern«, antwortete Heran.

Barenseigs schaute ihn von der Seite an.

Heran bemerkte den Blick des Gildoren.

»Ich erklärte ihnen bereits, dass es alles nur eine Frage der Technik ist«, schmunzelte er. »KI, bitte die Intensiv-Scanner aktivieren. «

»Dein Wunsch wird ausgeführt, großer Heran«, antwortete die KI.

Der Major blickte Heran von der Seite an, doch der Lantraner ignorierte seinen Blick.

Auf dem zentralen Bildschirm sah das Team des Neuen-Imperiums, wie sich langsam Konturen eines großen Sternen-Systems vor ihnen kristallisierten. Die Konturen wurden stärker und schärfer.

Major Travis pfiff durch seine Zähne.

»Das System ist größer als das Sol-System«, erkannte er. »Die Ausdehnung scheint eine Größe von mindestens 3 Lichtjahren zu haben. «

»Das ist unsere neue Heimat«, erklärte Barenseigs stolz. »Warum sollte sie nicht größer sein als unser altes Sternen-System. Sie besitzt einen Durchmesser von 3,2 Lichtjahren«.

»Wie kann man ein solches System mit einem Schutzschirm absichern?«, fragte Major Travis.

»Das ist eine grandiose Entwicklung unserer Vorfahren«, antwortete Barenseigs. »Die Basis der Energie-Versorgung liefern die drei Sonnen, welche in der Mitte unseres Systems angesiedelt wurden. Per Zapfstrahl werden die Sonnen gemolken und ihre Energie in zahlreiche Schirmfeld-Anlagen geleitet, die rings um unser System auf Planeten und Asteroiden verteilt sind. In Verbindung mit starken Generatoren, welche die Energieleistung nochmals verstärken, wird das benötigte Tarn-Schutzfeld aufgebaut. Jedoch ohne die Sonnen als zentrale Energie-Spender wäre das nicht möglich. Eine Meisterleistung unserer alten Wissenschaftler. «

»Ich bin mir nicht sicher, ob ihre heutige Gesellschaft diese Technik noch entwickeln könnte? «, bemerkte Heran.

Barenseigs schaute ihn verärgert an.

»Ich weiß nicht, warum sie immer hierauf herumreiten müssen«, schimpfte Barenseigs. «

Heran hob seine Arme in die Luft und war sich keiner Schuld bewusst.

»Durch die Entscheidungen unseres großen Auditoriums wurden leider viele Jahrtausende die Forschung und Entwicklung auf unserem Planeten vernachlässigt«, erklärte der Gildor. »Wie sagen die Terraner, der Beruf war nicht mehr lukrativ. Viele unserer ehemals begabten Wissenschaftler und Ingenieure gingen verloren. Es wurde lange kein Nachwuchs mehr gefördert. Das alles ändert sich hoffentlich bald wieder. «

Major Travis schüttelte seinen Kopf.

»Das war keine umsichtige Entscheidung ihrer Regierung gewesen«, sagte er. »Hoffen wir einmal, dass sich das heute nicht rächt. «

»Sie beide kennen doch bereits etwas von unserer Geschichte«, erklärte Barenseigs. » Das große Auditorium ist erst nach der Absetzung von Admiral Tarin berufen worden. Es stand in den Anfängen lethargisch unter dem Einfluss des Geschehenen und dem beinahe Verlust unseres Volkes. Aufgrund dieser Sichtweise heraus wurde beschlossen, nie mehr in einen Krieg hineingerissen werden zu wollen. Die Abschottung von der Außenwelt war die Folge. Durch die Jahrtausende, die wir in Ruhe und Frieden leben konnten, wurde dieser Zustand noch verstärkt. «

»Ihre Geschichte ist bekannt«, antwortete Heran. » Das Resümee hieraus ist, dass ein großer und verlustreicher Krieg die beteiligten Rassen in den Abgrund stürzen und bleibende Schäden verursachen kann. «

»Können wir durch den Schutzschirm blicken? «, fragte der Major.

Heran lächelte ihn an.

»Nichts leichter als das«, erwiderte er. »KI, bitte analysiere die Energiestruktur des Schirmes und durchleuchte sie. «

»Die Energiestruktur wird analysiert und aufgehoben, Meister«, antworte die KI.

Heran hob seinen Kopf. Er bemerkte das Schmunzeln in Major Travis Gesicht.

»Jeder hat mit seinen eigenen kleinen Problemen zu kämpfen«, erklärte er. »Die Programmierung meiner Hypertronic-KI ist noch lange nicht abgeschlossen. «

Die riesige, gelbliche Blase des santaranischen Schutzschirmes wurde nach und nach transparenter. Der undurchsichtige Energienebel verblasste zusehends. Schließlich hatte er sich völlig aufgelöst.

Barenseigs zeigte auf die drei Sonnen, welche die Energien für den Schutzschirm lieferten. Auch die 13 Planeten konnten ausgemacht werden, die den Lebensraum für die santaranische Bevölkerung darstellten. Ein reger Schiffsverkehr war zwischen den Planeten festzustellen.

»Das Leben scheint weiterzugehen«, sagte Barenseigs. »Was sollten sie auch anderes machen? «

»Ich habe 600 Schiffe einer 800 Meter-Klasse nördlich des Schirmes ausgemacht«, bemerkte die Hypertronic-KI.
Sie zoomte das Bild heran.

Jetzt erkannten die Besucher aus dem Sol-System, dass sich hinter dem Schirm, der sich nur noch als Linie darstellte, eine Flotte von 600 Schiffen versammelt hatte.

Barenseigs erkannte die Zeichen auf den Schiffen.
»Das ist die Schiffs-Kohorte meines Vorgesetzten«, lachte er. »Admiral Cartero sichert die Vorderseite unseres Systems. «

»Ich registriere eine große Struktur-Verzerrung«, meldete die KI. »Sie liegt knapp 1,5 Lichtjahre hinter uns. «

»Auf den Schirm legen«, befahl Heran.

Die Beobachter sahen, wie eine Flotte von 5.000 großen Schiffen im Normalraum materialisierte.

»Sie formieren sich in eine Art Wabenform«, ergänzte die KI. »Ich registriere den Einsatz von Scannern. Die Umgebung wird untersucht. «

»Können sie uns sehen? «, fragte Heinze.

Heran schüttelte seinen Kopf.

»Wir sind für andere Schiffe nicht sichtbar«, antwortete er. »Macht euch keine Sorgen. Kannst du etwas empfangen? «

Heinze legte seinen Kopf in den Nacken.

»Es sind völlig fremdartige Gedankenmuster«, antwortete er. »Sie sind von einem Hass gegen humanoide Lebewesen zerfressen. Ihre Suche gilt einer vermissten Flotte von 100 Forschungs-Schiffen. Die Koordinaten enden hier in diesem Sektor. Es handelt sich um eine insektoide Lebensform, die von einer Groß-Königin angeführt wird. Sie sind auf der Suche nach den Zerstörern ihrer königlichen Nachwuchs-Nester vor 100.000 Jahren. Sie werden die Suche niemals aufgeben. Die Königin ist außer sich, dass noch keine Ergebnisse vorliegen. Sie hat Angst zu versagen, weil dann irgendwelche Unter-Königinnen sie vom Thron stoßen könnten. Sie bedauert, keine Hilfsflotten bei ihren tentakeligen Quallenwesen angefordert zu haben, die scheinbar im Wasser leben. Sie sind einer massiven Spur von Gamma-Strahlung hierhin gefolgt. «

»Das reicht«, sagte Heran. »Die Schiffsform wurde eindeutig als daranische Walzenform identifiziert. Meine KI konnte die Form abgleichen und bestätigen. Liebe Freunde, wir sehen hier die Spätfolgen von Admiral Tarins Vorgehensweise. Das Ganze ist nur entstanden, weil die ehemalige Evakuierungs-Flotte sich ihren Weg freigeschossen hat. «

Er blickte Barenseigs an.

»Ist ihnen das Lachen jetzt vergangen Gildor? «, fragte der Lantraner. » Ihr Vorgesetzter steht einer Flotte von 5.000 daranischen Schiffen gegenüber. «

Barenseigs schaute Heran verbittert an.

»Die Daraner kommen mit ihrer Suche nicht weiter«, erklärte Heinze. »Die Königin will Drohnen aussenden. «

Er hatte den Satz kaum ausgesprochen, als die Hypertronic-KI des Evolutions-Schiffes sich meldete.

»Es werden eine große Anzahl Drohnen ausgeschleust«, teilte sie mit.

Sie zoomte die Flotte der Daraner auf dem großen Bildschirm heran.

»Meine Zählung wurde abgeschlossen«, ergänzte die KI. »Es handelt sich exakt um 250.000 Drohnen. Sie schwärmen in alle Richtungen aus.«

Wie Hornissen flogen die Roboter-Drohnen aus den Schotts der daranischen Schiffen.

»Exakt 53 daranische Drohnen kommen direkt auf uns zu «, teilte die KI des Evolutions-Schiffes mit. »Sie befinden sich auf einem direkten Kollisionskurs. «

»Sofort das Zeit-Feld aktivieren«, befahl Heran. »Versetze das Schiff 15 Minuten in die Vergangenheit. «

»Dein Befehl wurde ausgeführt«, bestätigte die KI.

Der große Bildschirm flackerte kurz auf, dann stabilisierte er sich wieder. Die Drohnen waren von dem Bildschirm verschwunden.

»Was ist das für ein Verfahren? «, fragte Major Travis

»Das darfst du gar nicht wissen«, lachte Heran. »Aber die besondere Situation machte eine Aktivierung dieses Programms notwendig. Um zu vermeiden, dass eine Drohne auf unseren Schirm aufschlägt, habe ich mein Schiff um 15 Minuten in die Vergangenheit versetzen lassen. Wir befinden uns jetzt in der vergangenen Realität die 15 Minuten vor dem Eintreffen der Daraner liegt. So können uns die Drohnen nichts anhaben. «

Die Insassen des lantranischen Evolutions-Schiffes blickten auf den Bildschirm und verfolgten das Ausschwärmen der unzähligen Drohnen. Jede Richtung, jeder Sektor, wurde von ihnen gescannt. Einige von ihnen flogen auf einem Kollisionskurs, in Richtung des santaranischen Tarn-Schutzschirmes.

Wieso können wir den Flug der Drohnen noch in Echtzeit verfolgen? «, erkundigte sich der Major.

Das hängt mit dem Zeit-Feld und dem Verbindungsstrang in die Realität zusammen«, antwortete Heran. » Mehr kann ich dir hierzu auch nicht sagen. «

» Was passiert, wenn eine Drohne auf den Schutzschirm des santaranischen Tarnfeldes aufschlägt? «, fragte Barenseigs

»Diese Frage hätten sie sich sparen können«, antwortete Heran. » Eigentlich wissen sie es doch bereits. Die Drohne wird bei dem Aufschlag auf den Schirm ihres Systems explodieren. Der Licht-Effekt, oder nennen sie es den energetischen Blitz, wird den Daranern verraten, dass sich hier etwas befindet. Somit ist ihr Tarnfeld wirkungslos geworden. Gehen sie davon aus, dass die Insektoiden ihr System bald orten werden. «

Das Team des Evolutions-Schiffes beobachtete den Flug der Drohnen. Diese näherten sich dem Tarn-Schutzschirm des santaranischen Kunst-Systems an. Dann passierte es. Eine Drohne schlug in voller Geschwindigkeit auf den Schirm. Eine grelle Explosion zeigte ihre Zerstörung nicht nur dem Evolutions-Schiff an.

» Diese Explosion wird die Daraner aufmerksam gemacht haben«, erkannte Major Travis.

»Die fremde Flotte setzt sich in Bewegung«, bemerkte die Hypertronic-KI.

Die Flotte der Daraner näherte sich in einem mäßigen Tempo den Koordinaten der zerstörten Drohne.

Der Bildschirm des Evolutions-Schiffes stellte die Flotte der Daraner bildlich größer dar. Die Schiffe flogen oberhalb der wartenden Position des lantranischen Schiffes vorbei und näherten sich dem Schutzschirm der Santaraner und der Position der zerstörten Drohne. Nur 12.000 km vor der besagten Position verringerte die Flotte ihre Geschwindigkeit und ging in eine Wartestellung.

»Die Schiffe scannen erneut die Umgebung«, bemerkte die KI. »Sie scheinen etwas gefunden zu haben. Ich messe starke Energie-Emissionen an. Ihre Waffen werden aktiviert. «

Die Beobachter sahen, wie sich von den Schiffen massive Energie-Strahlen lösten und auf die Position der zerstörten Drohne zurasten. Es kam, wie es kommen musste. Über 10.000 Laser-Strahlen schlugen fast gleichzeitig in den System-Schutzschirm der Santaraner ein. Die großflächige Aufschlagsstelle verfärbte sich innerhalb von Sekunden Rot.

»Das Tarnfeld des Schirms wurde abgeschaltet«, teilte die KI des lantranischen Schiffes mit.

»Vermutlich wird die freiwerdende Energie in den Schutzschirm geleitet«, bemerkte Barenseigs.

» Das scheint mir eine vernünftige Entscheidung zu sein«, antwortete Heran. » Das wird nur nicht viel bringen. Tarnfelder benötigen nur wenig Energie. «

Immer mehr Schiffe beteiligten sich an den Beschuss des Schutzschirmes. Die Daraner hatten das Ziel ihrer Suche gefunden.

»Die Kriegsschiffe werden versuchen durch ihren Punktbeschuss eine Struktur-Lücke zu erzeugen«, bemerkte Major Travis. »Falls ihnen das gelingt, werden sie die Lücke nutzen und versuchen einzudringen. Kann Admiral Cartero mit seinen 600 Schiffen diese große Flotte aufhalten? «

»Ich weiß es nicht«, entgegnete Gildor Barenseigs. »Vielleicht erleben wir hier das Ende unserer Zivilisation.«

»So schlimm wird es schon nicht werden«, beruhigte Heran den Gildoren.

» Einige der hinteren Schiffsverbände drehen ab«, teilte die KI mit. » Ich registriere eine Anzahl von 1.000 Schiffen, die in diesem Moment beschleunigen und in den Hyperraum wechseln. «

»Hoffentlich wollen sie keine Verstärkung holen? «, schluckte Barenseigs. » Es sind bereits genug Schiffe in diesem Raumsektor, die uns Probleme bereiten. «

»Die Sprungintensivität der Schiffe analysieren«, befahl Heran seiner Hypertronic-KI.

»Die Daten liegen vor«, antwortete die KI. »Die 1.000 Schiffe werden am andern Ende des Kunst-Systems aus dem Hyperraum fallen. «

Heran blickte Barenseigs an.

»Sie werden auf der Südseite ihres Kunst-Systems einen konzentrierten Beschuss des System-Schirmes vornehmen«, erklärte er. »Hat ihre Admiralität dort auch bereits Schiffe positioniert? «

»Es gibt insgesamt 30 Schiff-Kohorten, mit je 600 Schiffen«, antwortete Barenseigs. » Leider sind die Verbände alle in unterschiedlichen Regionen des Weltraums unterwegs. Unsere Admiralität wird mit einem Angriff der Daraner nicht gerechnet haben. Wir verfügen noch über eine Heimat-Verteidigung, die aus fünf Schiffs-Kohorten besteht. Das würde also 3.000 Schiffe ausmachen. Leider handelt es sich überwiegend um Schiffe kleinerer Bauart. Eigentlich sind sie für die Aufrechterhaltung der Ordnung innerhalb unseres Systems gedacht. Alle anderen Kohorten wurden mit Schiffen einer 650-Meter und einer 800- Meter-Klasse ausgestattet. «

»Verfügt ihre Admiralität über keinen Wurmloch-Antrieb? «, stutzte Major Travis.

»Leider nicht«, antwortete Barenseigs. »Wie ich ihnen schon erklärte, wurden die Forschung und die Entwicklung in diese Richtung komplett eingestellt. «

»Ich messe ein strukturelles Loch in dem Schirm an«, bemerkte die KI des lantranischen Schiffes. » Der Schutz-Schirm kollabiert an der Stelle großflächig, unter den zahlreichen Lasersalven der daranischen Schiffe. Er kann sich nicht mehr generieren. Erste Schiffe fliegen den Aufriss an. «

Die Beobachter des getarnten Evolutions-Schiffes hielten ihren Atem an. Acht daranische Schiffe flogen breitflächig das Struktur-Loch in dem Schutzschirm an und wollten dieses durchqueren. Sie tauchten in das Loch ein. Energetische Ströme und Verzerrungen wurden an ihren Schiffswänden sichtbar. Entladungen waren zu erkennen. Hinter dem Struktur-Riss entstanden acht gewaltige Explosionen. Die kleinen Kunstsonnen breiteten sich zu einer gewaltigen Anomalie aus. Sie nahm weiter an Größe zu. Der extreme heiße Atombrand dehnte sich weiter durch die Struktur-Lücke kraftvoll nach außen aus und griff nach den daranischen Schiffen. Die heiße Glut erfasste die eindringenden Schiffe und ließ sie in Sekunden explodieren. Der Atombrand dehnte sich weiter aus und riss weitere 23 nachrückende daranische Schiffe in den Untergang.

Das Vorrücken der feindlichen Flotte stoppte abrupt. Voller Wut erhöhten die nachfolgenden Schiffe den Beschuss des Schirmes durch ihre Laser-Strahlen. Sie schossen gezielt in das Strukturloch hinein und versuchten alle Hindernisse aus dem Wege zu räumen.

Major Travis blickte Heran an.
»Die Explosionen haben im inneren Schirm ihren Ursprung«, erklärte der Lantraner. »Anscheinend konnten die Santaraner den Innenraum großflächig verminen. «

Heran lächelte Barenseigs zu.

»Herzlichen Glückwunsch, Gildor«, bemerkte er. »Wie man sieht, war das eine gute Entscheidung ihrer Admiralität. «

Barenseigs lachte laut auf.
»Ich habe nie gesagt, dass wir Santaraner dumm sind«, entgegnete er. »Auch wir sind schon lange im Weltraum unterwegs. Wir haben zwar viel verlernt, aber solche Sachen beherrschen wir immer noch. «

»Es materialisieren zwei weitere Flotten-Kohorten an der Innenseite des Schirms«, bemerkte die Hypertronic-KI. »Es ist santaranische Verstärkung eingetroffen. «

Barenseigs schaute auf die Kennzeichnung der Schiffe.
»Das ist die 7. und 9. Flotten-Kohorte«, teilte er freudig mit. »Sie scheinen rechtzeitig von ihrem Außen Einsatz zurückgekommen zu sein. «

Der santaranische Schutz-Schirm war mittlerweile auf einer Fläche von 15 Kilometern instabil. Der kontinuierliche Beschuss der daranischen Schiffe verhinderte, dass die Energie den Struktur-Riss und die instabilen Felder wieder verschließen konnte.

»Die ersten Schiffe der Daraner fliegen wieder langsam auf den Riss zu«, bemerkte Heran. »Sie scheinen vorsichtiger geworden zu sein. «

Die Zuschauer sahen, wie die vorderen Schiffe gezielt in den Riss schossen. Kleinere Explosionen zeugten von ihrem Erfolg.

»Sie versuchen die Minen zu beseitigen«, sagte Major Travis.

Vorsichtig flogen die Schiffe der Daraner weiter in das Strukturloch hinein. Hierauf hatten die wartenden Flotten-Kohorten gewartet. Schlagartig eröffneten sie das Feuer auf die daranischen Schiffe. Breitflächig formiert nahmen sie die ersten feindlichen Kriegsschiffe unter Beschuss. Tausende von Laser-Lanzen rasten den daranischen Schiffen entgegen und ließen sie aufglühen. Bereits beim Durchqueren des Strukturloches explodierten die Schiffe in heißen Feuergluten. Nachrückenden Einheiten geschah das Gleiche. Immer wieder detonierten die daranischen Schiffe unter dem Einschlag des schweren Laserbeschusses der wartenden santaranischen Zerstörer. Der Strukturriss war nicht breit genug, um der kompletten Armada der Daraner Einlass zu gewähren. Widerwillig stoppten die Angreifer ihr Vorrücken. Bereits zu viele Schiffe mussten sie in gigantischen Atomgluten verpuffen sehen.

Die Flotte, unter dem Befehl der Groß-Königin, hatte bereits 45 Schiffe verloren, bis sie das Vorrücken der Flotte stoppte. Sie verharrten vor dem Schirm, stellten aber ihren Beschuss des Schutz-Schirmes nicht ein.

»Weitere 1.000 Schiffe drehen ab, beschleunigen und wechseln in den Hyperraum«, teilte die Hypertronic-KI des Evolutions-Schiffes mit.

»Sie werden die Schiffe auf der Rückseite des Schirms verstärken«, bemerkte Heran.

» Ich verzeichne einen ungeheuren Energieanstieg an der südlichen Seite des santaranischen Schirms«, teilte die KI mit. » Die daranischen Schiffe setzten Bomben und Torpedos ein. Ich erfasse keine santaranischen Schiffe in diesem Sektor. «

»Sie versuchen an der Rückseite durchzubrechen«, sagte Major Travis. »Jetzt sollte sich die Admiralität schnell etwas überlegen. «

»Eine Flotte von 3.000 Schiffen materialisiert an den Koordinaten«, teilte die KI mit. » Es handelt sich überwiegend um Schiffe einer 250-Meter-Klasse. «

»Das Bild zoomen«, befahl Heran.

»Deinem Befehl wird entsprochen«, hauchte die KI des Schiffes Heran zu.

Das Bild vergrößerte sich, doch es konnten nur kleine Punkte ausgemacht werden.

» Maximale Reichweite der Sensoren erreicht«, teilte die KI den Beobachtern mit. » Das Bild kann nicht weiter vergrößert angezeigt werden. «

Die Beobachter konnten nur kleine Markierungen an dem rückseitigen Schirm des santaranischen Systems ausmachen.

»Die Entfernung von 3,2 Lichtjahre packen die Sensoren meines Schiffes nicht«, teilte Heran mit. »Die daranischen Kriegsschiffe scheinen durchgebrochen zu sein. «

Diese lieferten sich eine Vernichtungs-Schlacht mit den Schiffen der santaranischen Heimat-Verteidigung. Immer wieder loderten kleine Kunstsonnen auf, die den dunklen Weltraum erhellten.

»Ich registriere große Verluste auf Seiten der Santaraner«, teilte die Hypertronic-KI mit.

Das Gesicht von Barenseigs verdunkelte sich.

»Die kleinen Schiffe haben keine Chance«, erkannte er. »Sie können gegen die 500-Meter messenden Schiffe der

Daraner nichts ausrichten. Ihnen fehlt die Erfahrung in einem solchen Krieg. «

»Wir haben genug gesehen«, sagte Heran. »Fliegen wir zu unserer Flotte zurück und mobilisieren die Hilfe für die Santaraner. «

»Ich stimme dir zu«, bestätigte Major Travis. »Hier beginnt ein Abschlachten. Dabei dürfen wir nicht weiterzusehen. «

»KI, registriere die Position der eindringenden Schiffe«, befahl Heran. »Dort wird später unser Wurmloch-Sprung enden. Bringe uns zu unserer wartenden Flotte zurück. «

»Dein Wunsch wird ausgeführt«, antwortete die KI. »Ich öffne ein Wurmloch. «

Das Evolutions-Schiff flog eine Schleife und beschleunigte. Kurz vor ihnen öffnete die KI ein Wurmloch-Portal, in dem das Schiff eindrang und verschwand.

Flotte der Daraner

Die Königin ließ ihre Flotte 5.000 Meter vor der registrierten Explosion der Drohne stoppen.

» Intensiv-Scan einleiten«, befahl sie ihrem Ortungs-Offizier zu. »Was haben wir hier? «

Die Da'Ranaihijrs liefen aufgeregt durch die Zentrale des Flaggschiffes. Jeder Offizier versuchte das Beste aus seinen Gerätschaften herauszuholen.

»Was haben wir? «, fragte sie erneut. » Ich erwarte Antworten. «

»Ich registriere die starke Integrität eines systemumspannenden Energiefeldes«, antwortete ihr Ortungs-Offizier. »Es ist zwar fast nicht zu sehen, aber es ist da. Ich vermute, es wird zusätzlich von einem intensiven Tarnfeld überlagert. «

»Legen sie mir die Ortung auf meinen Schirm«, antwortete die Groß-Königin aufgeregt.

Sie schaute intensiv auf ihren Monitor und erkannte, was ihr Ortungs-Offizier gefunden hatte. In leichten Linien zeichnete sich die Energieblase eines getarnten Sternensystems ab. Noch war sie nur sehr schwer zu erkennen.

» Alles war von Anfang an klar gewesen«, dachte die Groß-Königin. » Ich habe gewusst, dass wir die fremden Zerstörer finden werden. «

»Wie groß ist das Energiefeld«, fragte die Königin.

»Unsere Anzeigen weisen auf einen Umfang von 3,2 Lichtjahren hin«, antwortete der Ortungs-Offizier. »Der fremde Schutz-Schirm umfasst ihr ganzes System. «

»Eine Meisterleistung der Ingenieurskunst«, bemerkte die Königin. »Doch jetzt ist es um ihre Rasse geschehen. Wir werden angreifen. «

»Sollten wir nicht zuerst versuchen ihren Schutzschirm abzuschalten? «, fragte ihr 1. Offizier. »Sie werden irgendwo Energie-Verstärker und Feld-Generatoren aufgestellt haben. Ansonsten wäre diese Unmenge an Energie nicht von einem Standort aus zu erzeugen. «

»Wissen wir denn wirklich alles, was im Universum möglich ist? «, fragte die Königin. » Jeder Schutz-Schirm wird irgendwann beim Auftreffen fremder Energien kollabieren. Es dreht sich nur um die Frage, wie energiereich er ist. Dass die Zerstörer uns noch keine Flotte aus ihrem System geschickt haben, zeigt uns doch, dass sie nicht vorbereitet sind. Vielleicht verfügen sie nicht über so viele Schiffe, um unsere Angriffsflotte aufhalten zu können. «

»Hoffentlich haben sie Recht«, antwortete ihr 1. Offizier. »Es kann auch sein, dass die Rasse gar keine Konfrontation sucht. «

»Dafür ist es jetzt zu spät«, erwiderte die Königin. » Sie haben unsere Forschungs-Flotte von 100 Schiffen vernichtet. Soll dies ungeschehen bleiben? «

Der 1. Offizier blickte beschämt zu Boden.

»Nein, sicherlich nicht«, antwortete er. »Trotzdem sollten wir vorher Kontakt aufnehmen? «

»Um nach ihren Beweggründen zu fragen? «, erwiderte die Königin barsch.

» Wenn die Schutz-Schirme ausfallen, dann können die Bewohner immer noch mit ihren Transmittern fliehen«, sagte Da' Sisaajhh, der Ortungs-Offizier.

» Sagen sie mir wohin? «, erwiderte die Königin. » Der Sombrero-Nebel ist weit entfernt. Das schaffen die Transmitter nach meiner Kenntnis nicht. «

»Vielleicht gibt es eine andere Lösung«, antwortete ein Offizier der Brücke.

» Bekommen meine Offiziere jetzt weiche Fühler«, fluchte die Königin. » Ist es euch lieber umzukehren und in Schande unter unseren Clans zu leben? Wir können nirgendwo mehr hin. Hier an dieser Stelle entscheidet sich die Existenz unseres Lebens. «

Sie blickte ihre Offiziere an.
»Gebt meinen Befehl an die Flotte weiter, mit dem Beschuss der Koordinaten zu beginnen, an denen unsere Drohne vernichtet wurde«, befahl sie. »Ich vermute, dass dahinter ihr Schutz-Schirm beginnt. Konzentriert unser Feuer auf einen Umkreis von 15 Kilometern. Wir brauchen einen Aufriss des Schirmes, um mit unseren Schiffen durchzukommen. «

Ihr 1. Offizier drehte sich um und gab die Befehle an die wartende Flotte weiter.

Die Königin schaute auf ihre Monitore. Sie sah, wie die vordersten Schiffe mit einem Schlag ihre Laser-Türme entluden. Vor ihnen, an der Position der vernichteten Drohne, verfärbte sich bereits etwas rot.

»Da ist er«, freute sich die Königin. »Den Laser-Beschuss intensiven. Ihr Schutz-Schirm hält nicht mehr lange durch. «

Die Offiziere auf der Brücke des Flaggschiffes erkannten das Gleiche. Sofort gaben sie die neuerlichen Befehle ihrer Königin durch. Weitere daranische Schiffe rückten nach und unterstützten den Beschuss des unbekannten Schirmes.

» Der Schirm hält den zahlreichen Energiestrahlen nicht weiter stand«, meldete Da'Jijahriess. » Erste Strukturrisse entstehen. «

Wenn er breit genug ist, dann sollen unsere Schiffe einfliegen«, befahl die Königin. » Wir müssen in das Innere des Schirmes. Nur dort können wir ihn abschalten. «
Die Königin sah, wie sich der Schirm weiter öffnete. Der Spalt wurde größer und breiter. Noch wartete sie ab. Doch dann zog sich der Schirm, unter dem massiven Beschuss der Schiffe, weiter zurück.

»Die Struktur-Lücke ist jetzt ausreichend groß «, sagte die Königin. »Lasst die Schiffe einfliegen. «

Ihre Offiziere gaben den Befehl an die Flotte durch. Die Königin beobachtete, wie die ersten acht Schiffe in den Struktur-Riss eintauchten. Weitere Schiffe folgten ihnen in kurzer Distanz.

Plötzlich stutzte sie. Mit Entsetzen stellte die Königin fest, wie sich eine riesige Feuersbrunst ausweitete und ihre Schiffe vernichtete. Der Strukturriss glich dem Eingang zur Hölle. Explosionen, Feuer, Rauch, drangen aus dem Riss nach außen. Nachfolgende Schiffe konnten mehr abdrehen und glitten ebenfalls in das Strukturloch ein. Sie wurden ebenfalls von dem sich ausbreitenden Atomfeuer vernichtet. Wie bei einer Kettenreaktion griff die heiße Atomglut auf die nachfolgenden Schiffe über. Auch sie explodierten in Sekunden.

»Stoppt das Vorrücken unserer Schiffe«, befahl die Königin. » Die Fremden haben uns in eine Falle gelockt. Sie haben hinter dem Schirm Minen ausgelegt. Wie konnten wir nur so dumm sein und in die Falle tappen? «

»Die Schiffe halten ihre Position«, bestätigte ihr 1. Offizier.

»Weiter den Beschuss des Schirmes verstärken«, sagte die Königin. »Die vordersten Schiffe werden die Minen anvisieren und einen Korridor freiräumen. Sprengt alle Minen, die uns den Weg versperren. «

Wieder rückten daranische Schiffe vor und versuchten einen Korridor durch das Minenfeld zu sprengen. Der Schutzschirm wurde rissig und kollabierte auf einer Fläche von 800 Metern. Vorsichtig wagten sich daranische Schiffe in den Struktur-Riss. Sie hatten ihn jedoch erst zur Hälfte durchquert, da wurden sie bereits von Laser-Salven der wartenden santaranischen Schiffe begrüßt. Die vordersten daranischen Schiffe wurden von zahlreichen Laser-Lanzen getroffen. Ihre sonst so stabilen Schutz-Schirme kollabierten schlagartig unter dem Einschlag der Laser-Strahlen. Die nachfolgenden Salven beendeten das Vorrücken der Schiffe in gigantischen Feuerbällen. Nur noch Metallsplitter waren von den explodierten Walzen-Schiffen übriggeblieben.

Die Königin war aufgesprungen und schlug mit ihrem Stachel wahllos auf den Boden ein. Sie war außer sich vor Wut.

»Wir haben insgesamt 45 Schiffe verloren«, meldete ihr 1. Offizier. »Möchten sie die Mission fortführen? «

»Die Mission ist der Erfolg«, antwortete die Königin. »Wir können nirgendwo anders hin. Beordern sie 1.000 Schiffe an die Südseite des System-Schutzschirmes. Vielleicht haben die Fremden dort noch keine Schiffe konzentriert, um uns an dem Eindringen zu hindern. Wir werden versuchen mehrere Strukturlöcher zu erzeugen. Vielleicht können wir ihrer Flotte in den Rücken fallen. «

Wieder flogen die daranischen Schiffe vorwärts und feuerten durch den Struktur-Riss und auf die wartenden Schiffe der Santaraner. Doch das von innen kommende, massive Abwehrfeuer, verhinderte ein weiteres Eindringen.

»So kommen wir nicht weiter«, erkannte die Königin. »Befehlen sie weitere 1.000 Schiffe an die westliche Seite des Schutzschirmes. «

Der 1. Offizier schaute sie an.
»Dann haben wir noch knapp 3.000 Schiffe an dieser Position«, sagte er.

»Das ist ein Ablenkungsmanöver«, erklärte die Königin. »Wir versuchen ihre Flotte auseinanderzuziehen. Eine andere Möglichkeit gibt es nicht. Lassen sie Torpedos ausschleusen und diese im Innenbereich explodieren. Diese werden viele Minen beseitigen. «

Ihr 1. Offizier wandte sich ab und gab den Befehl weiter.

Wohlwollend erkannte die Königin, wie ihr Befehl befolgt wurde. Zahlreiche Torpedos durchflogen den Struktur-Riss und explodierten in unregelmäßiger Reihenfolge auf der inneren Seite. Sie merkte, wie eine Kettenreaktion zahlreiche Minen ausschaltete. Immer mehr Torpedos folgten.

»Wir erhalten einen Funkspruch von den ersten 1.000 Schiffen, welche die südliche Seite des Schirmes attackieren«, meldete ihr Funk-Offizier. »Sie haben es geschafft, ein Strukturloch zu erzeugen. Unsere Schiffe durchqueren jetzt den Schirm. «

»Gut gemacht«, sagte die Königin. »Unsere Kriegsschiffe innerhalb des Schirmes sollen alle wartenden Schiffe der Zerstörer angreifen. «

Die Königin lachte laut auf. Ihr Plan schien zu gelingen. Die 1.000 Schiffe werden ausreichen, um die Schiffe der Zerstörer abzulenken.

Admiralität von Santaron

Admiral Gentrin hatte entsetzt erkannt, dass die aufgeschlagene Drohne in einem Feuerblitz explodiert war. Dieses Szenario konnte von den Daranern nicht übersehen worden sein.

»Die daranische Flotte nimmt wieder Fahrt auf«, teilte der Ortungs-Offizier Woltrin mit. »Sie nähert sich unserem Schutzschirm. «

»Informieren sie alle Planeten und Leitstellen, dass wir entdeckt wurden«, sagte er resigniert. » Ich ordne die höchste Alarmstufe für alle Planeten an. «

»Ich gebe ihre Befehle weiter«, bestätigte der Offizier.

Admiral Gentrin gab seinem Offizier ein Zeichen, der für die technischen Abläufe zuständig war.

»Ziehen sie Energie aus den hinteren Bereichen des Schutzschirmes ab und verstärken sie hiermit die Position des Schirmes, wo die Drohne aufgeschlagen ist«, befahl er. »Ich bin sicher, dass dieser Bereich gleich von den fremden Schiffen attackiert wird. Wir müssen verhindern, dass der Schirm durchlässig wird. Er hält einem konzentrierten Beschuss nicht lange stand. Die Daraner werden einen Strukturriss erzeugen wollen, um in unser System einzudringen. «

»Das ist mir klar«, erwiderte Offizier Quantrin. »Wir werden hiermit keinen Erfolg haben. Der Schirm ist nicht auf den Beschuss von so vielen Schiffen ausgelegt. «

»Sie können mir gerne eine andere Möglichkeit anbieten«, raunte der Admiral den Technik-Offizier an.

»Es wäre besser gewesen, die Flotte bereits vor unserem Schutzschirm abzuwehren«, antwortete Offizier Quantrin.

Der Admiral schaute in entgeistert an.

»Sie sind ja einer von den ganz schlauen Exemplaren unserer Rasse«, entgegnete er verärgert. »Sie Experte werden 5.000 daranische Schiffe, mit 600 zur Verfügung stehenden Schiffen einer Flotten-Kohorte abzuwehren können? Das ist sicherlich für sie ohne Probleme möglich?«

Der Technik-Offizier verzichtete auf eine Antwort und drehte sich wieder seinen Anzeigen zu.

»Die daranischen Schiffe haben mit einem breiten Laser-Feuer auf unseren Schirm begonnen«, meldete der Ortungs-Offizier. »Sie nehmen einen punktuellen Beschuss einer 15 Kilometer großen Fläche vor. Die Belastungs-Anzeigen des Schirmes für diesen Bereich sind schlagartig in den roten Bereich gesprungen. «

»Damit war zu rechnen«, antwortete Admiral Gentrin. »Hält er trotzdem noch durch? «

Der technische Offizier schüttelte seinen Kopf.

»Er kollabiert bereits«, antwortete Offizier Quantrin. »Ich messe einen strukturellen Riss an. Er vergrößert sich zusehends. Der Energiefluss des Schirms scheint an dieser Stelle massiv gestört zu sein. «

»Versuchen sie alles, um den Riss konstant zu halten«, befahl der Admiral. »Wir müssen den Riss klein halten, damit nicht zu viele Schiffe gleichzeitig eindringen können. Hierdurch erhält Flotten-Admiral Cartero eine gute Chance, einfliegende Schiffe zu vernichten. Aktivieren sie alle Minenfelder hinter unserem Schirm. «

Der Admiral blickte seinen Funk-Offizier an.

»Dantrin, informieren sie alle Flotten-Befehlshaber, dass wir die Minen aktiviert haben«, sagte er. »Sie sollen mit ihren Schiffen Abstand halten und nicht hineinfliegen. «

Der angesprochene Offizier nickte.

»Ich leite ihren Befehl sofort weiter«, bestätigte er.

Die Leitzentrale informierte den Admiral, dass die daranische Flotte den Beschuss massiv verstärkt hatte. Der Struktur-Riss des santaranischen Schirmes vergrößerte sich weiter.

»Die Schiffe der Daraner rücken vor und wollen den Riss in unserem Schirm durchqueren«, meldete der Ortungs-Offizier Woltrin.

» Sollen sie nur kommen«, antwortete Admiral Gentrin. »Wir haben eine Überraschung für sie vorbereitet. «

In der santaranischen Leitzentrale schlugen die Anzeigen der Systemmonitore bis zum Anschlag aus. Ein durchdringender Signalton hallte durch den großen Raum.

Admiral Gentrin erkannte, wie 8 daranische Schiffe versuchten, den Schutzschirm zu durchqueren.

» Das Tarnfeld sofort abschalten und die freiwerdende Energie in den Schutzschirm leiten«, befahl er.

»Das bringt nicht viel«, antwortete Offizier Quantrin.

Genervt blickte ihn der Admiral an.
»Führen sie einfach den Befehl aus«, fuhr der Admiral ihn grob an.

Er überlegte kurz.
»Schalten sie die gesamte Energieversorgung für unsere Planeten ab«, befahl er. »Informieren sie alle Behörden, dass Alarmstufe 1 angeordnet wurde. Wichtige Regierungseinrichtungen sollen auf Notstrom gehen. Wir brauchen die Energie für unseren System Schutz-Schirm. Führen sie die Befehle aus. «

Er blickte wieder auf seine Monitore und sah, wie die daranischen Schiffe in den Riss eintauchten. Energieturbulenzen griffen nach den Schiffen der Daraner, als sich ihre Schutzschirm-Energie mit der fremden santaranischen Feld-Energie vermischte.

»Gut«, dachte Admiral Gentrin. »Das schwächt ihre Schirmleistung gewaltig. «

Die ersten daranischen Schiffe waren durch. Der Admiral hielt seinen Atem an.

»Jetzt werden ihre Schiffe auf die Minenfelder treffen«, dachte er.

Dann geschah es. Die noch geschwächten Schutz- Schirme der Walzenschiffe wurden von kraftvollen Detonationen durchgerüttelt. Sie konnten die Explosionen der Entladungen nicht absorbieren. Wie von einem Fegefeuer getroffen, explodierten fast gleichzeitig alle eingedrungenen Schiffe der Daraner. Eine gigantische, sich ausweitende Feuersbrunst raste dem Strukturriss entgegen. Sie presste sich förmlich durch den Riss hinaus in Freie.

Die nachfolgenden Schiffe konnten nicht mehr reagieren. Sie sahen die Gluthölle auf sich zurasen und wurden ebenfalls von ihr erfasst. Die sich immer weiter ausweitende Atomglut riss die nachfolgenden Schiffe mit in den Untergang. Weitere daranische Schiffe folgten auf kurzem Abstand. Die Atom-Glut fand immer neue Nahrung. Sie erfasste alle weiteren Schiffe, die in den Strukturriss eintauchen wollten.

Admiral Gentrin konnte sich das Entsetzen auf dem Flaggschiff der Daraner vorstellen. Sie waren in seine Falle getappt. Er registrierte, wie die fremden Schiffe den Beschuss des santaranischen Schutzschirmes wütend verstärkten. Sie zielten mit ihren Laser-Salven genau in den Strukturriss des Schirmes. Die Absicht war dem Admiral klar. Die Daraner versuchten, die Minenfelder auszuschalten.

»Die fremden Schiffe schleusen Bomben und Torpedos aus«, erklärte Offizier Woltrin.
Der Admiral nickte.

»Das war eine gute Entscheidung«, dachte er.

Ärgerlich sah er, wie die daranischen Schiffe Bomben und Torpedos in die Struktur-Lücke feuerten. Die Explosionen zahlreicher Minen zeugte von ihrem Erfolg. Eine massive Druckwelle erfasste die sensiblen Minen im Umkreis von fünf Kilometern.

»Sie schießen sich eine Einflugschneise frei«, erkannte der Admiral. »Hoffentlich ist Flotten-Admiral Cartero wachsam? «

Erneut bewegten sich die Schiffe der Daraner auf den Strukturriss zu. Ihre Flottenführung hatte erkannt, dass sich der Riss mittlerweile weiter ausgedehnt hatte. Sie hatte befohlen, elf ihrer Schiffe gleichzeitig durch die Struktur-Lücke zu schicken. Als die Hälfte ihrer 500-Meter-Schiffe auf der inneren Seite sichtbar wurde, eröffneten die santaranischen Flotten-Kohorten das Feuer auf die Eindringlinge. Tausende Laser-Lanzen rasten den fremden Schiffen entgegen. Die geschwächten Schutzschirme der Walzen-Raumschiffe konnten die einschlagenden Laser-Salven nicht absorbieren. Noch während ihres Durchfluges explodierten die Schiffe in gigantischen Atomfeuern.

» Gut gemacht, Cartero«, sagte Admiral Gentrin laut. »Das wird sie hoffentlich von einem weiteren Vorrücken abhalten. Wir brauchen mehr Zeit, bis unsere restlichen Flotten-Kohorten eintreffen. «

»Ich registriere, wie 1.000 Schiffe abdrehen«, meldete der Ortungs-Offizier. Sie beschleunigen und wechseln in den Hyperraum. Sie scheinen genug zu haben. «

»Rechnen sie nicht damit«, antwortete der Admiral. » Die Daraner haben uns Jahrtausende gesucht, um Rache zu nehmen. Glauben sie wirklich, sie werden jetzt einfach nach Hause fliegen. Wir haben ihnen bereits zu viele Verluste zugefügt. Ihre Flotte teilt sich auf. Sie werden sicherlich an einer anderen Position unseres Schirmes einen weiteren Zugriff starten. Achten sie auf Verzerrungen im Hyperraum. Irgendwo wird die Flotte wieder in den Normalraum eindringen. «

»Der Beschuss wird wieder verstärkt«, erklärte der Ortungs-Offizier. » Die Daraner wollen den Schirm großflächig aufweichen. Die fremde Flotte formiert sich in breiter Formation. «

Admiral Gentrin überkam ein unangenehmes Gefühl. »Öffnen sie mir eine Verbindung zu Flotten-Admiral Cartero«, befahl er.

Der Funk-Offizier bestätigte den Befehl. »Sie können sprechen Admiral«, sagte er. »Die Verbindung baut sich auf. Ich weise sie daraufhin, dass die Hyperkomm-Funkverbindungen schlechter werden. Die starken Energie-Turbolenzen stören ihn gewaltig. «

»Admiral Cartero, hier spricht die Admiralität«, sprach er in den Kommunikator. »Cartero, hören sie mich? «

»Ich höre sie nur mit einem starken Knistern«, meldete sich der Flotten-Befehlshaber. » Was gibt es? «

»Wir haben 1.000 daranische Schiffe registriert, die gewendet haben und in den Hyperraum gesprungen sind«, teilte Admiral Gentrin mit. »Ich vermute sehr stark, dass sie in einem anderen Raum-Sektor einen Durchbruch durch unseren Schirm planen. Können sie die Flotten-Kohorte von Admiral Roltrin entbehren? «

»Wie soll das funktionieren? «, fragte Admiral Cartero. »Wir stehen immer noch 4.000 Schiffen der Angreifer gegenüber. Falls der Schirm vollständig kollabiert, dann brauche ich unsere 1.200 Zerstörer, um die Schiffe der Daraner aufzuhalten. Der Ausgang ist ungewiss. Eine Kohorte abzuziehen, das würde einen Freiflugschein für die Angreifer bedeuten. «

»Ich verstehe«, antwortete Admiral Gentrin.

»Senden sie Admiral Santrin an die Rückseite unseres Schirmes«, empfahl Cartero. » Er wird den Einfall der Daraner sicherlich abwehren. «

»Ich sende ihn und seine Flotte an die Westseite unseres Systems«, erwiderte Admiral Gentrin. »An die Rückseite habe ich unsere Heimat-Flotte beordert. Flotten-Kommandant Voltaarren wird diesen Bereich sichern. Er wird versuchen das Eindringen feindlicher Schiffe aufzuhalten. «

»Hoffentlich geht das gut«, antwortete Admiral Cartero. »Die Heimat-Flotte ist nur mit kleineren Schiffen bestückt. Aber vermutlich haben sie aber keine andere Wahl? «

»Sie haben es erkannt«, antwortete Gentrin. »Der Dank hierfür geht an unser großes Auditorium. Ich veranlasse alles Notwendige. Noch etwas Admiral, ich erhalte gerade eine Information, dass weitere 1.000 Schiffe gewendet haben und in den Hyperraum gesprungen sind. Sie haben es jetzt nur noch mit 3.000 Schiffen der Daraner zu tun. Falls sie Schiffe ihres Verbandes als entbehrlich ansehen, senden sie diese bitte zur Unterstützung der Heimat-Flotte an die Rückseite unseres Systems. «

»Wir haben mit 3.000 Schiffen an der Nordseite immer noch genug zu tun«, antwortete Admiral Cartero. »Beten sie zu unseren Vorfahren, dass es nicht so schlimm wird. Wir werden nicht alle Stellen unseres Schirmfeldes sichern können. Es fehlen einfach zu viele Schiffe. Wenn ich hier Einheiten abziehe, dann kann ich ihnen nicht versprechen, dass wir den Vormarsch der Haupt-Flotte aufhalten können. «

Die Leitung erstarb.

Erneut versuchten daranische Schiffe in den Strukturriss einzudringen. Die Schiffe von Admiral Roltrin und Admiral Cartero waren auf der Hut. Ihre massiven Laser-Salven ließen die Schiffe bereits in der Struktur-Lücke explodieren. Das Vorrücken der Schiffe der Daraner kam erneut ins Stocken. Sie erkannten letztendlich, dass an dieser Stelle kein Eindringen ihrer Flotte möglich war.

Admiral Gentrin war von Admiral Cartero enttäuscht. Er hatte gehofft, wenigstens ein kleines Kontingent an Schiffen zu erhalten, die er anderweitig hätte einsetzen können.

»Ich habe eine Verzerrung im Hyperraum registriert«, meldete der Ortungs-Offizier. »Sie liegt auf der Rückseite unseres Systems. «

»Ich habe es geahnt«, fluchte Admiral Gentrin.

»Es ist eine Flotte von 1.000 Schiffen der Daraner«, teilte der Offizier mit. »Sie attackieren die Rückseite unseres Schutz-Schirmes.

»Ist die Flotte unserer Heimat-Verteidigung bereits eingetroffen? «, fragte Gentrin.

»Nein, sie ist noch nicht in Position«, antwortete Offizier Woltrin. »Sie wird erst in fünf Minuten die Koordinaten erreichen. «

»Dann ist es zu spät«, entgegnete Admiral Gentrin. » Die Schiffe der Daraner werden durchgebrochen sein. «

Er blickte auf die Bildschirme des rückseitigen System-Schirmes. Der massive Beschuss der daranischen Schiffe zeigte bereits Wirkung. Die fremden Schiffe hatten sich wieder in einer Waben-Formation formiert und führten einen Punktbeschuss des Schutzschirmes durch. Exakt 1.000 daranische Schiffe feuerten im Rhythmus von Sekunden auf das Schirmfeld. Die Kontrollanzeigen für diesen Bereich schlugen in der santaranischen Leitstelle bis zum Anschlag aus. Der Schutzschirm verfärbte sich bereits sichtbar Rot.

»Achtung, ich registriere einen bevorstehenden Strukturriss«, meldete der Technik-Offizier Quantrin. »Der Zusammenbruch dieses Bereiches steht kurz bevor.«

Die daranischen Laser-Lanzen peitschten mit unveränderter Stärke auf den Schirm. Der tiefrote Bereich riss auf.

»Wir haben einen Strukturriss auf 15 Kilometern Länge«, schimpfte Quantrin. »Die Energie baut sich nicht mehr neu auf. Das Feld schließt sich nicht mehr. «

Admiral Gentrin erkannte, wie die ersten Walzenschiffe in die Struktur-Lücke flogen. Noch im Durchfliegen schossen sie Torpedos und Bomben ab, die alle vor ihnen liegenden Minen und Sprengkörper zerstörten.

»Sie sind gewarnt«, dachte Gentrin. »Die gleichen Fehler machen sie nicht zwei Mal. «

Die vordersten Schiffe feuerten weiterhin Bomben und Torpedos ab, die einen breiten Einflugkorridor errichteten. Immer mehr daranische Schiffe folgten und flogen in das Innere des santaranischen Systems. Die außen wartenden Schiffe der Daraner feuerten weiter intensiv auf den Schutzschirm. Die Einheiten hielten den Strukturriss erfolgreich offen.

»Unsere Heimat-Verteidigung ist materialisiert«, meldete der Ortungs-Offizier. »Sie nehmen eine breite Verteidigungs- Formation ein. «

Die Daraner erkannten die Ankunft der santaranischen Flotte. Als Begrüßung sandten sie ihnen einen breiten Teppich aus Bomben und Torpedos entgegen. Die santaranische Flotte hatte kaum Zeit sich auf die Situation einzustellen, als die ersten Geschosse explodierten und direkt 23 Schiffe der Gildoren in den Untergang rissen. Unterstützt wurden die Geschosse von den Laser-Türmen der daranischen Schiffe. Tausende von Salven prasselten in die Schutz-Schirme der 250-Meter messenden Schiffe der Heimat-Verteidigung. Es schien ein völliges Durcheinander zu entstehen. Die santaranische Flotte zeigte keine Gegenwehr.

»Was ist mit Flotten-Kommandant Voltaarren? «, stutzte Admiral Gentrin. » Er befiehlt keine Gegenwehr?«

Commodore Fantrass war neben den Admiral getreten und blickte auf das Desaster.

»Das sind alles junge Leute«, erklärte er. »Sie haben keine Kampferfahrung. Es dauert alles viel zu lange bei ihnen. «

Die Flottenführung registrierte, wie 23 Schiffe der Heimat-Verteidigung in lodernden Feuergluten vergingen.

»Sie kreisen unsere Flotte ein«, erkannte Admiral Gentrin.

Er blickte auf seine Monitore und sah, wie die Flotte von Kommandant Voltaarren jetzt wenigstens eine Gegenwehr einleitete. Der Beschuss der fremden Schiffe wurde aufgenommen.

Schnell erkannte die Führung der Admiralität, dass die Schiffe der Heimat-Verteidigung nicht viel ausrichten konnten. Die daranischen Walzenschiffe antworteten mit einem massiven Gegenfeuer.

Auf beiden Seiten gab es zahlreiche Verluste. Die Leuchtfeuer auf den Monitoren der Leitstelle zeigten eine Materialschlacht an, die seinesgleichen suchte.

»Wir haben massive Verluste auf unserer Seite«, meldete Offizier Woltrin. »Unsere Heimat-Flotte ist den Angreifern nicht gewachsen. Wir haben bereits 152 Schiffe verloren. «

»Wie viele sind es auf der Gegenseite?«, fragte Admiral Gentrin.

»Ich habe 42 Abschüsse registriert«, meldete Woltrin. »Die Daraner kesseln die Schiffe unserer Flotte ein. Ihre Einheiten haben sich auf uns eingeschossen. «

Admiral Gentrin und Commodore Fantrass erkannten das Dilemma.

»Ich habe Flotten-Kommandant Voltaarren befohlen, Gruppen zu drei Schiffen zu bilden und einen synchronisierten Beschuss auf die Schiffe der Fremden vorzunehmen«, sagte der Admiral verärgert. »Warum hält er sich nicht hieran. Ich brauche eine Verbindung zu seinem Flaggschiff. Versuchen sie bitte eine Verbindung herzustellen. «

Mit Unglauben registrierte die Führung der Admiralität weitere massive Verluste von Schiffen ihrer Heimat-Flotte. In Abständen von Sekunden flammten kleine Sonnen auf den Bildschirmen der Leitzentrale auf. Dann zeigte der Bildschirm den Abschuss eines daranischen Schiffes an. Der Admiral erkannte, dass die größeren Verluste auf der Seite der eigenen Heimat-Flotte lagen. Mit beiden Händen schlug er auf das Display vor ihm.

»Wie viele Verluste verzeichnen wir? «, fluchte er.

Der Ortungs-Offizier schaute in traurig an.

»Ich zähle derzeit 311 Schiffe verlustig«, antwortete er. »Dort draußen findet ein Abschlachten unserer Schiffe und Besatzungen statt. «

»Sparen sie sich diese Kommentare«, antwortete der Admiral ungehalten. »Wenn sie nicht fähig sind, ihre

Aufgabe zu erfüllen, dann können sie sofort ihren Posten verlassen. Sie alle sind für diesen Fall ausgebildet und entsprechend geschult worden. Wenn wir die fremden Schiffe nicht aufhalten, wird sich das Abschlachten auf unseren Planeten fortsetzen. Ein Leben, wie wir es kennen, wird es dann nicht mehr geben. «

Die Crew der Leitstelle war sichtlich geschockt.

»Hat die Heimat-Flotte meine Anweisung bestätigt? «, fragte der Admiral. » Was ist mit der Hyperkomm-Funkverbindung? «

»Wir kommen nicht zu Flotten-Kommandant Voltaarren durch«, antwortete Funk-Offizier Dantrin. »Die Energie-Verzerrungen innerhalb unseres Systems beeinträchtigen massiv den Hyperfunkverkehr. «

»Admiral Santrin ist an der westlichen Seite unseres System-Schirms angekommen«, teilte Offizier Woltrin mit. » Das war gerade noch rechtzeitig. Ich registriere dort ebenfalls eine Verzerrung im Hyperraum. «

Er blickte auf seine Anzeigen.
»Das sind die zweiten 1.000 Schiffe der Daraner«, meldete er. »Sie sind wieder in den Normalraum gewechselt und beginnen direkt mit dem Beschuss unseres Schutzschirmes. «

»Konnte die Flotte von Admiral Santrin Stellung beziehen? «, fragte Admiral Gentrin.

»Ja«, antwortete der Ortungs-Offizier. »Ich registriere derzeit noch keinen Strukturriss. Der Admiral hat sich jetzt formiert. «

»Das ist in unserem Sinn«, erwiderte Admiral Gentrin. »Er wird die Schiffe, beim Versuch den System-Schirm zu durchdringen aufhalten. Die einzigen Sorgen bereitet mir die Heimat-Flotte. Die Commander der Schiffe sind am wenigsten kampferfahren. Wie viele Verluste haben wir jetzt auf unserer Seite zu beklagen? «

»Derzeit vermissen wir 423 Schiffe der Heimat-Verteidigung«, antwortete der Ortungs-Offizier. »Die Fremden haben bisher nur 67 Schiffe verloren. «

Admiral Gentrin nickte betroffen.
Erneut schaltete der Oberbefehlshaber seine Monitore auf die unterschiedlichen Angriffs-Sektoren um.

Sichtlich erfreut nahm er zur Kenntnis, wie es Admiral Cartero immer wieder gelang, daranische Schiffe an dem Eindringen in den inneren Bereich der Schutzzone zu hindern. Die kontinuierlichen Versuche der fremden Schiffe endeten in ihrer vollständigen Vernichtung.

Er schalte weiter auf Admiral Santrin um. Auch er war ein geübter Offizier der Flotte. Seine Flotten-Kohorte verhinderte ebenfalls erfolgreich das Eindringen der daranischen Schiffe in den inneren Schutz-Bereich. Dann wechselte das Bild zu dem Kampfgebiet der Heimat-

Flotte. Ungläubig starrte Admiral Gentrin auf die Darstellung des Monitors. Die verbliebenen 933 Schiffe der Daraner drückten die Flotte der santaranischen Heimat-Verteidigung immer weiter in die Richtung des 13. Planeten.

»Die Verluste unserer Heimat-Flotte sind gravierend. «, dachte der Admiral. »Das ist keine Raumschlacht mehr, sondern eine Vernichtungsschlacht. Das entwickelt sich zu einem Massaker an der Heimat-Flotte seines Systems.«

Er verfluchte die Gesetze des großen Auditoriums.
»Nur durch ihre starrsinnigen Gesetze sind wir jetzt in dieser Lage«, dachte er.

Er blickte den Funkoffizier an.-
»Ist jetzt endlich ein Funkkontakt möglich? «, fragte Admiral Gentrin nach.

»Nur sehr verzerrt«, antwortete Offizier Dantrin.

»Versuchen sie bitte eine Verbindung zu dem Flaggschiff von Flotten-Kommandant Voltaarren herzustellen. «

»Ich habe eine schwache Verbindung«, meldete Offizier Woltrin. » Sie läuft über die Transponder von Planet 13. Sprechen sie schnell, die Leitung kann sofort wieder zusammenbrechen. «

»Hier spricht Admiral Gentrin«, sprach er in den Kommunikator. » Hören sie mich? «

»Sehr undeutlich«, kam die Antwort zurück. » Hier ist Flotten-Kommandant Voltaarren. «

»Ich habe ihnen doch befohlen in synchronisierten Dreiergruppen anzugreifen«, schimpfte der Admiral. » Warum machen sie das nicht? «

»Die Daraner geben uns keine Möglichkeit, uns zu formieren«, tönte es aus der Verbindung. » Wir werden mit einem Laser-Blitzgewitter eingedeckt. Unsere Waffentürme sind wirkungslos. Unsere Laserstrahlen verpuffen in den Schilden der Angreifer. Wir können die feindlichen Schiffe nicht mehr lange aufhalten. «

Admiral Gentrin hatte so etwas bereits vermutet.
»Ich versuche ihnen Verstärkung zu schicken«, sprach er in die knisternde Verbindung.

Die Leitung brach jedoch zusammen. Der Admiral wusste aber nicht, ob Flotten-Kommandant Voltaarren die letzte Nachricht erhalten hatte.

»Stellen sie mir bitte eine Verbindung zu Admiral Cartero her«, befahl Gentrin.

» Sprechen sie«, antwortete Funk-Offizier Dantrin. » Die Verbindung baut sich auf. «

»Hier ist Admiral Cartero«, tönte es aus den Lautsprechern. »In diesem Sektor geht es drunter und drüber. Der Strukturriss hat sich merkbar vergrößert. Wir verteidigen jetzt eine Fläche von 330 Kilometern. Sorgen sie dafür, dass der Schirm nicht noch instabiler wird. «

»Hier ist die Admiralität, Admiral Gentrin spricht«, erwiderte der Admiral. »Wir geben unser Bestes. Kann ich bei ihnen 100 Schiffe abziehen? «

» Nein, ich kann kein Schiff abgeben«, antwortete der Flotten-Admiral. » Die Daraner versuchen, auf breiter Front durchzubrechen. «

»Ich brauche die Schiffe«, jammerte Admiral Gentrin. »Die Heimat-Verteidigung liegt unter einem massiven Feuer. Wir haben bereits 423 Schiffe verloren. Planet 13 wird in Kürze angegriffen werden. «

Der Oberbefehlshaber hörte, wie Admiral Cartero atmete und überlegte.

»Ich sende ihnen die 100 Zerstörer zu der Südseite unseres Systems«, antwortete er. Holen sie sich weitere 100 Einheiten aus Admirals Roltrin's Kohorte. Versuchen sie sie ebenfalls 100 Schiffe von Admiral Santrin Flotte zu erhalten. Vielleicht hilft das der Heimat-Flotte. «

»Ich hoffe es«, antwortete Admiral Gentrin. »Schicken sie die Schiffe bitte sofort los. «

»Ich habe verstanden«, erwiderte Cartero. »Ich muss das Gespräch beenden, die Daraner versuchen wieder durchzubrechen. «

Die Leitung erstarb.

»Öffnen sie mir bitte jetzt eine Leitung zu Flotten-Admiral Santrin«, befahl der Admiral.

Die Hektik in der santaranischen Leitzentrale hatte ihren Höhepunkt erreicht.

»Ich habe eine Hyperkomm-Funkverbindung, Admiral«, meldete Offizier Dantrin. »Die Verbindung ist sehr schlecht. Versuchen sie ihr Glück. «

Der Admiral griff wieder nach seinem Kommunikator und hörte, wie sich der Admiral Santrin meldete.

»Hier ist Admiral Gentrin«, sprach er in das Gerät. Ich habe eine Bitte an sie. Können sie 100 Zerstörer entbehren? Die Heimat-Flotte hat große Probleme. Sie wird aufgerieben. Sie braucht dringend Unterstützung. «

»Leider nicht «, antwortete der Flotten-Admiral Santrin. »Der Strukturriss in unserem Sektor vergrößert sich immer weiter. Der Schirm wird in dem Bereich der Einschläge immer durchlässiger. Ich verteidige bereits auf einer Länge von 250 Kilometern. Wir haben uns in breiter Front aufgestellt und versuchen das Eindringen der daranischen Schiffe zu verhindern. «

»Das gleiche Szenario passiert bei Flotten-Admiral Cartero«, antwortete Gentrin. »Versuchen sie unter allen Umständen die Schiffe aufzuhalten. Es darf keines eindringen. «

»Das ist uns bewusst«, erwiderte Admiral Santrin. »Ich kann ihnen aber nicht versprechen, ob uns das gelingt. «

Die Leitung brach ab.
Admiral Gentrin war außer sich. Er konnte der Flotte der Heimat-Verteidigung keine weitere Unterstützung gewähren. Er schaltete das Bild wieder in deren Sektor um. Die Raumschlacht tobte in vollen Zügen. Die kleinen santaranischen Schiffe bemühten sich, die vorrückenden daranischen Schiffe zu blockieren. Doch dies gelang nur mit mäßigem Erfolg. Exakt 925 Schiffe der Angreifer drückten die leichten Verbände der Santaraner immer weiter an den 13. Planeten des Systems heran.

Alle Planeten des Systems waren vorsorglich in Alarmbereitschaft versetzt worden. Die Admiralität hatte sie über den Angriff der daranischen Flotte informiert. Admiral Gentrin erkannte, dass die bodengebunden Abwehr-Geschütze des 13. Planeten aktiviert worden waren. Ihre massiven Laser-Lanzen schossen ins All und griffen nach den angreifenden Schiffen. Die Daraner hatten sich zu viel zugetraut. Die Laser-Abwehr-Geschütze hatten sich auf die vordersten fünf Schiffe fixiert und sie mit einem Dauerfeuer überzogen. Die Kommandeure der Schiffe erkannten ihren Fehler zu spät.

Die Schiffe explodierten in einem gigantischen Feuerwerk. Die nachfolgenden Einheiten waren gewarnt und hielten Abstand.

Admiral Gentrin sah, wie ein Geschwader von 13 Schiffen aus der Formation der Daraner ausscherte. Sie flogen einen weiten Bogen und näherten sich seitlich des 13. Planeten.

Der Flotten-Kommandant Voltaarren schickte den Ausreißern ein Geschwader Schiffe hinterher. Sie legten die ausgescherten daranischen Schiffe unter ein massives Laser-Feuer. Die synchronisierte Bündelung der Laser-Geschosse zeigte Wirkung. Zwei der Walzenschiffe vergingen in gigantischen Feuerbällen. Mit Entsetzen erkannte der Admiral, dass die verbliebenen Schiffe einen Teppich an Bomben ausschleusten.

Die bodengebundenen Geschütztürme justierten sich auf die anfliegenden Geschosse ein. Im Dauerfeuer entluden sie ihre Laserrohre. Die Laserstrahlen griffen nach den anfliegenden Bomben. Ihnen war es zu verdanken, dass von den 1.200 ausgeschleusten Gefechtsköpfen nur 17 durchkamen. Die restlichen wurden von den alten natradischen Abwehr-Geschütztürmen noch im Anflug vernichtet. Lieder gelang es ihnen nicht, alle Geschosse abzufangen.

Einigen Bomben gelang es, ihr Ziel am Boden zu erreichen. Admiral Gentrin sah, wie die verbliebenen 17 Bomben einen massiven Schaden beim Einschlag verursachten.

Zwei der Bomben vernichteten eine kleinere Stadt der Santaraner. Nichts blieb mehr hiervon übrig. Explosionen, Feuer und Rauchsäulen, die bis in die Atmosphäre aufstiegen, wurden sichtbar. Überall zeugten zahlreiche Atom-Pilze den Einschlag am Boden an.

Admiral Gentrin hoffte inständig, dass sich die Bevölkerung vorher in Sicherheit bringen konnte. Erneut trafen nachfolgende Bomben Raumschiffs-Werke, Produktions-Anlagen und wichtige Forschungs-Einrichtungen am Boden. Andere Bomben rissen tiefe Krater in die Erdschichten. Sie zerstörten Parklandschaften und santaranische Erholungsgebiete.

Admiral Gentrin erkannte den bereits nicht mehr gut zu machenden Schaden auf dem 13. Planeten. In Synchronisation mit den bodengebundenen Abwehr-Geschütztürmen gelang es der Heimat-Verteidigung, die ausgescherten Schiffe der Daraner zu vernichten. Der Oberbefehlshaber der Gildoren sah, wie die schwere Raumschlacht zu einem gewaltigen Leuchtfeuer auf seinen Monitoren führte. Die kämpfenden Parteien schenkten sich nichts. In regelmäßigen Abständen entstanden Dutzende von Explosionen auf den Bildschirmen der Raumaufklärung, die von explodierten Schiffen beider Seite stammten. Admiral Gentrin dachte an die schweren Verluste des Flugpersonals, das sich für die Heimat-Verteidigung aufopferte. Auf den Bildschirmen der Raumüberwachung sah es aus, als ob der 13. Planet dem Untergang geweiht wäre. Immer neue Bomben schlugen auf dem Boden ein. Admiral Gentrin waren die Hände gebunden. Er konnte keine weiteren Schiffe zur Unterstützung der Heimat-Flotte abrufen.

Erleichtert bemerkte der Oberbefehlshaber der Admiralität, dass die Zerstörer der Kohorte von Admiral Cartero eingetroffen waren. Sie formierten sich im Rücken der daranischen Flotte. In Gruppen zu je drei Einheiten synchronisierten sie ihr Laserfeuer auf die angreifenden Schiffe der Daraner.

Eine neue Hoffnung keimte in Admiral Gentrin auf. Er sah, dass gleichzeitig fünf daranische Schiffe von der eingetroffenen Unterstützung vernichtet wurden. Im Salventakt feuerten die schweren Abwehr-Geschütztürme auf die Schiffe der Daraner. Erst jetzt bemerkten diese die santaranischen Schiffe in ihrem Rücken. Laser-Salven aus 300 daranischen Schiffen fauchten auf die eingetroffene Verstärkung zu. Ein santaranischer Zerstörer verging in einer feurigen Detonation. Aus der Distanz hatte es den Anschein, als schiebe sich eine Feuerwalze durch den dunklen Raum. Immer neue Laser-Lanzen zischten durch das All und schlugen in die Schirme der Zerstörer der santaranischen Heimatflotte. Diese flogen verzweifelt den Angreifern entgegen. Zahlreiche Zerstörer verwandelten sich in aufgehende Kunstsonnen.

Der Admiral erkannte, dass die 250 Meter messenden Schiffe der Heimat- Verteidigung zu klein waren, um die daranischen Schiffe auf Dauer aufzuhalten. Der Verlust an eigenen Schiffen war beträchtlich.

»Wir messen neue Verzerrungen in Hyperraum«, meldete Offizier Woltrin aufgeregt. » In diesem Moment werden fünf Wurmloch-Portale geöffnet.

Er blickte irritiert auf seine Monitore.
»Es treten jedoch keine Schiffe aus«, ergänzte er. »Ich erhalte nur sehr ungenaue Daten. «

Admiral Gentrin eilte zu den Monitoren der Ortungsabteilung. Auch er studierte die Monitore. Er blickte den Ortungs-Offizier an.

»Das sind eindeutig Wurmlöcher«, bestätigte er. » Wer kann solche Portale öffnen?«

Admiral Gentrin verzweifelte.
»Es ist hoffentlich keine weitere Verstärkung für die Angreifer«, fluchte er. »Noch mehr Schiffe werden wir nicht aufgehalten können. Ist das der Untergang unseres bekannten Lebens? Hat uns die Vergangenheit endlich eingeholt? «

Der Ruf des Funk-Offiziers riss ihn aus seinen Gedanken.
»Ein Schiff ist materialisiert«, teilte er mit. »Es handelt sich um ein 500-Meter-Schiff unbekannter Bauart. Es ruft uns. «

»Legen sie den Funkspruch auf die internen Lautsprecher«, befahl Admiral Gentrin. »Viel schlimmer kann es jetzt auch nicht mehr kommen. «

»Hier ist die Admiralität von Santaron«, sprach er in den Kommunikator. »Wer ruft uns? «

Eine kurze Pause entstand.

» Hier spricht Gildor Barenseigs«, hörte der Admiral eine natradische Antwort. » Ich komme mit einer Unterstützungs-Flotte, um meinem heimatlichen Sternen-System zu helfen. «

Der Admiral glaubte an einen Witz. Er kannte Gildor Barenseigs nur durch Informationen von Admiral Cartero. Er wusste, dass der Forscher der Flotten-Kohorte des Admirals unterstellt war.

»Hier ist die Admiralität«, antwortete Gentrin. »Was wollen sie mit einem Schiff ausrichten? Machen sie sich nicht lächerlich.«

»Ich lasse die Schiffe meiner Flotte jetzt enttarnen«, antwortete Barenseigs. »Sie werden erkennen, dass ich nicht nur mit einem Schiff gekommen bin. Meine Freunde und ich bieten ihnen Unterstützung an. Öffnen sie uns bitte eine Einflugschneise durch das Schirmfeld. Wir werden uns dann um die Flotte der Daraner kümmern. «

»Ich registriere 1.025 Schiffe«, meldete der Ortungs-Offizier freudig. »Exakt 1.000 von ihnen entsprechen natradischen Zerstörern der 2.000 Meter-Klasse. Weitere 24 Schiffe werden von unserer Hypertronic-KI auf eine

Länge von 250-Metern katalogisiert und ein Schiff der 500-Meter-Klasse zugeordnet. «

Admiral Gentrin war sichtlich irritiert. Er wusste, dass Gildor Barenseigs ein Mitglied der Crew von Admiral Cartero war. Doch er galt seit geraumer Zeit als verschollen. Konnte er dem Funkspruch glauben schenken? War der Gildor möglicherweise in die Hände von Feinden gefallen.

»Identifizieren sie sich«, antwortete Admiral Gentrin. »Gildor Barenseigs gilt als verschollen. Ich benötige ihren Identitätsnachweis.«

»Ich gebe ihnen meine persönliche ID-Nummer«, antwortete Barenseigs. »Bitte notierten sie SA-G12369845-CA. «

Admiral Gentrin ließ die Daten abfragen. Die Angaben wurden von der Hypertronic-KI der Admiralität bestätigt.

»Hier spricht Major Travis«, tönte eine andere Stimme aus den Lautsprechern. »Ich bin der Kommandant dieser Flotte. Wir kommen zu ihrer Unterstützung. «

»Warum sollte ich ihnen glauben? «, erkundigte sich Admiral Gentrin.

»Weil wir den gleichen Ursprung haben«, antwortete Major Travis. »Ich bin der Erbfolgeberechtigte Oberbefehlshaber der vereinigten Streitkräfte von Natrid

& Tarid. Als Erhobener im Gefüge der Kaiserkaste mit Rang 1, wurde ich bestätigt und eingesetzt von Noel von Natrid, im Rahmen der Nachfolge-Programmierung von Admiral Tarin. Wir kommen aus ihrer ehemaligen Heimat und bieten ihnen unsere Unterstützung an. Wie sie unschwer erkennen können, sind wir mit 1.000 Schiffen der Kaiser-Klasse gekommen. Stimmen sie unsere Angaben mit ihren Archiven ab und sie werden alle benötigten Informationen erhalten. «

Der Admiral gab seiner Crew erneut ein Zeichen, die Daten abzustimmen.

»Ich habe den Ausdruck Schiffe der Kaiser-Klasse lange nicht mehr gehört«, antwortete Admiral Gentrin. »Sie haben unser getarntes System gefunden. Vermutlich hat Gildor Barenseigs sie zu uns geführt. Er wird seine Strafe hierfür erhalten. «

»Ist das ihre einzige Sorge? «, fragte der Major. » Sorgen sie sich nicht, wir haben keine feindlichen Absichten. Trotzdem erkennen wir, dass einer ihrer Planeten bereits unter einem sehr starken Beschuss der Daraner leidet. «

»Die Daten stimmen«, bestätigte ein Offizier der Raumaufklärung. »Es handelt sich eindeutig um Zerstörer des alten kaiserlichen Imperiums. Es sind modifizierte Ausführungen, aber noch einwandfrei zu erkennen. «

Admiral Gentrin war hin und her gerissen. Wie sollte er sich entscheiden. Wenn er weiter warten wurde, dann wäre eine Rettung des 13. Planeten nicht mehr möglich. Er musste unverzüglich handeln.

Der Admiral folgte seinem Bauchgefühl. Sein Wunsch, die Schiffe der Daraner aufzuhalten war mächtiger als eine übertriebene Vorsicht.

»Wir akzeptieren«, entgegnete er. »Ich Öffne ihnen eine Einflugschneise. «

Er gab dem Technik-Offizier ein Zeichen.
»Öffnen sie sofort eine breite Einflugs-Schneise «, befahl er.

Der Admiral beobachtete, wie sein Offizier zahlreiche Knöpfe an seiner Konsole aktivierte. Dann nickte er dem Admiral zu

Major Travis hatte ungeduldig auf die Antwort der Admiralität gewartet.

»Der Schutz-Schirm wird geöffnet«, meldete Sergeant Dantow. »Wir können einfliegen. «

»Ich benötige eine Verbindung zu Heran«, sagte Major Travis.

»Die Leitung steht«, meldete Sergeant Farmer.

»Hallo Heran, hörst du mich? «, fragte der Major.

»Klar und deutlich, mein Freund«, antwortete der Lantraner.

»Wir greifen jetzt die Schiffe der Daraner an«, teilte der Major mit. »Haltet ihr uns den Rücken frei. Wir werden euch später vielleicht noch an den anderen Fronten brauchen. «

»Das werden wir«, antwortete Heran. » Wir sichern den rückwärtigen Bereich ab. Viel Spaß im Schlachtgetümmel.«

»Öffnen sie mir die Flottenfrequenz«, befahl Major Travis.

»Sie können sprechen, Herr Major«, erwiderte Sergeant Farmer. »Die Flotten-Verbindung ist aktiv. «

»Hier spricht die Flotten-Leitung«, sprach Major Travis in das Mikrofon. »An alle Schiffe. Sie sehen vor uns den Feind. Wir kennen nicht seine Stärke und seine Absichten. Bilden sie Gruppen zu je zwei Schiffen und konzentrieren sie ihr Feuer jeweils auf ein daranisches Schiff. Wechseln sie nach einem erfolgreichen Abschuss mit ihrem Schiff ihre Position. Nehmen sie an neuen Koordinaten den gleichen Beschuss vor. Synchronisieren sie ihre Vorgehensweise mit der zentralen Hypertronic-KI meines Flagg-Schiffes. Verwirren sie die Daraner durch einen stetigen Positionswechsel. Bitte bestätigen sie meine Befehle.«

»Die Bestätigungen treffen bereits ein«, antwortete Sergeant Farmer.

Commander Brenzby blickte ihn an.
»Die Schiffe sind bereit«, bemerkte er.

Major Travis gab das Zeichen.
»Mit dem Angriff beginnen«, befahl er. »Alle Waffentürme ausfahren und mit dem Beschuss der vordersten daranischen Schiffe beginnen. «

Die Flotte des Neuen-Imperiums von Tarid und Natrid beschleunigte und näherte sich dem Kampfgeschehen.

Flotte der Daraner

Die Königin war sichtlich erfreut. Ihre 3.000 Schiffe beschossen den Schutzschirm der verhassten Zerstörer und weichten ihn förmlich auf. Bisher konnten noch keine Schiffe eindringen, da die Abwehr von der inneren Seite des Schutz-Schirmes eine starke Gegenwehr leistete.

» Was machen unsere beiden anderen Schiffs- Verbände? «, fragte sie.

Ortungs-Offizier Da' Sisaajhh sah sie an.
»Die erste Armada ist erfolgreich den Sicherheitsschirm durchbrochen. Sie kämpfen derzeit gegen 2.433 Schiffe einer 250 Meter-Klasse der Zerstörer. «

»Verluste auf unserer Seite? «, erkundigte sich die Königin

Ihr Ortungs-Offizier las die Daten ab.

»Wir beklagen derzeit 73 Schiffe als Verlust«, antwortete er. »Auf Seiten der Zerstörer sind es 567 Einheiten.«

» Das ist ein gutes Verhältnis«, freute sich die Königin. Die Schiffe sollen ihren Angriff weiter verstärken. «

»Die zweite Armada sitzt an dem westlichen Flügel des Schirmfeldes fest«, ergänzte der Ortungs-Offizier. »Sie haben die gleichen Probleme, wie wir hier. Eine starke Flottenpräsenz hindert sie an dem weiteren Eindringen. «

Die Königin stand auf und schlug mit ihrem Stachel mehrmals dröhnend auf den Boden.

»Wir müssen weiter vorrücken«, befahl sie. »Wir dürfen uns nicht von den Zerstörern aufhalten lassen. Sucht einen Weg, wie wir durchbrechen können. «

»Wie erklären wir unsere Verluste? «, fragte der 1. Offizier. » Können wir das vor den Clan-Nestern verantworten? «

»Verluste sind gleichgültig, wenn wir das Ziel der Ahnen realisieren können«, ereiferte sich die Königin. »Wir haben endlich die Zerstörer gefunden und werden sie auslöschen.«

Erschrocken trat der 1. Offizier einen Schritt zurück.

»Sie sind zerfressen von dem Hass, gegenüber allen humanoiden Rassen«, erwiderte er.

Langsam drehte die Königin ihren Kopf in seine Richtung.

»Sie zweifeln an meiner Autorität«, fauchte sie ihn an. »Ich habe genug von ihnen. «

Sie rief einige Soldaten zu sich.

»Wache«, sagte sie. »Da'Tamsihajaas ist seines Amtes enthoben. Er steht bis zu unserer Rückkehr unter Arrest.«

Die Soldaten führten den 1. Offizier wortlos ab. Entsetzt schauten die Offiziere ihre Befehlshaberin an.

» Königin« meldete der Ortungs-Offizier aufgeregt. » Die Schiffe der Zerstörer haben Verstärkung erhalten. Es greifen weitere 1.000 Schiffe unsere Armada von der Rückseite her an. Wir haben bereits erhebliche Verluste erlitten. «

»Wie kann das sein? «, fragte die Königin hysterisch. » Wo kommen diese Schiffe her. «

»Sie waren plötzlich da und haben einfach den Schutz-Schirm durchquert«, erklärte der Ortungs- Offizier. »Es müssen Verbündete der Zerstörer sein. Ihnen wurde der Durchflug gestattet. «

»Sendet weitere 1.000 Schiffe als Unterstützung zu den Koordinaten«, befahl die Königin. »Wir dürfen das Ziel nicht aus den Augen verlieren. «

Die Schiffe des Neuen-Imperiums flogen mit der Geschwindigkeit UL1 vor und formierten sich in breiter Formation. Sie bildeten mehrere Linien unterhalb und oberhalb der daranischen Schiffe. Die lantranischen Evolutions-Schiffe blieben zurück und sicherten den Rücken der Flotte.

Jeweils 25 schwere Waffentürme der Backbordseiten der Kaiser-Klasse-Schiffe eröffneten schlagartig das Feuer auf die nicht vorbereiteten daranischen Schiffe. Scheinbar hatten die Schiffe die herannahende Verstärkung noch nicht registriert. Erst die Einschläge der massiven Laser-Lanzen ließen sie aufwachen. Die hintersten Schiffe der Daraner zerplatzten wie Seifenblasen. Die im Automatikfeuer schießenden Laser-Türme der Kaiser-Klasse-Schiffe ließen nichts von daranischen Walzen-Schiffen übrig. Diese gaben ein sehr gutes Ziel ab. Eine Feuersbrunst, die seinesgleichen suchte, riss die Schiffe in den Untergang. Nicht vollständig getroffene Schiffe kamen ins Trudeln und rammten neben ihnen fliegende Einheiten. Ein völliges Durcheinander entstand innerhalb kürzester Zeit.

Der Überraschungsmoment zahlte sich aus. Innerhalb von Minuten wurden 193 daranische Schiffe vernichtet. Doch es gab immer noch weitere 732 Gegner. Die Schiffe der Kaiser-Klasse, versetzten sich nach einem erfolgreichen

Abschuss ihrer Gegner, an neue Positionen. Für die daranischen Schiffe sah es verwirrend aus. Sie mussten sich immer wieder auf neue Gegner einstellen. Sobald Schiffe von ihnen anvisiert wurden, verschwanden sie wieder aus ihren Zielvorrichtungen. Die Schiffe des Neuen-Imperiums synchronisierten ihren Beschuss und ihre Positionen kontinuierlich mit der Hypertronic-KI des Flaggschiffes. Sie wies ihnen per Hyperfunk neue Standorte zu. Nach jedem erfolgreichen Abschuss veränderten die Schiffe ihre Positionen.

Die Flotte der Daraner konnte sich immer noch nicht auf diese Taktik einstellen. Neue imperiale Schiffe materialisierten und setzten ihre massiven Laser-Strahlen ein. Die Schutzschirme der Daraner kollabierten innerhalb von Sekunden. Ihre nackten Schiffswände konnten die starken Laserstrahlen der Schiffe der Kaiser-Klasse nicht aufhalten. Die Energiestrahlen drangen tief in das Schiffsinnere vor. Schwere Explosionen entstanden, welche die Walzenschiffe förmlich auseinanderrissen. Unselige Gegenstände, Luft und Wasser entwichen den Schiffen. Immer wieder schlug die Flotte des Neuen-Imperiums zu.

Die Taktik ging auf. Nur noch 520 Schiffe der Daraner standen der santaranischen Verteidigung und den Schiffen des Neuen-Imperiums gegenüber. Flotten-Kommandant Voltaarren hatte endlich die Unterstützung registriert. Zuerst dachte er noch, Admiral Gentrin konnte Flotten-Verbände von anderen Gebieten des Kunst-Systems abziehen. Doch dann erkannte er die Größe der

Schiffe und rieb sich seine Augen. 1.000 Schiffe einer gigantischen 2.000 Meter-Klasse waren ihm zu Hilfe geeilt. Solche Schiffs-Klassen hatte er noch nie gesehen. Diese Giganten kannte er nur aus den Geschichtsarchiven seines Volkes. Umso überraschter war er, als die KI seines Flaggschiffes die Zerstörer als natradische Schiffsform identifizierte. Er stutzte.

»Sollten uns wirklich Überlebende unserer Vorfahren zu Hilfe geeilt sein? «, dachte er.

Trotzdem war er sehr dankbar über die Hilfe. Die Raum-Schlacht konnte schneller zu einem Ende gebracht werden.

»Unsere Schiffe sollen sich in Dreiergruppen formieren«, befahl er. »Gezielte Angriffe nur durch einen synchronisierten Beschuss von drei Schiffen. Gebt die Anweisung an alle Schiffe der Flotte durch. «

Der angesprochene Funk-Offizier informierte die Schiffe der santaranische Heimat-Verteidigung.

Endlich gelang es den kleinen Schiffen, sich zu positionieren und Angriffs-Gruppen zu bilden. Der konzentrierte Beschuss, ließ die Schiffe der Daraner aufblühen und kurz darauf zerplatzen.

Der Erfolg ließ die Crew des Flaggschiffes laut jubeln. Rückseitig verstärkten die Schiffe des Neuen-Imperiums ihren Beschuss. Immer mehr daranische Schiffe vielen dem Angriff zum Opfer. Nur vereinzelt verfingen sich Laser-Strahlen in den Super-Schutzschirmen der Flotte des Neuen-Imperiums. Diese wurde jedoch problemlos abgeleitet.

»Wir bekommen Besuch«, meldete Sergeant Dantow. »Weitere 1.000 daranische Schiffe fliegen in das System ein. «

»Hierum kümmert sich Heran«, antwortete Major Travis.

Er blickte auf den zentralen Bildschirm. Fünf lantranische Schiffe setzten sich vor die wartende Gruppe der Schiffe und positionierten sich in einem Abstand von 500 Metern zueinander. Major Travis verfolgte, wie die fünf lantranischen Schiffe jeweils vier Geschosse, aus ihren Transform-Dimensions-Kanonen abfeuerten. Diese rasten den neu eingetroffenen Schiffen der Daraner entgegen. Die 20 Dimensions-Bomben detonierten kurz vor den Walzenschiffen und rissen einen riesigen Dimensions-Spalt auf. Das dunkle Loch setzte wellenartige Bewegungen frei. Diese entwickelte sich zu einem rotierenden Strudel. Zusätzlich entstand ein gewaltiger Gravitationssog. Dieser riss alle 1.000 daranischen Schiffe in den dunklen Abgrund. Nur wenige Sekunden danach verschloss sich der breite Spalt wieder. Es schien so, als ob nichts geschehen war.

Major Travis war geschockt.

»Eine solche Waffe ist sehr gefährlich«, dachte er. »Hoffentlich gerät sie nicht einmal in die falschen Hände.«

Admiral Gentrin verfolgte die Raumschlacht auf seinem Bildschirm. Er erkannte, dass die Zerstörer des Neuen-Imperiums die daranischen Schiffe problemlos vernichten konnten. Im Rhythmus von Sekunden verringerte sich auf den Monitoren der Flottenleitstelle die Anzeige mit der Anzahl der gegnerischen Schiffe.

»Es sind nur noch 522 feindliche Schiffe im inneren System vorhanden«, teilte Offizier Woltrin mit. »Die Anzahl nimmt weiter ab. Wir verbuchen keine Verluste mehr auf unserer Seite. «

Der Admiral erkannte, wie zahlreiche massive Lasertreffer die Schutzschirme der daranischen Schiffe ausfallen ließen. Die nachfolgenden Einschläge brachten die Schiffe zur Explosion. Teilweise genügte eine Laser-Salve aus, um die ungeschützten Schiffe zu vernichten.

»Was müssen die Zerstörer des Neuen-Imperiums für gewaltige Waffensysteme haben? «, dachte Admiral Gentrin. » Solche hätte ich auch gerne. Dann gäbe es keine Probleme mehr für uns.«

»Wir registrieren eine weitere Flotte von 1.000 Schiffen, die in unser inneres System eindringt«, meldete der Ortungs-Offizier. »Die Daraner haben weitere Verstärkung erhalten. «

Der Ortungs-Offizier stutzte.

»Was ist? «, fragte Admiral Gentrin ungeduldig.

»Nur 24 Schiffe stellen sich der neuen Verstärkung entgegen. «

»Warum nur 24 Schiffe? «, stutzte der Admiral. » Wollen die Schiffe des Neuen-Imperiums Zeit gewinnen? «

»Das ist Selbstmord«, erkannte der Ortungs-Offizier. »Aus dem Geschwader der 250 Meter messenden Schiffen brechen fünf Schiffe aus, die sich an die vorderste Linie begeben.«

»Ich sehe es«, antwortete Admiral Gentrin. »Sie eröffnen das Feuer. Ich registriere 20 Bomben, die mit hoher Geschwindigkeit auf die daranischen Schiffe zufliegen. «

Gespannt blickte Admiral Gentrin auf seinen Bildschirm. Kurz vor der Unterstützungs-Flotte der Daraner explodierten die Bomben. Das Bild des Monitors von Admiral Gentrin flackerte und verzerrte. Er erkannte, wie sich eine Dimensions-Spalte im Universum bildete. Eine kreisende wellenartige Bewegung baute sich auf, wie ein Strudel im Wasser. Die hilflosen, daranischen Schiffe wurden alle in die Dimensions-Spalte gezogen. Nur Sekunden später schloss sie sich wieder. Die 1.000 Schiffe der Daraner waren spurlos verschwunden.

Admiral Gentrin schüttelte seinen Kopf. Seine Kinnlade fiel herunter. Das Gesehene rief starke Bedenken in ihm auf.

»Wo sind sie hin? «, fragte er. » Haben wir neue Ortungen? «

»Nein«, antwortete Offizier Woltrin. » Die 1.000 daranischen Schiffe sind spurlos verschwunden. «

Der Admiral hob seinen Kopf und schaute ihn an. »Wir müssen vorsichtig sein«, flüsterte er. »Mit den Waffen des Neuen-Imperiums ist nicht zu spaßen. Sie scheinen technisch weit über unserem Wissen zu stehen. So etwas habe ich noch nie gesehen. «

Er blickte wieder auf den Bildschirm und verfolge die Manöver der Flotte des Neuen-Imperiums. Die verbliebenen Schiffe der Daraner waren von allen Seiten eingekesselt worden. Selbst die santaranische Heimat-Flotte erzielte jetzt zusehends Erfolge. Immer wieder wurden rückseitig Abschüsse der letzten daranischen Walzenschiffe gemeldet. Im Sekundenrhythmus entzündeten sich neue kleine Kunstsonnen auf den Monitoren der santaranischen Leitzentrale. Sie alle gaben die Vernichtung von Schiffen des Feindes bekannt.

»Wie viele daranische Einheiten zählen wir noch? «, erkundigte sich Admiral Gentrin.

»Unsere Hypertronic-KI hat ganze 163 Schiffe gezählt«, antwortete Offizier Woltrin lachend. »Die Anzahl nimmt stetig ab. Vielleicht sollten sie dem Neuen-Imperium einige Schiffe abkaufen. «

Admiral Gentrin blickte ihn ärgerlich an, verzichtete aber auf eine Antwort.

Flotte des Neuen-Imperiums

»Wie viele Gegner haben wir noch auf dem CIC? «, fragte Major Travis.

»In diesem Moment noch 123 daranische Schiffe«, antwortete Sergeant Dantow.

» Commander Brenzby, rufen sie die Daraner«, befahl der Major. » Fragen sie nach, ob sie kapitulieren möchten. In diesem Fall bieten wir ihnen einen freien Abzug an. «

Der Commander griff nach dem Mikrofon.
»Hier spricht die Flotte des Neuen-Imperiums«, sprach er in den Communicator. »Ich rufe die daranischen Schiffe. Stellen sie unverzüglich ihren Beschuss ein. Wir bieten ihnen eine Kapitulation und einen freien Abzug an. «

»Wir erhalten eine Antwort«, meldete Sergeant Farmer.

»Legen sie auf die Lautsprecher«, erwiderte der Major. Knistern und Störungen drangen aus den Lautsprechern.

Anschießend erklang eine Antwort in einer verzerrten hohen Tonlage.

»Sterbt ihr Humanoiden, eure Strafe wird euch noch ereilen«, knisterte es aus den Lautsprechern.

»Scheinbar wollen sie nicht kapitulieren«, bemerkte Commander Brenzby.

Major Travis blickte Heinze an.
»Ist die Königin auf einem der Schiffe? «, fragte er.

Der Ro schüttelte seinen Kopf.
»Nein«, antwortete er. »Sie ist an anderer Front aktiv. Ich habe sie erfasst, kann sie derzeit aber noch nicht genau lokalisieren. «

Die Schiffe des Neuen-Imperiums verstärkten ihren Beschuss und rieben die Schiffe der daranische Flotte von der Rückseite her auf. Nach wenigen Minuten waren noch ganze 32 Schiffe der Daraner übrig.

»Das Feuer einstellen«, befahl Mayor Travis. »Informieren sie unsere Flotte, dass wir die Reste der daranischen Flotte den Santaranern überlassen. «

Die Heimat-Verteidigung hatte sich zwischenzeitlich in Gruppen zu zehn Schiffen formiert. Diese wollten ihre gefallenen Kameraden rächen und den Daranern kein Entkommen ermöglichen. Ihre Laser-Salven hüllten die daranische Schiffe förmlich ein. Der Schutzschirm der feindlichen Schiffe hielt den Belastungen nur kurz stand. Nach wenigen Minuten war die einseitige Schlacht beendet. Heran und Major Travis hatten das Szenario auf ihren Monitoren verfolgt.

»Eingehender Funkspruch«, meldete Sergeant Farmer.

»Legen sie ihn auf die Lautsprecher«, erwiderte der Major.

»Hier spricht Flotten-Kommandant Voltaarren«, tönte es aus den Lautsprechern. »Ich rufe die Schiffe der natradischen Unterstützungs-Flotte. «

Der Major griff nach dem Communicator.
»Hier spricht Major Travis, Oberbefehlshaber der Flotte des Neuen-Imperiums«, antwortete er. »Was kann ich für sie tun? «

»Sie haben bereits genug getan«, antwortete Kommandant Voltaarren. »Ich möchte mich für ihre Hilfe bedanken. Ohne sie wäre das für uns nicht gut ausgegangen. Unsere Heimat-Flotte ist ausschließlich für Sicherheitsmaßnahmen im inneren System ausgelegt. Für Kämpfe mit feindlichen Rassen war sie nie vorgesehen. Vielen Dank für ihre Unterstützung. Vielleicht lernen wir uns in der Admiralität persönlich kennen. «

»Das wäre mir eine Freude«, entgegnete der Major. »Wir haben gerne geholfen. «

Das Gespräch wurde beendet.

»Hier ist unsere Mission beendet«, sagte Major Travis zu seinen Offizieren. »Fliegen wir zu den anderen beiden Krisenherden. Sergeant Farmer, bitte informieren sie unsere Flotte. «

Der bestätigte den Befehl und leitete ihn sofort weiter. Der Major gab Sergeant Hausmann ein Zeichen. Die Flotte wendete und flog aus dem Schutz-Schirm hinaus. Hinter ihnen schloss sich der Schirm wieder und baute sich in seiner vollen Struktur auf.

»Nehmen sie Kurs auf die westliche Hälfte des Schirmes«, sagte Major Travis. »Auch diese Stelle ist von uns noch zu säubern. «

Hilfe für die Santaraner

An der Nord-Seite des santaranischen Schirmes stockte der Durchbruch der daranischen Flotte nach wie vor. Admiral Cartero leistete mit seinen zwei Flotten-Kohorten eine gute Arbeit. Die Verluste waren gering. Lediglich 3 Schiffe mussten sich mit leichten Beschädigungen zurückziehen. Sie hatten sich zu weit vorgewagt und mehrere Zufallstreffer erhalten. Der massive Laser-Hagel der daranischen Schiffe ging weitgehend ins Leere. Obwohl pausenlos Bomben und Torpedos im Inneren der Sicherheitszone detonierten, gelang es den santaranischen Verbänden, eindringende Schiffe noch bei dem Durchqueren des Strukturloches zu vernichten. Kein einziges Schiff der Daraner schaffte es, den Struktur-Riss zu passieren.

Flotte der Daraner

Die Königin tobte auf Ihrem Flagg-Schiff. Sie machte ihre Offiziere für das Versagen der Mission verantwortlich.

»Bekommen wir endlich Daten von unseren Flotten-Verbänden? «, fauchte sie ihre Offiziere an.

Ihr Ortungs-Offizier Da' Sisaajhh schüttelte seinen Kopf. » Die Energie-Turbolenzen des System-Schirms machen eine Funk- und Datenübertragung derzeit unmöglich«, antwortete der Offizier

»Wir müssen aber wissen, wie weit unsere anderen Verbände vorangekommen sind«, fauchte die Königin.

» Sobald ich etwas habe, informiere ich sie«, antwortete der Ortungs-Offizier.

Die Kaiserin gab sich mit der Antwort zufrieden. Sie setzte sich in ihren Kommandostuhl und blickte auf die Monitore. Sie gaben den intensiven Beschuss des Schirmes durch ihre Flotte wieder.

»Bald haben wir es geschafft«, dachte sie. »Der System-Schirm reist immer weiter auf. Die Fläche ist bald groß genug, um unsere Flotte in breiter Formation einfliegen zu lassen. Dann werden die Zerstörer die Vergeltung unseres Volkes zu spüren bekommen. «

»Wir bekommen wieder eine Verbindung«, meldete der Ortungs-Offizier. »Scheinbar flauen die energetischen Turbulenzen ab. Neue Ortungen bauen sich auf. «

»Gut«, erwiderte die Königin. »Wie ist der Status unserer drei anderen Verbände? «

Da' Sisaajhh blickte intensiv auf seine Monitore. Er schaltete mehrmals die programmierten Positionen durch. Langsam antwortete er auf die Frage seiner Königin.

»An der Westseite scheint alles in Ordnung zu sein«, erklärte er. »Die Flotte versucht nach wie vor den großen Schutz-Schirm aufzuweichen, um einen Einflugkanal aufzubauen. Der Schirm scheint widerstandsfähig zu sein. «

»Was machen unsere Flotten im Inneren des Systems? «, erkundigte sie sich.

Der Ortungs-Offizier stutzte. Verlegen blickte er die Königin an.

» Ich erhalte keine Daten mehr von diesen Flotten«, antwortete er leise. » Beide Verbände sind vollständig verschwunden. Der Schutzschirm hat sich an dieser Stelle bereits wieder regeneriert und geschlossen. «

»Was bedeutet das? «, fragte die Königin.

»Es gibt keine Flotten mehr«, antwortete Da' Sisaajhh. »Scheinbar wurden sie vollständig zerstört. «

Zwischen Entsetzen und Panik schwankte die Königin aus ihrem Kommando-Sessel und lief auf den Ortungs-Offizier zu. Mit einem kräftigen Stoß, stieß sie Da' Sisaajhh von den Monitoren fort, um sich selbst ein Bild zu machen. Ungläubig starrte sie hierauf. Sie schaltete die einzelnen Ortungspunkte des Kampf- Geschehens durch. Dann erkannte ihr prüfender Blick, dass ihr Offizier Recht hatte.

Ein hoher kreischender Schrei erfüllte die Leitzentrale des Flaggschiffes. Die Königin hatte ihrem Ärger Luft gemacht und ihren Schmerz freigesetzt. Sie ertrug es nicht länger, mit ihren Gedanken allein zu sein und alle Entscheidungen zum Wohle ihrer Clannester steuern zu müssen.

»Das ist unmöglich«, stutzte sie.

Sie hatte diese Worte noch nicht ganz über ihre Lippen gebracht, als die Ortungs-Station des Flaggschiffes Alarm schlug.

»Eine unbekannte Flotte von 1.025 Schiffen ist aus dem Hyperraum materialisiert«, teilte ihr Ortungs-Offizier mit. »Es sieht fast so aus, als ob sie an der Westseite unsere Flotte angreift. «

»Was sind das für Schiffe? «, fragte die Königin.

»Es sind sehr gewaltige Schiffe«, antwortete der Ortungs-Offizier. »Ihre Größe wird einheitlich mit 2.000-Metern angegeben. Wir erhalten einen Abgleich unserer KI. Diese Schiffe ähneln den alten Schiffen der Zerstörer sehr stark. Sie sind fast identisch mit den Aufzeichnungen vor 100.000 Jahren. Sie müssen den Zerstörern gehören. «

»Sofort Alarm für alle Schiffe auslösen«, befahl sie. » Wir brechen unseren Angriff an dieser Position ab. Unsere Flotte an der westlichen Schirmseite braucht dringend unsere Unterstützung. Leiten sie den Befehl an die Flotte weiter. «

»Ihre Befehle wurden weitergeben«, antwortete Funk-Offizier Da'Zisaajhh.

Schlagartig brachen die vordersten Schiffe ihren massiven Beschuss ab und folgten dem Befehl der Königin. In einem geübten Manöver wendeten sie, reihten sich in die Haupt-Formation ein, beschleunigten und sprangen in den Hyperraum.

Admiral Cartero traute seinen Augen nicht. Die daranischen Schiffe, die so intensiv den santaranischen Schutz-Schirm beschossen hatten, brachen plötzlich ihren Angriff ab.

»Welchen Sinn macht das? «, fragte er sich. » Sie standen kurz vor einem Erfolg. «

Er beobachtete auf seinen Schiffs-Monitoren, wie die feindlichen Schiffe wendeten und gemeinschaftlich in den Hyperraum wechselten.

Sofort ließ er sich mit der Admiralität verbinden.

» Hier spricht Admiral Cartero«, sprach er in seinen Kommunikator. » Ich rufe die Admiralität von Santaron. Bitte melden sie sich. Wie wird die Lage bei ihnen angezeigt? «

Ein kurzes Knistern erfüllte die Lautsprecher, dann stand die Verbindung? «

»Hier spricht Admiral Gentrin«, tönte es aus den Lautsprechern. »Die Daraner scheinen ihren Angriff eingestellt zu haben. Sie sind in den Hyperraum gesprungen. «

»Das haben wir selbst beobachtet«, antwortete Admiral Cartero. »Wir können nur nicht erklären warum? «

»Wir haben Verstärkung erhalten«, erklärte Gentrin. »Es sind Schiffe des Neuen-Imperiums von Tarid & Natrid eingetroffen. Sie haben auf unserer Seite in den Kampf eingegriffen.«

»Sagten sie von Natrid? «, wunderte sich Admiral Cartero. » Von unserer ehemaligen Heimatwelt? «

»Sie haben richtig gehört«, bestätigte Admiral Gentrin. »Laut ihrer Aussage sind sie aus unserem alten Heimat-System gekommen und unterstützen uns freiwillig. «

»Was haben sie für Absichten und Beweggründe? «, fragte Cartero.

»Das kann ich ihnen noch nicht sagen«, antwortete Admiral Gentrin. »Ihr Forscher Gildor Barenseigs hat sie zu uns geführt. «

»Er lebt noch? «, erwiderte Admiral Cartero erstaunt. » Er ist doch mit einem alten Artefakt der Aller-Ersten in neue Dimensionen aufgebrochen. Ich hatte ihn längst abgeschrieben. «

»Unterstützung hin oder her«, antwortete Admiral Gentrin. »Sie kennen unsere Gesetze. Gildor Barenseigs hat den Standort unseres Kunst-Systems an Fremde verraten. Er wird sich unseren Gesetzen stellen und die Todesstrafe in Kauf nehmen müssen. «

»Sie sind auch nicht anders als das große Auditorium«, fluchte Admiral Cartero. »Weichen sie doch endlich von den Vorschriften der Alten ab. Wir haben doch gesehen, dass uns das nicht weiterbringt. «

»Darüber urteilen wir später«, erwiderte Gentrin. »Die starke Flotte aus dem natradischen Heimat- System, hat förmlich per Handstreich die daranische Flotte vernichtet. Unser Verband war bereits in starke Bedrängnis geraten. Das ist aber noch nicht alles. Sie haben 24 Schiffe unbekannter Bauart dabei. Als dann eine Verstärkung, von weiteren 1.000 daranischen Schiffen eintraf, haben sich 5 dieser Schiffe schützend vor die anderen gesetzt und 20 Bomben ausgeschleust. Diese 20 Bomben haben ausgereicht, um eine gewaltige Spalte im Universum zu öffnen. Alle 1.000 anfliegenden Schiffe der Daraner wurden von dieser Spalte verschlungen. «

»Was für eine Spalte im Universum? «, fragte Admiral Cartero. » So etwas gibt es nicht. «

»Anscheinend doch, wie unsere Aufzeichnungen bestätigen. Ihre Waffentechnik muss unserer weit überlegen sein. «

»Das ist ja wiederum leicht zu erklären«, antwortete Admiral Cartero. »Ich habe immer auf die Unsinnigkeit der Anordnungen des großen Auditoriums hingewiesen.«

»Ich weiß«, erwiderte Gentrin. » Sie haben alles viel früher erkannt als wir. Die Flotte des Neuen-Imperiums ist jetzt zur Westseite unseres System- Schirms aufgebrochen, um vermutlich dort die Daraner zu stellen. Fliegen sie mit ihren zwei Flotten-Kohorten hinterher und unterstützen sie die fremden Schiffe. Wir wollen uns später nicht nachsagen lassen, wir hätten nicht unser Möglichstes versucht. Auch sollten wir die Daraner daran hindern, Informationen über unseren Standort weiterzugeben. Bilden sie mit ihren Schiffen Dreier-Gruppen und nehmen sie einen synchronisierten Beschuss vor. Damit erzielen sie die besten Erfolge. «

»Ich habe verstanden«, entgegnete Admiral Cartero. »Öffnen sie uns ein Ausflugsfenster in dem Schirm. «

»Das machen wir«, beendete die Admiralität das Gespräch.

Admiral Cartero informierte seine Flotten-Kohorten über den bestehenden Abflug. Eine neue Mission lag an. An der Westseite des santaranischen Schirmes formierte sich die feindliche Flotte neu. Vor den Schiffen öffnete sich eine breite Schneise. Die zwei Schiffs-Kohorten flogen hindurch, nahmen Fahrt auf und sprangen in den Hyperraum.

Flotte des Neuen-Imperiums

Die Flotte des Neuen-Imperiums von Tarid & Natrid tauchte majestätisch in den Normalraum ein. Ein heller Ton erklang, als würden Eiszapfen zu Boden fallen und zerbrechen. Der Ton wurde immer durchdringender und veränderte sich zu einem lauten Klicken.

»Wir haben zahlreiche Ortungspunkte«, teilte Sergeant Dantow mit.

»Kein Grund zur Beunruhigung«, antwortete Major Travis. »Wir mussten damit rechnen, dass die daranischen Schiffe uns orten würden. «

In 30.000 Kilometer Abstand peitschten helle Laser-Strahlen gegen den santaranischen Schutz-Schirm. Es sah aus, wie ein großes Wetterleuchten am Ende des Horizontes.

»Ich messe eine starke Raumverzerrung an«, bemerkte Ortungs-Offizier Dantow.

Das Ortungs-Display war überfüllt mit neuen Ortungspunkten.

»Ich erkenne 1.930 zusätzliche daranische Schiffe, die sich der Westseite des Systems nähern«, teilte er mit.

» Ich benötige eine Hyperkomm-Funkverbindung zu Heran«, befahl der Major.

Die Crew der Termar 1 war seit langem eingespielt.

»Die Leitung wird aufgebaut«, bestätigte der Funk-Offizier Farmer. »Sie können sprechen.«

»Hallo Heran, hast du die Schiffe auf deinem Monitor? «, fragte der Major.

»Klar und deutlich«, antwortete der lantranische Freund. »Sie scheinen gerade ihre Flotte von der Nordseite als Verstärkung erhalten zu haben. «

»Das haben wir auch registriert«, antwortete Major Travis. »Ich würde gerne die Königin gefangen nehmen. Sie wird uns sicherlich alle vollständigen Informationen über ihr Volk und die Worgass geben können. «

»Die Frage ist nur, wie können wir das Schiff der Königin identifizieren? «, entgegnete Heran. » Bitte befrage Heinze hierzu. Vielleicht kann er uns helfen.«

Major Travis blickte Heinze an.

Der Ro hatte seinen Kopf in den Nacken gelegt und versuchte, unter den vielen daranischen Gedanken, die Gehirnwellen der Groß-Königin zu isolieren. Sein Kopf schwenkte von rechts nach links. Die Augen waren geschlossen. Für Außenstehende sah es wie eine spirituelle Sitzung aus.

»Liegen schon Ergebnisse vor? «, fragte Heran

»Heinze sondiert noch«, antwortete der Major. »Gedulde dich noch einen Augenblick. Die Gehirnwellen der Daraner sind anders als bei humanoiden Lebensformen. Er versucht einen Kontakt zu der Königin herzustellen. «

Schlagartig riss Heinze seine Augen weit auf. Der Major sah, dass sein Blick nicht klar war. Er schien noch mit den Gedankenwellen der Daraner verbunden zu sein.

»Ich empfange die Gedanken der Königin«, flüsterte Heinze. »Sie ist erbost und außer sich. Sie schreit auf dem Flaggschiff ihre Crew an. Den Verlust ihrer Schiffe hat sie sehr getroffen. Ich filtere nach dem Standort des Schiffes. «

Die Schwenkbewegungen von Heinzes Kopf hörten auf.

»Es ist das Schiff, welches in der Mitte der Verstärkung fliegt. Es wird kreisrund, durch 15 daranische Schiffe eskortiert. Sucht nach einer kreisrunden Schiffs-Formation, die sich innerhalb der neu angekommenen Verstärkung von daranischen Schiffen befindet. «

»Hast du alles mitbekommen? «, fragte Major Travis.

»Deutlich und präzise«, bestätigte Heran. »Ich habe es auf meinem Schirm bereits ausgemacht. Wenn wir die Königin gefangen nehmen wollen, dann sollten wir unsere Transform-Dimensions-Kanonen nicht einsetzen. Wir werden mühsam jedes einzelne Schiff aus dem Weg räumen müssen. «

»Wir nehmen uns die Zeit hierfür«, antwortete der Major. »Das Bier ist in jedem Fall im Kasino auf Titan kaltgestellt.«

»Das hören meine Begleiter sicherlich gerne«, lachte Heran. »Wie gehen wir vor? «

»Unser erster Angriff hat gezeigt, dass unsere neuen Superschutz-Schirme die daranischen Laserstrahlen vollständig absorbieren«, erklärte Major Travis. » Ich sehe es nicht als notwendig an, größere Angriffsgruppen zu bilden. Wir werden uns in breiter Formation aufstellen und die daranischen Schiffe mit den vollen Breitseiten unserer Geschütztürme empfangen. Würdest du mit deinem Geschwader in den Rücken der feindlichen Schiffe springen? Sie werden überrascht sein, plötzlich von hinten angegriffen zu werden. «

»Gut«, sagte Heran. » Der Vorschlag hört sich perfekt an. Wir nehmen die Schiffe in die Zange. «

Die Schiffe des Neuen-Imperiums näherten sich der westlichen Seite des santaranischen Schutzschirmes. Den Anflug der verhassten Feinde schienen die Daraner mittlerweile registriert zu haben.

Sie stellten den intensiven Beschuss des Schutzschirmes und formierten sich neu. In der Wabenformation flogen sie ihren Feinden entgegen.

Der erste Laserschlag, der 2.000-Meter messenden Kampf-Stationen des Neuen-Imperiums, kam schnell und überraschend. Die schweren Laser-Rohre hatten sich schon lange auf die heranfliegenden Gegner ausgerichtet. Schlagartig lösten sich 25.000 Laser-Salven, die den daranischen Schiffen entgegen rasten. Die gleiche Menge an Laser-Salven folgte in einem kurzen Abstand. Die Kampfschiffe des Neuen-Imperiums hatten ihre Abwehr-Geschütze auf Dauerfeuer eingestellt. Die Laser-Strahlen erhellten den dunklen Weltraum großflächig.

Erste Schiffe der Daraner wurden gleichzeitig von zehn, oder mehr Laser-Salven getroffen. Ihre Schutzschirme kollabierten innerhalb von Sekunden. Sie vergingen in heißen Explosionen. Die massiven Druckwellen fegten Schiffstrümmer, Metallreste und Gegenstände aus den Flugbahnen. Der Weg wurde frei, für die nachfolgenden Schiffe. Auch sie ereilte das gleiche Schicksal. Ebenfalls massiv getroffen beendeten die Schiffe und die Besatzungen ihr Dasein. In kurzem Rhythmus explodierten weitere Kriegsschiffe der Daraner. Das Tontaubenschießen der Flotte des Neuen-Imperiums von Tarid & Natrid hatte begonnen.

Heran war mit seiner kleinen Flotte auf die Rückseite der daranischen Armada geflogen. Auch die Evolutions-Schiffe hatten ihre Laser-Türme ausgefahren. Sie sahen nicht so kantig aus, wie ihre vergleichbaren natradischen Modelle. Die lantranischen Geschütztürme wirkten rund und glattgeschliffen. Die Evolutions-Schiffe verfügten nicht über 25 Geschütztürme pro Schiffseite, wie die Schiffe des Neuen-Imperiums. Doch auch sie konnten auf fünf Gefechtstürme auf jeder Schiffsseite zugreifen.

Der Major kannte die Intensivität und die brachiale Kraftentfaltung der lantranischen Laser-Werfer. Ein einziger Schuss genügte, um das anvisierte Schiff in den Untergang zu schießen. Hier zeigte sich deutlich der wissenschaftliche Vorsprung der alten lantranischen Rasse.

Für den Schiffsverband von Heran war es wie eine Gefechtsübung. Die Evolutions-Schiffe visierten ein daranisches Schiff nach dem anderen an und zerlegten es in seine Bestandteile. Der vorher als so wirksam angesehene Schutzschirm der Daraner, konnte nicht das Geringste ausrichten. Laser-Salven um Laser-Salven von 24 Evolutions-Schiffen fauchten ins Ziel. Auf breiter Fläche entstanden immer mehr gigantische Explosionen. Mit zielgerichteter Perfektion wurden die Schiffe der rückseitigen Linien in aufgehende Kunstsonnen verwandelt.

Die Schlachtschiffe der 2.000 Meter-Klasse zogen sich weiter auseinander und bildeten einen Ring um die daranische Flotten-Armada. Major Travis hatte erkannt, dass eine Gruppenbildung der Schiffe nicht mehr nötig war. Der massive Beschuss aus 25 seitlichen Geschütztürmen reichte völlig aus, um die feindlichen Schiffe zu zerstören. Wieder rasten die meterdicken

Laser-Strahlen auf die feindlichen Schiffe zu. Die vordersten vergingen in heller Feuerglut. Nachfolgende, gestreifte Walzenschiffe brachen auseinander, oder wurden von ihrer Besatzung der Selbstzerstörung übergeben. Im Dauer-Salventakt feuerten die mächtigen Geschütze der Kaiser-Klasse-Schiffe auf die Angreifer. Reihenweise kollabierten die Schutz-Schirme der Walzenschiffe unter dem Laser-Hagel der großen Schiffe des Neuen-Imperiums.

Leitstelle der Santaraner

Admiral Cartero blickte auf seinen Monitor. Dieser war erfüllt von den unzähligen Explosionen der fremden Schiffe. Das Kampfgebiet hatte sich auf die Westseite des santaranischen Schutz-Schirms verlagert. Er erkannte verwundert, dass 24 Schiffe aus der natradischen Heimat einen Bogen flogen und sich an der Rückseite der daranischen Armada in Stellung brachten. Er war sichtlich gespannt, was sie ausrichten würden. Sein Mund klappte auf, als er erkannte, dass ein einziger Laser-Strahl dieser Raumschiffe ein daranisches Schiff vernichtete.

Er beobachte intensiv seine Monitore. Die Schussfolge sah fast schon ein bisschen rhythmisch aus. Wieder flammte eine ganze Reihe neuer Kunstsonnen auf. Schnell erkannte er, dass diese Gruppe keine Hilfe benötigte. Er schüttelte seinen Kopf.

»Die Fremden benötigen nur eine Lasersalve, um ein Schiff der Daraner zu zerstören«, teilte er seiner Crew erstaunt mit. »Mit was für einer Energie werden ihre Schiffe versorgt? «

Er stellte seine Monitore auf die Vorderseite der Raumschlacht um. Auch hier erkannte er, dass die 1.000 Schiffe des Neuen-Imperiums die gleichen Erfolge erzielten. Er sah, wie sich die gigantischen 2.000-Meter-Schiffe auseinanderzogen und einen Ring um die daranische Formation bildeten. Im Sekundentakt leuchteten neue Explosionen auf seinen Monitoren auf. Die Anzahl der daranischen Schiffe nahm stetig ab. Neue Leuchtfeuer zeugten von weiteren Abschüssen vieler feindlicher Schiffe.

Die Crew seiner Leitstelle fing an zu jubeln. Fast jeder Treffer wurde beklatscht. Sie hatten erkannt, dass der Erfolg nahe war.

»Unsere Flotte ist materialisiert«, erkannte Ortungs-Offizier Dantrin. »Sie ist in den Normalraum eingetaucht. Die zwei Flotten-Kohorten warten ab und beobachten die Situation. «

»Öffnen sie mir eine Verbindung zu Admiral Cartero«, befahl Gentrin.

»Sprechen sie Admiral, die Leitung baut sich auf «, erwiderte Dantrin.

»Hier spricht die Admiralität, ich rufe Admiral Cartero«, sprach er in den Kommunikator. «

»Ich höre sie«, antwortete der Flotten-Admiral. »Funken sie das Flaggschiff des Neuen-Imperiums an und schließen sich kurz, welche Kampfposition sie einnehmen können. «

»Viel ist da nicht mehr zu machen«, antwortete Admiral Cartero. »Die Flotte der Daraner ist gewaltig geschrumpft. «

»Umso besser für sie«, erwiderte Admiral Gentrin. »Zeigen sie, dass santaranische Schiffe auch den Gegner erledigen können. Wir müssen unser Gesicht wahren. «

Flotte des Neuen-Imperiums

»Ich habe neue Resonanzkontakte«, meldete Sergeant Dantow.

Gildor Barenseigs stand am CIC und winkte aufgeregt. »Das sind unsere zwei Flotten-Kohorten«, sagte er. »Sie sind als Verstärkung eingetroffen. «

»Eingehender Hyper-Funkspruch«, meldete Sergeant Farmer.

»Legen sie auf die Lautsprecher«, antwortete Major Travis.

» Hier spricht Admiral Cartero von der 3. Flotten-Kohorte des santaranischen Systems«, tönte es aus den Lautsprechern. » Wir danken ihnen für ihre Unterstützung. Bitte weisen sie uns in ihr Angriffsmuster ein. «

»Hier spricht Major Travis, Erbfolgeberechtigter Oberbefehlshaber der vereinigten Natrid & Tarid Streitkräfte, Erhobener im Gefüge der Kaiserkaste mit Rang 1«, antwortete er. »Bestätigt und eingesetzt von Noel von Natrid im Rahmen der Nachfolge-Programmierung von Admiral Tarin. Ich begrüße sie Admiral Cartero. «

Admiral Cartero gefror das Blut in seinen Adern, als er die Betitelung von Major Travis hörte. Er kannte die Geschichte seines Volkes zur Genüge. Die Kinder des dritten Planeten des ehemaligen natradischen Heimat-

Systems der Natrader hatten sich die alte Technik ihrer Ahnen zu Eigen gemacht. Er schluckte und machte gute Miene zum bösen Spiel.

»Auch ich begrüße sie Major und danke ihnen für ihre Hilfe«, sagte er. »Teilen sie uns bitte Angriffsziele zu. «

»Einen kleinen Moment noch«, antwortete Major Travis. »Hier möchte sie noch jemand sprechen. «

Der Major reichte den Communicator an Gildor Barenseigs weiter.

»Begrüßen sie ihren Vorgesetzten«, lächelte er. »Er möchte unsere und Heran's Flotte unterstützen. Teilen sie ihm bitte mit, dass er östlich von uns gesehen, die Flanke der daranischen Schiffe angreifen kann. «

Gildor Barenseigs nickte und nahm den Hörer.

» Hier spricht Gildor Barenseigs, ich freue mich ihre Stimme zu hören, Admiral Cartero«, sprach er in den Kommunikator. » Ich bin von den Verschollenen wieder auferstanden. «

»Gildor Barenseigs«, antwortete der Admiral erstaunt. »Es ist schön, nach so langer Zeit wieder von ihnen zu hören. Wir hatten sie bereits als vermisst deklariert. «

»Das kann ich mir vorstellen«, antwortete der Gildor. »Aber hierüber können wir uns später unterhalten. Fliegen sie mit ihrer Flotten-Kohorte an die östliche Flanke der daranischen Schiffs-Armada. Versuchen sie dort die Schiffe der Daraner zu vernichten. «

Danke für ihre Anweisung«, antwortete Admiral Cartero. »Wir folgen ihrem Befehl. «

Major Travis winkte Barenseigs zu.
»Einen Moment noch, Herr Admiral«, sprach der Gildor in das Gerät. »Major Travis möchte noch einmal mit ihnen sprechen. «

Er gab den Communicator an Major Travis weiter. Der nickte ihm zu.

»Admiral Cartero«, sagte Major Travis. »Wir möchten die Königin der Daraner gefangen nehmen. Sie befindet sich in der Mitte ihrer Streitmacht auf ihrem Flaggschiff und wird von 30 Schiffen eskortiert. Dieses Schiff darf nicht vernichtet werden. Wir brauchen sie lebend als Gefangene. «

»Ich habe verstanden«, erwiderte Admiral Cartero. »Wir lassen die Schiffe unbehelligt. «

»Danke«, antwortete der Major.

Die Verbindung war leider bereits unterbrochen.

Major Travis erkannte, wie die Flotten-Kohorte beschleunigte und einen großen Bogen flog. Sie setzte sich an die östliche Position, seitlich der daranischen Armada. Schnell hatten die Schiffe die Kampfpositionen eingenommen. Die santaranische Flotte bildete Angriffs-Gruppen zu je drei Schiffen. Dann eröffneten die Santaraner das Feuer. Der konzentrierte Beschuss der Schiffe zeigte schnellen Erfolg. Die Schutzschirme der daranischen Schiffe wurden aufgerissen. Nachfolgende Laser-Salven erledigten den Rest. Die getroffenen daranischen Schiffe explodieren in einer gigantischen Feuersbrunst. Gewaltige Detonationen und Explosionen erfüllten den dunklen Raum. Auf einer Breite von 10.000 Kilometer flogen zahlreiche Trümmer durchs All.

Abgeschlossene Aufbauten, Metallstücke und weitere nicht definierbare Gegenstände der daranischen Schiffe schwirrten ziellos durch den Raum.

Immer wieder versuchten daranische Schiffs-Geschwader, einen Ausfall aus dem Kessel der feindlichen Schiffe vorzunehmen. Eine Flotte von 17 daranischen Schiffen preschte mit hoher Geschwindigkeit auf die Schiffe des Neuen-Imperiums zu. Ihre Laser-Türme überzogen die Schiffe der Kaiser-Klasse mit einem Hagel an Energiesalven. Gelassen absorbierten die Super-Schutz-Schirme den Strahlen-Angriff. Ein konzentrierter Beschuss der Schlachtzerstörer beendete den Vorstoß der daranischen Schiffe.

Voller Wut intensivierte die daranische Flotte ihren Beschuss. Sie musste feststellen, dass ihre Laser-Salven keinen Schaden anrichten konnten. Alle einschlagenden Strahlen wurden von den Schutzschirmen der Schiffe des Neuen-Imperiums absorbiert.

Im Dauerfeuer erwiderten diese Zerstörer das Feuer auf die nachrückenden Einheiten der Daraner. Erneut sprengten sie Löcher in die Angriffslinien der Insektoiden-Schiffe.

»Sie scheinen ihre Unterlegenheit nicht akzeptieren zu wollen«, bemerkte Major Travis.

Commander Brenzby nickte mit eisernem Gesicht.

»Sie kämpfen mit harter Verbissenheit weiter«, bestätigte er. »Vermutlich haben sie bisher noch nicht oft Niederlagen erleiden müssen. «

Weitere Schiffe rückten nach und nahmen die Positionen, der soeben zerstörten Einheiten ein. Vergeblich verschossen sie ihre Laserstrahlen auf die Schiffe des Neuen-Imperiums.

»Statusbericht«, fragte Major Travis. »Wie viele Schiffe zählen wir noch. «

»Es bleiben derzeit 1.204 daranische Schiffe übrig«, meldete Sergeant Dantow. »Die Zahl nimmt stetig weiter ab. «

Die erbitterte Raumschlacht ging unvermindert weiter. Zahlreiche Laser-Strahlen fauchten durch das All. Sie alle fanden ihr Ziel. Die modernen Schutzschirme des Neuen-Imperiums absorbierten die Einschläge ohne weitere Probleme. Bei keinem Schiff wurde eine bedrohliche Überlastung des Schirmfeldes registriert.

Das rückseitige Kampfgebiet war ebenfalls von Erfolg gekrönt. Diese Schiffe der Lantraner flogen langsam vorwärts, um nicht den Kontakt zu den feindlichen Flotten zu verlieren. Vor ihnen glühte der Weltraum. Ihre Laser-

Salven verwandelten die rückseitige Schiffslinie der Daraner in ein loderndes Feuer. Übrig blieben lediglich glühende Metallpartikel, die sich über das Kampfgebiet verteilten.

Flotte der Daraner

Die Königin erkannte, dass von ihrer stolzen Flotte immer weniger Schiffe übrigblieben. Erst jetzt war ihr Hochmut wie weggeblasen. Es wurde ihr klar, dass sie sich so vor den Clans der Da'Ranaihijrs nicht mehr sehen lassen konnte. Das war die schlimmste Niederlage, die jemals eine fremde Rasse ihrem Volk bereitet hatte. Fassungslos registrierte sie, dass ihre eigene Flotte den Schiffen der Zerstörer vollständig unterlegen war. Noch nie war ihr Volk auf eine Rasse getroffen, die über eine derartige massive Kampfkraft verfügte. Die Königin nahm sich vor, bis zu ihrem Untergang zu kämpfen. Sie alle würden auf dem Schlachtfeld sterben.

Die Ortungs-Anzeigen ihres Schiffes gaben ein erschreckendes Bild wieder. Die Zahl der Ortungsimpulse hatte sich ins Gegenteil gewandelt. Jetzt waren es die Zahlen der gegnerischen Schiffe, die ihrer eigenen Flotte massiv überlegen waren. Sie blickte auf den großen Schirm, der die tobende Raumschlacht an dem westlichen Sektor des äußeren Schutzschirmes anzeigte.

Strahlenfinger griffen von allen Seiten auf ihre Schiffe zu. Diese fächerten sich, wie Bruchstücke eines Kometen, der als Sternschnuppe den Planeten entgegen hastete. Immer weitere Einheiten ihrer Angriffs-Schiffe zerplatzen, unter dem Einschlag der feindlichen Laser-Strahlen. Ihre Offiziere befanden sich in einem Schockzustand. Sie waren unfähig zu handeln. Ein solches Dilemma hatten sie noch nicht erlebt. Die Königin hatte minutenlang nichts anderes getan, als regungslos auf den Monitor zu starren.

»Auch wenn nichts mehr wie früher ist«, murmelte sie. »Wir kämpfen bis zum Untergang. «

Nie zuvor hatte eine Königin der Daraner, eine so schlagfertige Flotte an einem einzigen Ort versammelt. Doch es hatte nichts genützt. Sie war ausgezogen, um die Zerstörer der Ahnen zu rächen. Mit ihrer Flotte war sie in die Hölle geflogen. Sie erkannte mit schwerem Herzen, dass ihre Mission gescheitert war. Ein lauter Schrei drang über ihre Lippen. Sie wusste, dass die Mission unter ihrer Führung unumkehrbar in den Geschichtsbüchern ihrer Rasse vermerkt würde.

Sie blickte wieder auf den zentralen Bildschirm. Drei keilförmige gestaffelte Angriffswellen wurden in kurzer Zeit von den Schiffen der Zerstörer vernichtet. Sie erkannte die Aussichtslosigkeit ihrer Lage. Die Schiffe der Fremden hatten ihre stolze Flotte eingekesselt.

» Wir messen neue Resonanz-Kontakte«, sagte ihr Ortungs-Offizier sichtlich nervös. » Eine weitere Flotte ist eingetroffen und formiert sich östlich neben den Schiffen der Zerstörer. «

Die schlimmsten Befürchtungen der Königin wurden zur Gewissheit. Weitere Schiffe waren zur Verstärkung der gehassten Zerstörer eingetroffen. Knapp 2.200 Schiffen standen jetzt ihren noch intakten 750 Schiffen gegenüber. Das war eine völlig ausweglose Situation. Sie fasste einen wahnwitzigen Plan.

»Informieren sie alle Schiffe«, sagte sie. »Wir werden einen Ausfall versuchen. Alle Schutz-Schirme werden auf Maximum gestellt. Wir gehen auf einen Kollisionskurs. Die Schiffe der Zerstörer lassen sich nur mit einer zahlenmäßig überlegenen Flotte vernichten. «

Die Strategie war nicht neu und schon gar nicht überraschend. Sie wusste, dass die tragenden Gesetzmäßigkeiten, wie die Beschleunigung, Wendigkeit, Potenzial und die Defensivschirme, ein wichtiger Bestandteil des Ausfalles sein konnten. Gleißendes Licht sprang von den Schirmen über. Eines der Escort-Schiffe blähte sich zur Nova auf. Da' Sisaajhh schrie laut auf.

»Es wird Zeit«, befahl die Königin. »Wir müssen jetzt durchbrechen. «

Der Weltraum, rings um das Flaggschiff schien aufzureißen und es verschlingen zu wollen. Die Energien entluden sich, in die sich immer wieder neu aufbauenden Schutzschirme. Innerhalb von Sekunden wurden zahlreiche Treffer in dem Unterschiff der Königin registriert.

»Habe ich als Königin nicht erwartet, dass mein Flaggschiff eines Tages vernichtet werden könnte? «, fragte sie sich. » Ich habe mich zu sehr an mein Leben und mein Schiff gewöhnt. Ich will nicht vernichtet werden. «

Sie blickte wieder auf ihre Monitore, die alle Szenarien der tobenden Raumschlacht aufzeichneten. Unterhalb ihres Schiffes wurden immer mehr Schiffe der daranischen Flotte vernichtet. Derzeit zählte die KI ihre Flaggschiffes noch 508 kämpfende Einheiten, die sich den Feinden stellten. Jedes Aufblitzen auf ihren Monitoren zeigte ein weiteres vernichtetes Schiff an. Den Schiffen der Zerstörer war nicht beizukommen. Der Flächenbrand näherte sich bedrohlich ihrem Flaggschiff.

»Wir geraten immer weiter in Bedrängnis«, sagte die Königin. »Sind die Schiffe informiert? Können wir mit dem Ausfall beginnen? «

»Die Schiffe haben mit sich selbst zu tun«, antwortete der Funk-Offizier. » Sie werden von allen Seiten attackiert. Vermutlich werden wir nicht heil aus dieser Geschichte herauskommen. «

Die Königin antwortete nicht hierauf. Sie ahnte, dass ihr Funk-Offizier Recht behalten würde.

In der Zentrale des Flaggschiffes war ein hektisches Durcheinander entstanden. Zahlreiche Notrufe gingen ein und brachen plötzlich ab. Die Anzeigen auf den Monitoren des Flaggschiffes zeigten die Vernichtung weiterer Schiffe an.

Die Königin erkannte, dass die permanent eintreffenden Verlustmeldungen, von ihr unmöglich überblickt werden konnten. Es gab keine geordnete Abwehr mehr. Der Angriff der daranischen Walzen-Schiffe kam ins Stocken. Überall brachen die Verteidigungslinien zusammen. Die Flotte der Daraner sammelte sich zu dem letzten Versuch. Sie wollte einen Ausfall durchführen. Der Kessel der fremden Zerstörer schnürte ihnen den Hals zu.

Wieder erkannte die Königin, dass ein weiteres Schiff ihrer Eskorte getroffen wurde und die freigesetzten Energien in einem Partikel-Regen verbrannten. Die massive Schlacht forderte ihren Tribut. Nur noch 314 Schiffe der Daraner standen einer immensen Übermacht gegenüber.

Die Königin wusste, dass sie sich immens verkalkuliert hatte.

»Hätte ich besser auf die Rückkehr meiner Brutflotten gewartet und wäre mit mehr als 100.000 Schiffen auf die Spur der Zerstörer gegangen«, dachte sie. »Jetzt rächt sich mein schneller Entschluss. Ob wir lebend aus dieser Mission herauskommen werden? «

Sie blickte ihre Offiziere an.
»Alle Kampfhandlungen sind sofort einzustellen«, befahl sie. »Wir geben das Sonnensystem auf und versuchen uns zurückzuziehen. Unsere Verluste sind immens. Die Sperrspitze unseres Verbandes reist eine Bresche in den Ring der Verteidiger. «

»Ein Funkspruch ist nicht möglich«, antwortete Da'Zisaajhh verzweifelt. »Die pausenlosen

Energieentladungen stören den Funkverkehr massiv. Was sollen wir machen? «

»Versuchen sie es mit Lichtimpulsen, von Schiff zu Schiff«, riet die Groß-Königin. » Wir können nicht länger warten.«

Die Crew führte den Befehl aus.

»Informieren sie unsere Eskorte«, ergänzte die Königin. »Sie sollen ihre Schiffe vor uns setzen und uns den Weg öffnen. «

»Das ist ihr Todesurteil«, antwortete der neue, erste Offizier Da'Kisaajah entsetzt.

Die Königin blickte ihn kalt an.
»Sie werden stolz sein, sich für ihre Königin opfern zu dürfen«, bemerkte Da'Jijahriess.

»Welch ein Wahnsinn«, antwortete der Offizier. »Kein Wunder, dass unsere Flotte bei ihren Entscheidungen in den Untergang geflogen ist. «

Erbost sprang die Königin auf. Blitzschnell stieß sie ihren Stachel in den Körper von Da'Kisaajah. Dieser sackte leblos zusammen. Ruckartig zog die Königin ihren Stachel wieder heraus.

»Wer möchte der neue 1. Offizier werden? «, fragte sie grimmig.

Keiner ihrer Offiziere meldete sich.

» Noch sind wir nicht am Ende«, ergänzte sie. » Ich erwarte strikten Gehorsam. «

Sie blickte auf ihre Monitore.

»Es wird Zeit«, sagte die Königin. »Geben sie den Befehl für den Ausfall. «

Der Funk-Offizier nickte.
» Der Funkverkehr in der Flotte funktioniert wieder«, teilte er mit. » Alle Schiffe formieren sich. «

Innerhalb von Sekunden bauten die Daraner mit ihren Schiffen eine Pfeil-Formation auf. Sie beschleunigten ihre trägen Walzenschiffe und stießen auf die östliche Flanke vor, die von santaranischen Einheiten verteidigt wurde. Diese Spitze bestand aus 25 Schiffen. Der daranische Verband raste als Speerspitze, mit stetig zunehmender Geschwindigkeit, auf die santaranischen 800-Meter messenden Schiffe zu. Aus allen Laser-Geschützen feuernd, flogen die Schiffe auf einem Kollisionskurs den Verteidigern entgegen.

Die völlig irritierten Santaraner, interpretierten den Ausfallversuch als einen neuen Angriff. Sie intensivierten ihr Abwehrfeuer, schwenkten aber ihre Schiffe auf keine neue Position ein. Das Abwehrfeuer der Santaraner forderte einen ersten Tribut. Vier daranische Walzenraumer verglühten in dem ausbrechenden Atombrand. Nachfolgende Schiffe stießen durch den Feuerball weiter auf den Abwehrriegel der Santaraner zu. Erst jetzt erkannten die Schiffe der Gildoren das Vorhaben der Daraner. Es war zu spät für sie zu reagieren. Schnell und hart schlugen 21 Schiffe der Daraner auf den Abwehrriegel der santaranischen Schiffe auf. Sie kollidierten in breiter Linie mit den vordersten Schiffen der santaranischen Flotte.

Die sich ausweitende Feuersbrunst der explodierenden daranischen Schiffe, riss 15 Schiffe der Santaraner schlagartig in den Untergang. Eine nicht vorhersehbare, gigantische Feuerwand baute sich auf. Der immense Hitzestau griff auf weitere 9 Schiffe über. Nachrückende Schiffe prallten in die Trümmer, schoben andere Schiffe in sich zusammen und sorgten für ein schreckliches Szenarium. Die beschädigten, nicht mehr manövrierfähigen Einheiten der Daraner zündeten ihre

Selbstzerstörung. Wieder sprengten sie weitere santaranische Schiffe mit in den Tod.

Das Flaggschiff der Königin erkannte die Feuerbrunst. Der Navigator zog das Schiff nach oben in eine freie Flugbahn. Er schaffte es, den umherfliegenden, brennenden Trümmerstücken auszuweichen.

»Es scheint zu gelingen«, dachte die Königin erleichtert.

Sie atmete durch. Der Weg zur Flucht war frei. Sie dankte den freiwilligen Opfern ihrer vordersten Schiffe.

»Ich werde sie lobend in meiner Dankesrede erwähnen«, lächelte die Königin.

Aber noch war das Flaggschiff nicht in Sicherheit.

Flotte des Neuen-Imperiums

Die lantranischen Evolutions-Schiffe hatten den Ausfallversuch der daranischen Schiffe registriert. Heran konnte das Flaggschiff der Königin, von seiner Hypertronic-KI, auf den Schiffs-Monitoren markieren lassen. Er wusste, dass der Moment des Handelns gekommen war. Die Königin wöllte fluchten. Er informierte sein Geschwader.

Sein Evolutions-Schiff und zwei weitere Schiffe aus dem lantranischen Verband beschleunigten. In einem günstigen Abstand befahl er den Einsatz leichter Laser-Strahlen. Der Schutz-Schirm des Flaggschiffes kollabierte sofort. Das Energiefeld brach zusammen und zog sich zurück. Heran befahl der Hypertronic-KI seines Schiffes, Paralyse-Strahlen einzusetzen.

Die KI bestätigte den Befehl und bestrich das Flaggschiff mehrmals mit dem lantranischen Paralysator.

»Sofort Traktorstrahlen einsetzen«, befahl Heran seinen Begleitschiffen.

Energiestrahlen lösten sich aus den zwei Evolutions-Schiffen und hüllten das Flaggschiff der Königin ein. Der Katapultflug des Schiffes verlangsamte sich und kam zur Ruhe. Die Traktorstrahlen zogen das Walzen-Flaggschiff der Königin näher an die lantranischen Schiffe heran.

Der Einschlag der lantranischen Paralyse-Strahlen setzte in Sekunden die Besatzung außer Funktion. Sie fiel in einen tiefen Schlaf. Die Traktorstrahlen erfassten das Schiff und ließen es nicht mehr los. Die KI des Flaggschiffes registrierte das Aufheulen der Antriebe und schaltete sie ab. Die Geschwindigkeit verringerte sich automatisch.

Heran erkannte, dass einige santaranische Schiffsverbände wütend das Flaggschiff der Königin unter Beschuss nahmen. Er befahl den Evolutions-Schiffen seines Geschwaders, das daranische Flaggschiff mit einem zusätzlichen Schutzschirm zu sichern.

Die Commander reagierten sofort. Die einschlagenden Energiestrahlen der santaranischen Schiffe wurden abgeleitet.

Heran stellte eine Funkverbindung zu Major Travis her.

Major Travis, meldete sich der Befehlshaber des Neuen-Imperiums.

»Die Santaraner halten sich nicht an die Vereinbarung«, sprach Heran verärgert in die Leitung. »Ich habe ihnen nie richtig getraut. Das Flaggschiff der Königin wurde angegriffen. Ich habe es unter einen zusätzlichen Schutz-Schirm legen lassen. «

»Gut gemacht«, antwortete der Major. »Ich kümmere mich darum.«

Der Major hatte die Informationen von Heran verstanden.

Er blickte auf seinen Bildschirm und sah den Beschuss durch die Gildoren-Schiffe. Er erkannte, wie sich rechtzeitig von zwei lantranischen Schiffen dicke Energie-Strahlen um das Flaggschiff der Königin gelegt hatten. Alle einschlagenden Laser-Salven der santaranischen Schiffe wurden absorbiert.

»Stellen sie mir eine Hyper-Funkverbindung zu Admiral Cartero her«, befahl Major Travis verärgert.

»Die Verbindung baut sich bereits auf«, antwortete Sergeant Farmer.

» Hier spricht Major Travis«, sprach er in seinen Communicator.

Der Admiral meldete sich schnell.
»Hier ist Admiral Cartero«, tönte es aus den Lautsprechern.

Major Travis ließ ihn nicht weiter ausreden.
» Wir hatten doch besprochen, dass wir die Königin der Daraner lebend haben möchten«, sagte der Major.
»Warum beschießen ihre Schiffe jetzt das königliche

Flaggschiff. Wir brauchen die Königin für weitere Antworten. «

Er hörte, wie der Admiral durchatmete.

»Wir konnten das Schiff der Königin nicht genau identifizieren«, entschuldigte sich Admiral Cartero. »Selbstverständlich stellen wir unseren Beschuss sofort ein. «

»Darum möchte ich sie bitten«, antwortete der Major. »Wir sind es nicht gewohnt, dass getroffene Vereinbarungen einseitig missachtet werden. «

Major Travis war sehr ungehalten. Er beendete das Gespräch ohne weitere Worte.

Admiral Cartero schlug den Hörer auf sein Kommunikationsgerät auf.

»Befehl an die Flotte«, befahl er. »Sofort den Beschuss des daranischen Flaggschiffes einstellen. Das Schiff wird von der Flottenführung des Neuen-Imperiums beansprucht. Sie wollen die Königin verhören. «

Die Crew der Taurus gab den Befehl sofort an die kämpfende Flotte weiter. Die betreffenden Angriffs-

Schiffe wendeten und stürzten sich auf die letzten Schiffe des daranischen Verbandes.

Nach 15 Minuten war die einseitige Raumschlacht beendet. Sämtliche Schiffe der daranischen Flotte waren vernichtet worden, oder sie hatten sich beschädigt selbst zerstört. Die ganze Flotte hatte sich für ihre Königin aufgeopfert. Nur es nutzte nichts mehr. Einzig und allein das Flaggschiff existierte noch. Das lantranische Geschwader hatte einen Kreis um das Schiff der Königin gezogen und schützte es vor weiteren Übergriffen.

Die Termar 1 und das Evolutions-Schiff von Heran dockten an dem Flaggschiff der Königin an. Enter-Kommandos verschafften sich Zugang und durchforsteten das Schiff. Alle Besatzungsmitglieder wurden regungslos an ihren Steuerkonsolen gefunden. Die Königin lag in ihrem Kommando-Sessel. Auch der erste Offizier Da'Tamsihajaas wurde in seiner Zelle gefunden. Die Enterkommandos und die Marines-Trupps evakuierten die Besatzung und legten sie in bereitgestellte Cyro-Kammern. Die insektoide Besatzung wurde dem Tiefschlaf übergeben, die Kammern vorsichtshalber zusätzlich gesichert. Eine Einheit Marines bewachte die fremden Schläfer. Major Travis wollte sichergehen, dass die Daraner keinen Ausbruchsversuch unternahmen. Zu wenig war bisher über die insektoide Rasse bekannt.

Die große Raumschlacht war zu Ende. Die Schiffe des lantranischen Verbandes hatten keine Verluste zu beklagen, ebenso wenig die Flotte des Neuen-Imperiums. Anders war es bei den santaranischen Flotten-Kohorten und den Schiffen der Heimat- Verteidigung. Sie alle mussten massive Verluste beklagen. Die beiden Flotten-Kohorten hatten bei dem plötzlichen Ausfall der daranischen Schiffe, insgesamt 39 Kampf-Schiffe verloren. Dank der modernen Waffen- Technik des Neuen-Imperiums, aber auch durch die technische Unterstützung des lantranischen Geschwaders, konnte die Gefahr für das Kunst-System der Santaraner erst einmal abgewendet werden.

Raumüberwachung der Santaraner

Admiral Gentrin beobachtete auf seinen Monitoren die völlige Zerschlagung der daranischen Flotte. Mit Respekt registrierte er die massiven Einschläge der Flotte aus dem Neuen-Imperium von Tarid & Natrid.

Er sprach es nicht aus. Seine Gedanken ließen ihn aber nicht zur Ruhe kommen.

»Sie sind uns waffentechnisch weit überlegen«, dachte er. »Sie dürfen nicht unsere Feinde werden. Wir hätten derzeit keine Chance gegen sie. Ich werde einen Festakt in der Admiralität befehlen. Ihre Hilfe soll gewürdigt werden. «

Der Admiral blickte seinen Technik-Offizier an. »Schalten sie den Schutz-Schirm aus. Alle Energiespeicher sollen sich wieder auffüllen. Die normale Energieversorgung der Planeten kann wieder aktiviert werden. Die Notenergie ist zu deaktivieren. «

Die Offiziere der santaranischen Leitstelle liefen an den Konsolen vorbei und stellten alle Einstellungen wieder auf den Normalbetrieb um.

»Aktivieren sie alle Hilfseinheiten. Sie sollen zum 13. Planeten aufbrechen und die Bevölkerung bei den Aufräumarbeiten unterstützen«, befahl der Admiral.

Admiral Gentrin griff nach seinem Kommunikationsgerät. Er blickte seinen Funk-Offizier an, erkannte jedoch, dass dieser beschäftigt war. Er suchte sich die Anwahl-Nummer der Taurus heraus und drückte den Knopf. Die Verbindung zu Admiral Cartero wurde hergestellt.

»Hier ist Flotten-Admiral Cartero«, klang es aus der Leitung.

»Die Flottenleitung spricht«, antwortete Admiral Gentrin. »Das ist ja noch einmal gut gegangen. «

»Danken sie ihrer Verstärkung von dem Neuen-Imperium«, antwortete Admiral Cartero. »Sie haben eigentlich die daranische Flotte allein vernichtet. Wir mussten nicht mehr viel tun. «

Admiral Gentrin hörte die Verärgerung in Admiral Carteros Stimme.

»Was ist mit ihnen? «, fragte er. » Freuen sie sich nicht über die gewonnene Schlacht? «

»Doch, natürlich«, antwortete der Flotten-Admiral. »Wir wollten das Flaggschiff der Königin zerstören«, ergänzte er. »Niemand sollte Hinweise auf unser System preisgeben können. So lautete doch ihr Befehl. Es ist uns nicht gelungen. Zwei Schiffe, aus dem kleinen Geschwader der 24 Schiffe der 250-Meter-Klasse, haben das Schiff unter einen starken Energieschirm gelegt. Unsere Laser-Salven konnten nicht ein einziges Mal durchdringen. «

»Nicht ein einziges Mal? «, fragte Admiral Gentrin nach.

»Sie haben richtig gehört«, bestätigte Admiral Cartero. »Kein einziges Mal sind unsere Laser durchgeschlagen. Noch nicht einmal eine sichtbare Verfärbung des Schirmfeldes konnten wir erreichen. «

»Warum haben sie das Schiff der Königin geschützt? «, fragte Admiral Gentrin.

»Dieser Major Travis hatte uns im Vorfeld gebeten, das Schiff nicht anzugreifen«, erklärte der Admiral. »Er wollte die Königin gefangen nehmen und anschließend verhören. Diesen Wunsch habe ich missachtet. Unsere Schiffe haben das Flaggschiff der Königin massiv angegriffen. Wir wollten dafür Sorge tragen, dass kein einziger Funkspruch ein daranisches Schiff verlässt. «

»Jetzt sehen wir nicht gut aus«, antwortete der Befehlshaber der Gildoren. »Ich wollte vermeiden, dass die Fremden an unserer Glaubwürdigkeit zweifeln können. Ich sage ihnen einmal etwas im Vertrauen. Das Neue-Imperium besitzt eine Waffen-Technologie, die unserer um Jahrhunderte voraus ist. Ich werte das als eine Gefährdung unserer Sicherheit. Ich brauche diese Technologie. Wenn nicht auf friedlichem Wege, dann mit Gewalt. «

Admiral Cartero atmete schwer durch.

»Ich kann sie nur davor warnen, etwas Hinterhältiges zu planen«, sagte er. » Major Travis hat mich wegen des Beschusses des königlichen Flaggschiffes bereits zur Rede gestellt. Die Atlanter verstehen leider keinen Spaß. Sie haben mir eindeutig zu verstehen gegeben, dass sie einmal getroffene Absprachen eingehalten sehen möchten. «

»Sie haben so viel in den alten natradischen Archiven gelesen«, bemerkte Admiral Gentrin. »Ich kann sie beruhigen, es gibt keine Atlanter mehr. Die große Vorzeigebasis unserer Ahnen ist bei dem großen Krieg gegen die Rigo-Sauroiden restlos zerstört worden. Sie verbarg etliche Schätze an wissenschaftlichen Entwicklungen des ehemaligen Kaiserreiches. Unsere Besucher werden von Tarid kommen. Die Sklaven unserer Ahnen sind erwachsen geworden. «

»Wie geht es weiter? «, fragte Admiral Cartero.
»Ich habe die System-Schutz-Schirme komplett abschalten lassen«, antwortete Admiral Gentrin. » Alle Energiespeicher und Konverter sollen sich wieder generieren. Ich habe einen Festakt für unsere Gäste in der Admiralität befohlen. Es wird bereits alles vorbereitet. Stimmen sie mir zu, dass wir ohne ihre Hilfe unser System nicht hätten halten können? «

»Sie haben es selbst auf ihren Monitoren verfolgen können«, erwiderte der Admiral. »Wir hatten alle Hände voll zu tun, das Eindringen der daranischen Schiffe abzuwehren. Der Schwachpunkt war die Flotte der Heimat-Verteidigung. Sie wäre fast von den Schiffen der Daraner vernichtet worden. Anschließend hätte die daranische Flotte alle unsere Planeten vernichtet. Ich sehe den Abzug der starken Flotten-Kohorten als einen kolossalen Fehler der Admiralität an. Wir dürfen unser System niemals mehr so angreifbar machen«

Admiral Cartero lachte laut auf.
»Dieser Fehler ist fast vergleichbar mit dem Befehl von Admiral Tarin, der seinerzeit die Heimat-Verteidigung massiv geschwächt hatte und so den Verlust unseres ehemaligen Lebensraumes zuließ«, erwiderte er. »Zukünftig empfehle ich, mindestens 10 Flotten-Kohorten das System absichern zu lassen. «

»Sie vergreifen sich in dem Ton, Admiral«, antwortete der Führer der Gildoren. »Diese Schwächung ist allein auf den Wunsch unseres großen Auditoriums zurückzuführen. Das wissen sie genauso gut wie ich. «

»Darüber können wir später ausführlich diskutieren«, wechselte Admiral Gentrin das Thema. »Laden sie die Flottenführung der Schiffe des Neuen-Imperiums zu unserem Festakt ein. Ich möchte sie mit dem alten Stern des natradischen Kaiser-Imperiums ehren. «

»Dieser Orden wird doch schon lange nicht mehr verwendet? «, antwortete Admiral Cartero.

»Eben deshalb«, antwortete Gentrin. »Ich möchte sie hier am Boden haben und Gildor Barenseigs gefangen nehmen. Er soll seine Strafe erhalten, für die Preisgabe der Koordinaten unseres Kunst-Systems. Wie sollten die selbsternannten Natrader ansonsten an den Standort unseres geheimen Systems gekommen sein. «

»Sie sollten mit diesen gefährlichen Spielchen aufhören«, antwortete Admiral Cartero. »So werden sie niemals Verbündete finden. Bedenken sie doch, dass diese Flotte uns gerettet hat. «

»Wir brauchen keine Verbündete«, sprach Admiral Gentrin in die Leitung. »Eine klare Linie und die Beachtung unserer Befehle reichen völlig aus. «

Er unterbrach die Leitung zu dem Flotten-Admiral.

Flotte des Neuen-Imperiums

Admiral Cartero hielt immer noch den Hörer des Kommunikationsgerätes in seiner rechten Hand. Er glaubte, seinen Ohren nicht zu trauen.

»Was plant der gerissene Admiral wieder? «, fragte er sich. » Er ist sehr undankbar, so mit unseren Rettern umzugehen. «

Er entschied sich wachsam zu sein. Wenn möglich, wollte er die Situation retten.

Er blickte seinen Funk-Offizier Bartrin an.
»Öffnen sie mir bitte eine abhörsichere Verbindung zu dem Flaggschiff des Neuen-Imperiums«, teilte er mit. »Ich möchte mit Major Travis sprechen. «

»Der Sendeimpuls geht raus, die Verbindung baut sich auf«, antwortete Gildor Bartin.

»Hier spricht Major Travis, was kann ich für sie tun, Admiral«, tönte es aus den Lautsprechern.

»Hier spricht Admiral Cartero, von der Taurus«, sprach er in seinen Kommunikator. »Das ist eine abhörsichere Leitung. Unsere Admiralität möchte sie zu einem Festakt einladen und sie ehren. Vorher beabsichtige ich aber mit ihnen und mit Barenseigs noch unter vier Augen zu sprechen. Es ist nicht alles so schön, wie es sich anhört. «

»Ist es nicht? «, fragte Major Travis erstaunt. » Sie sind gerne zu einem Besuch auf unserem Schiff eingeladen, Admiral. Kommen sie mit einem Jet zu uns herüber. Wir erwarten gerne ihren Besuch. «
»Danke«, antwortete Admiral Cartero. »Ich begebe mich sofort in den Hangar. Erwarten sie mich in wenigen Minuten. Danke für ihr Verständnis. «

Major Travis überlegte, welche Informationen der Admiral ihm mitteilen wollte.

»Sergeant Farmer, bitten sie Heran an dem Gespräch teilzunehmen«, sagte er. »Er soll zu uns herüberkommen. Geben bitte den Befehl an die Transmitter-Zentrale weiter, den Durchgang zu öffnen. Commander Brenzby, Heinze, Sirin, wir empfangen den Admiral im Hangar. «

Die Angesprochenen standen aus ihren Stühlen auf und folgten dem Major zum Ausgangsschott der Zentrale.

»Wir kommen mit«, bemerkten Tart 1 und Tart 2. »Das ist ein Neukontakt für sie. Wir sind einsatzbereit. «

Blitzschnell waren sie der Gruppe gefolgt. Der zentrale Turbolift brachte die Crew zum großen Hangar der Termar 1. Sergeant Larson, der Chief der Flugdienste, erwarte die Gruppe bereits.

»Sie wurden bereits angekündigt«, sagte sie.

»Wir erhalten Besuch«, teilte Major Travis mit. »Ein Jet des santaranischen Flagg-Schiffes ist im Anflug. «

Ein Schutzschirm baute sich auf und sicherte den Einflugbereich des Hangars ab. Rote Leuchten traten in Funktion. Ein heller Warnton dröhnte durch die Halle.

»Achtung, Landeanflug eines santaranischen Jets«, drang es aus den Lautsprechern.

Das Außenschott der Termar 1 öffnete sich. Die Crew der Termar 1 beobachte die Landung des Jets. Er unterschied sich nicht viel von den bekannten Tarin-Jets. Langsam setzte er in der Mitte des markierten Landebereiches auf. Das Außenschott schloss sich, die Atmosphäre baute sich auf.

Major Travis und sein Team näherten sich dem Jet. Der Schott klappte auf. Ein Mann in schwarzer Uniform trat heraus und blickte interessiert in alle Richtungen. Seine

Größe wurde von dem Major auf 1,80 Meter geschätzt. Er schritt schnellen Schrittes die ausgefahrene Laser-Brücke herunter und kam auf die wartende Gruppe zu.

Er verbeugte sich und begrüßte das Team mit dem alten natradischen Gruß. Major Travis und sein Team erwiderten diesen.

Er blickte den Major an.
»Sie sind Major Travis, nehme ich an«, sagte er in reinem Natradisch.

»Das ist richtig«, antwortete dieser. »Wir freuen uns, sie auf unserem Schiff begrüßen zu dürfen. «

Major Travis zeigte auf Commander Brenzby.
»Das ist der Kommandant meines Schiffes, Commander Brenzby«, teilte er mit. »Neben ihm steht Heinze. Er ist ein Freund unserer Rasse. Zu meiner rechten Seite sehen sie Prinzessin San Sirin, die rechtmäßige Cousine des letzten Kaisers von Natrid. Den Gildor Barenseigs, kennen sie ja bereits. «

»Es ist schön, sie wiederzusehen, Barenseigs«, sagte der Admiral. »Wir haben uns schon Sorgen gemacht, wo sie geblieben sind. «

Sein Blick wurde wieder ernst.

Admiral Cartero blickte Sirin länger an als die anderen vorgestellten Personen.

»Sie haben hier aber ein sehr interessantes Team versammelt«, bemerkte der Admiral.

»Es wird noch jemand zu uns stoßen«, ergänzte der Major. »Er ist auf dem Weg. Wir treffen ihn in unserem Besprechungsraum. Folgen sie uns bitte Admiral, wir gehen an einen ruhigeren Ort. «

Der Blick des Admirals ruhte auf den 2,20 Meter großen Tart-Robotern. Er erkannte ihre roten, aufmerksamen Augen.

»Sie besitzen noch die legendären Tart-Personenschutz-Roboter«, entgegnete er. »Ich kenne ihre Kampfkraft nur aus den Geschichtsarchiven unseres Volkes. Die Produktion bei uns wurde vor Jahrtausenden aus Kostengründen eingestellt. «

»Sie dienen nur zu meiner Sicherheit«, antwortete der Major. » Wir haben die Produktion wieder aufgenommen. Wenn man sie nicht ärgert, verhalten sie sich sehr unauffällig. «

Admiral Cartero schmunzelte.

»Das ist wohl wahr«, erwiderte er.

Der Trupp setzte sich in Bewegung und schritt zu dem Turbolift, der die Gruppe schnell in die gewünschte Etage driftete. Vor ihnen lagen die Besprechungszimmer des Schiffes. Der Major öffnete die erste Türe.

»Treten sie ein, Admiral«, sagte Major Travis.

Das Licht ging automatisch an.
Die Gruppe nahm an dem großen Tisch Platz.

»Darf ich ihnen etwas anbieten«, erkundigte sich Major Travis. »Etwas Wasser vielleicht aus dem Sol-System? «

»Frisches Wasser nehme ich gerne«, antwortete Admiral Cartero.

Der Major winkte einem Service-Roboter. Er nahm die Bestellung entgegen und fragte die weiteren Personen nach ihren Wünschen. Auch Heinze wurde von ihm angesprochen. Der Ro wusste nicht, wie ihm widerfuhr. Freudig bestellte er Möhrensaft.

Die Türe wurde aufgerissen und Heran trat mit Schwung ein. Er schritt auf den Tisch zu und ließ sich in einen Stuhl fallen.

»Darf ich ihnen Heran vorstellen«, sagte Major Travis. »Er ist von einer befreundeten, sehr alten Rasse in der Milchstraße. Der Schiffs-Verband der 24 Schiffe der 250-Meter-Klasse stand unter seinem Befehl.

»Sehr erfreut«, sagte Admiral Cartero.

Heran nickte ihm kurz zu, dann drehte er seinen Kopf zum Tresen. Der Lantraner suchte den Service-Roboter. Endlich fand er ihn hinter der Theke hantieren.

»Roboter«, sagte er laut. »Bring mir ein Bier mit. «

Der Robot schaute kurz auf, wandte sich aber wieder seiner Arbeit zu.

Irritiert blickte Admiral Cartero den Lantraner an.
»Was ist Bier? «, fragte er.

Heran lachte.
»Das ist ein spezielles Getränk, das nur auf Tarid gebraut wird«, erklärte er. Wir Lantraner schätzen es gerne. «

»Sie sind Lantraner? «, fragte Admiral Cartero erstaunt. »Dann gehören sie zu den ersten Rassen des Universums.«

»Das sagt man so«, antwortete Heran. »Aber das Universum ist groß. Es gibt immer wieder neue Überraschungen. «

»Was verschafft uns die Ehre ihres Besuches? «, fragte der Major.

»Leider nichts Erfreuliches«, antwortete der Admiral. »Der Führer unserer Admiralität gibt ein Fest für sie. Er will sie auch mit einem Orden ehren. Eigentlich dient dieser Besuch unserer Admiralität nur als Lockmittel. Er möchte Gildor Barenseigs gefangen nehmen und ihn vor Gericht stellen.

Er blickte den Gildor an.
»Sie wissen, was das bedeutet«, fragte der Admiral.
»Sie sollten unsere Gesetze kennen? «

»Das bedeutet die Todesstrafe«, antwortete Barenseigs.

»Nicht nur dass«, ergänzte Admiral Cartero. »Die Admiralität möchte auch an die technischen Waffensysteme des Neuen-Imperiums gelangen. Der Admiral Gentrin wird sicherlich Soldaten aufmarschieren lassen, die sie gefangen nehmen sollen. «

»Behandelt man so Freunde, die einem zu Hilfe geeilt sind«, fragte Sirin. »Sie sind ja noch schlimmer als die Kaiserkaste zu meiner Zeit. «

Admiral Cartero blickte sie entsetzt an.

»Es ist wirklich wahr, sie sind eine direkte Cousine des letzten Kaisers? «, fragte er. » Wie konnten sie so lange überleben.
«

»Wie soll das gehen«, antwortete Sirin. »Ich habe in einer Cyro-Kammer geschlafen. «

»Majestät, verzeihen sie mir die Zweifel«, antwortete Admiral Cartero. »Ich wusste es ja nicht besser. Sie sehen aber, dass ich hier bin und sie informiere. Unser Volk ist nicht schlecht. Wir leben aber nach zu strengen Gesetzen. Diese müssen abgeschafft werden. Ansonsten gelingt es uns nie, Freunde und Verbündete zu finden. «

Der Major nahm die Worte des Admirals in sich auf. Er blickte den Admiral an.

»Aus dem Grunde sind wir auch hier«, sagte er. »Wir würden gerne erste politische Kontakte zu ihnen aufnehmen, später auch Handelsbeziehungen vereinbaren. Vielleicht entwickelt sich eine Freundschaft zwischen unseren Sternen-Inseln. Wir sind gar nicht so verschieden, wie viele es meinen. «

»Wenn es nur nach mir geht, würde ich sofort einen Vertrag mit ihnen schließen«, erwiderte Admiral Cartero. »Aber die Admiralität und das große Auditorium haben bei uns die Befehlsgewalt. Sie müssen überzeugt, oder abgeschafft werden. «

»Admiral Cartero, bitte verzeihen sie uns«, sagte Major Travis. »Unsere beiden Rassen versuchen sich näherzukommen. Es ehrt sie, dass sie uns über das Vorhaben ihrer Vorgesetzten informieren. Ich lasse kurz ihre Angaben überprüfen. «

Major Travis blickte Heinze an. Der nippte an seinem Möhrensaft. Der Ro blickte kurz zu seinen Vorgesetzten auf.

»Der Admiral sagt die Wahrheit«, antwortete er. »Er ist sehr an einer ehrlichen und aufrichtigen Zusammenarbeit mit uns interessiert. «

Admiral Carteros Gesichtsausdruck veränderte sich.

»Ihr kleiner Freund kann sprechen? «, fragte er erstaunt.

»Mehr noch«, antwortete der Major. »Er kann auch Gedanken lesen und die Richtigkeit der Aussagen überprüfen. «

Der Gesichtszug des Flotten-Admirals entgleiste vollständig.

»Er hat die Richtigkeit ihrer Angaben bestätigt und uns auch von ihrer Aufrichtigkeit überzeugt«, erklärte der Major. »Sie wissen jetzt bereits etwas von uns, das vor ihrer Admiralität geheim gehalten werden sollte. Halten sie die Fähigkeiten unseres kleinen Freundes bitte für sich. «

»Ich verspreche es«, antwortete Admiral Cartero. »Gildor Barenseigs hat von uns Asyl angeboten bekommen und ist ein Bürger des Neuen-Imperiums«, sagte Major Travis. »Wir werden ihn nicht der Willkür ihrer Admiralität überlassen. «

»Wie soll das gehen? «, fragte Admiral Cartero. » Sie kommen gegen unsere Admiralität nicht an. «

Der Service-Roboter kam und servierte die Getränke. Major Travis hob sein Glas und stieß mit allen an.

»Sie haben meine Frage noch nicht beantwortet«, sagte der Admiral.

»Wir werden eine Lösung finden«, entgegnete Major Travis gelassen.

Er ließ seine Worte kurz wirken und blickte dem Admiral in die Augen.

»Gerne kommen wir zu ihrem Festakt«, ergänzte er. »Uns interessieren die Strukturen ihrer Befehls- Hierarchie und ihr planetarer Fortschritt. Auch in ihre Geschichtsarchive würden wir gerne einen Blick werfen. Uns fehlen viele Daten der evakuierten Flotte von Admiral Tarin. «

»Andere Sorgen haben sie nicht? «, fragte Admiral Cartero. » Sie werden nach dem Festakt vermutlich von Soldaten der Admiralität verhaftet werden. «

»Machen sie sich nicht zu viele Gedanken«, antwortete Der Major. »Wir werden schon vorsichtig sein. «

»Ich habe sie gewarnt«, entgegnete Admiral Cartero. »Meine Soldaten und ich werden ebenfalls da sein und sie gegebenenfalls unterstützen. Jetzt muss ich aber zurück auf mein Schiff. «

Der Admiral stand auf und verabschiedete sich.

»Danke für ihren Besuch und ihr Vertrauen«, verabschiedete Major Travis den Admiral. »Commander Brenzby bringt sie in den Hangar. Wir sehen uns auf der Festlichkeit ihrer Admiralität. «

Nachdem der Admiral gegangen war, erhitzte sich eine laute Diskussion in dem Besprechungraum der Termar 1. Commander Brenzby kam zurück und hörte sich das Gespräch an.

»Wir sollten zurückfliegen«, empfahl Sirin. »Die Santaraner sind nicht ehrenhaft. Es ist gut, dass ich mit dem Volk nichts mehr zu tun habe. «

Major Travis beruhigte sie.
»Du wirst immer deine Wurzeln bei dieser Rasse finden«, antwortete er. »Es geht darum, sie wieder auf den rechten Weg zu bringen. Wir werden ihnen die Angst vor Angriffen irgendwelcher Sternenvölker nehmen. Die Regierung fällt die falschen Entscheidungen. «

Er blickte Heran an.
»Was denkst du? «, fragte er den Lantraner.

Heran hatte sein Bier ausgetrunken und bestellte sich ein neues.

»Ich sehe das genauso«, erwiderte er. »Die Santaraner sind nicht schlecht, sondern nur auf einem falschen Weg. Sie sollten sich dem Neuen-Imperiums anschließen, alles andere ergibt sich von allein. «

»Ich empfehle Admiral Cartero an die Regierung zu bringen«, sagte Barenseigs. »Er ist viel offener und weitsichtiger als alle anderen Offiziere der Admiralität. «

»Lasst uns einen Plan ausarbeiten«, entschied der Major. »Hierzu brauchen wir aber auch noch Sergeant Hardin und weitere Offiziere unseres Schiffes. Wenn dieser Plan erfolgreich steht, begeben wir uns zu dem Festakt der Admiralität. Gehen wir in den Kartenraum hinter der Zentrale und schauen wir uns die Bilder des Planeten Santarid an. Speziell die Gegebenheiten um den Palast der Admiralität interessieren mich. «

Die Gruppe leerte ihre Getränke und stand auf. In ihren Köpfen reifte bereits ein Plan heran, wie die santaranische Admiralität wieder in eine positive Denkrichtung gebracht werden konnte. Die Rasse der Santaraner verdiente eine neue Chance.

Fortsetzung folgt.

Vorschau

www.ingramcontent.com/pod-product-compliance
Lightning Source LLC
Chambersburg PA
CBHW051848170526
45168CB00001B/19